大專用書

成本會計(下)

洪國賜　著

三民書局 印行

國家圖書館出版品預行編目資料

成本會計(下) / 洪國賜著.－－增訂三版二刷.－－臺
北市；三民，2002
　　冊；　公分
　　ISBN 957－14－2725－X　　(上冊:平裝)
　　ISBN 957－14－2726－8　　(下冊:平裝)

　　1.成本會計

495.71　　　　　　　　　　　　　　　　86014573

網路書店位址　http : // www. sanmin. com. tw

© 成 本 會 計 (下)

著作人　洪國賜
發行人　劉振強
著作財
產權人　三民書局股份有限公司
　　　　臺北市復興北路三八六號
發行所　三民書局股份有限公司
　　　　地址／臺北市復興北路三八六號
　　　　電話／二五〇〇六六〇〇
　　　　郵撥／〇〇〇九九九八——五號
印刷所　三民書局股份有限公司
門市部　復北店／臺北市復興北路三八六號
　　　　重南店／臺北市重慶南路一段六十一號
初版一刷　西元一九七六年九月
修訂二版十一刷　西元一九九五年八月
增訂三版一刷　西元一九九八年五月
增訂三版二刷　西元二〇〇二年十一月
編　號　S 49136
基本定價　拾貳元貳角
行政院新聞局登記證局版臺業字第〇二〇〇號

ISBN　957-14-2726-8　(下冊：平裝)

增訂新版序

　　本書自問世以來，承蒙各方厚愛，惟疏漏之處仍多，益感慚愧，加以成本會計的理論與方法，與時俱進，致原書早有修訂之必要；著者對此，耿耿於懷，念茲在茲，時時自我鞭策，乃於二年前，摒除一切雜務，日以繼夜，專心埋首於修訂工作。時值書成之際，爰將修訂情形，說明如下：

一、原書第三版分為上下冊，共計廿四章；此次修訂仍分為上下冊，惟改為廿五章，計增訂下列五章：成本會計簡介（第一章）、成本預估方法（第十六章）、總預算差異分析（第廿一章）、分權組織與責任會計（第廿二章）、及非製造成本分析（第廿四章）。第三版之材料規劃與控制、銷貨毛利及投資報酬率分析、預算差異分析與責任會計、銷售及管理成本分析等四章，分別併入材料成本（第六章）、總預算差異分析（第廿一章）、資本支出預算（第廿三章）、分權組織與責任會計（第廿二章）、及非製造成本分析（第廿四章）。

二、其他各章節，均重新改寫與編排，增列最新理論與方法，補充各種圖表說明；每章終了另加入編排流程，使讀者能前後連貫，井然有序，不致於產生「只見樹木，不見森林」的感覺。

三、為增強讀者的理解力，全書各章末了，均搜集頗多富於思考性的選擇題及計算習題，其中包含為數可觀的高考試題、美國會計師考試試題、管理會計師考試試題、及加拿大會計師考試試題等，並附有精闢的題解，可提高讀者應考的能力。

四、本書經修訂後，計分為下列四大部份：

1.成本會計的緣起與發展、成本會計的基本原理與觀念（第一章至第四章）。

2.製造成本三大要素（材料、人工、及製造費用）的會計處理程序與方法（第五章至第九章）。

3.各種成本會計制度概述（第十章至第十五章）。

4.成本規劃（第十六章至第十八章、第廿五章）、成本控制（第廿章、第廿三章至第廿四章）、績效評估（第廿一章至第廿二章）、及經營決策（第十九章）之探討。

　　著者才疏學淺，此次修訂工作，雖竭愚鈍，遺漏失誤之處，仍恐難免，尚祈學者專家、各界賢達、暨讀者諸君，不吝指教，以匡不逮，是所至盼。

　　本書修訂期間，多蒙內子陳素玉女士謄稿，一步一腳印，備極辛勞，謹此一併致衷心之謝意。

洪　國　賜　謹識

民國八十七年元月於美國維州

修訂版序

　　近年來，成本會計的理論與應用方法，發展極為迅速，且不斷推陳出新，是以本書有修訂之必要。茲為配合學習就業者不致與工商界脫節，並以個人於該學科之多年教學心得，特於第五章加入學習曲線的觀念，第九章加入矩陣在分步成本會計上的應用，第十章加入產出差異分析，第十一章加入矩陣在成本差異分析上的應用，第十四章加入標準差在成本習性分析上的應用，第十六章加入曲線損益平衡點的分析；內容方面遂亦作大幅度之修訂，力求簡賅，期使讀者一目了然。唯各章節後增列習題，則多方采擷，不厭其繁，蓋秋弈僚凡，悉由熟習也。

　　本書修訂期間承蒙阮廷瑜教授、李宏健教授、盧聯生教授、蘇培松教授、江昇鋒教授、李小琪教授及林丕堯會計師等賜予許多寶貴意見，復蒙內子陳素玉女士謄稿，鄭豐財先生及劉銘聰先生協助校對，得以順利完成，謹此一併致衷心之謝意。

洪　國　賜　謹識
民國七十一年二月於臺北

增訂版序

　　本書問世以來，因資料的選擇、內容的編排及詞意的表達，尚能配合讀者及工商界人士的需要，故出版後不及數月，即告售罄，端賴各方之支持與鼓勵，有以致之。謹致衷心的感謝，同時益增編者達成精益求精的決心與願望。

　　編者於再版時，試圖用最簡潔的詞句加以增訂，並盡量利用圖表，配合實例說明，期使讀者於學習之際，倍感輕鬆愉快。

　　本書各章節原附有廣泛的問題、簡短練習及實用習題，以供研習，藉能培養讀者精密的機智，發揮學習的功能。於茲增訂時，曾復精選有關資料，並附列歷屆高普考試題，以增進學者應付考試的能力。至於所有練習習題及歷屆考試試題解答，均另編印成冊，備供研習參考之用。

　　三民書局劉總經理振強先生鼎力協助，使本書於甫出版後不及數月，即有機會增訂再版。感激豈止國賜一人而已。關於本書再版事宜，李汝苓教師不辭勞累，相助尤多。內子陳素玉女士悉心校對，備極辛勞，一併誌謝。

洪 國 賜 謹識
民國六十六年五月於臺北

自　序

　　成本會計的功能,在於:⑴確定成本以計算損益,⑵成本規劃與控制,⑶提供成本資料以供管理當局作為營業決策的依據。

　　現代的成本會計,已脫離過去單純歷史成本資料之記錄範疇,而進一步地著重未來的成本規劃、成本控制及管理決策的運用,使成本會計的領域,向前邁進一大步,成為企業管理上的重要利器! 蓋成本規劃,將有助於管理決策的選擇與運用,而成本控制則能預期管理決策的成功! 故研究企業管理者,莫不重視成本會計在管理上的地位。

　　本書針對成本會計的時代使命,將全書分成二篇。第一篇 (上冊) 介紹成本會計的基本理論與原則。第二篇 (下冊) 討論成本的規劃與成本控制。

　　第一篇首先說明成本會計的基本概念及一般會計上的處理原則,其次討論材料、人工及製造費用三種成本因素的處理程序與方法;然後闡述分批成本會計制度、分步成本會計制度及標準成本會計制度的運用;最後介紹多項產品的會計處理方法。

　　第二篇分別說明成本會計對於成本規劃與成本控制的貢獻,包括直接成本法的應用、成本習性的分析、利量關係與利潤績效的衡量、總體預算的觀念、銷售及管理成本的分析、成本與決策的應用、資本支出的規劃、責任會計報告、材料成本的規劃與控制及線型規劃在會計上的應用等。

　　圖表乃無言之教師,故本書儘量採用圖表的方法,剖析各項會計的處理程序。又於每章之後,附列摘要以表列之,但求清晰提示,期使讀

者系統分明，增加深刻的印象，此為本書的一大特徵！

筆者留美期間，曾任職於美國伊利諾州芝加哥城 DLM 公司，擔任成本分析、成本控制及存貨管理的工作有年，本書之若干資料，係取自該公司現行的最新方法。

本書的內容，受惠於伊州羅斯福大學 Samvel Waldo Specthrie 教授之教誨不淺。筆者返臺不久，遽聞恩師去世，緬懷師恩，痛悼良深。

本書承恩師政大李先庚教授之鼓勵，助教林玉卿小姐提供部份習題，復煩張文彬先生協助校對，得以順利完成，感激之餘，特此誌謝。

筆者才疏學淺，不當之處，尚祈學者專家讀者諸君惠予指教，謝謝！

洪　國　賜　謹識

民國六十五年九月於臺北

成本會計（下）

（基本原理及成本規劃與控制）

目　次

第十六章　成本預估方法

第十七章　成本─數量─利潤分析（上）

第廿三章　資本支出預算

第廿四章　非製造成本分析

第十三章　標準成本會計制度（下）

在第十二章內，讀者對於標準成本的基本概念、各項標準成本之設定、各項成本差異的計算與分析等，相信已有相當程度的瞭解；本章將進一步闡明在標準成本會計制度之下，對於各項成本因素（包括直接原料、直接人工、及製造費用）的會計處理方法與程序；此外,對於各項成本差異的分析與應用、成本差異功過的歸屬、成本差異帳戶的會計處理方法、以及成本差異在損益表的表達方式等，也在本章內一併加以說明；最後，於本章附錄內，闡述矩陣方法在成本差異分析上的應用，俾供讀者參考之用。

13-1 標準直接原料成本的會計處理

在標準成本會計制度之下，對於直接原料成本的會計處理，一般有兩種不同的方法(1)差異先記法；(2)差異後記法。

一、差異先記法

此法係於購入原料時，即按原料的標準成本記入「材料」帳戶，原料之實際成本與標準成本如有差異時，立即記入「原料價格差異」帳戶。因此，「材料」統制帳戶，係按標準成本列帳，而材料明細分類帳，僅記載材料數量即可。

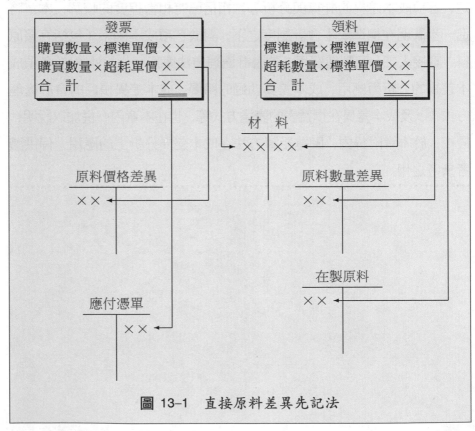

圖 13-1　直接原料差異先記法

　　當設定直接原料標準成本之後，在材料明細帳上，因已註明直接原料的標準成本；故於購入直接原料時，僅須記載數量即可，無須記載金額，可節省很多人力。當領用直接原料時，按實際領用直接原料成本，貸記「材料」帳戶；至於「在製原料」（或在製品）帳戶，則按標準數量記載，其差額應記入「原料數量差異」帳戶。茲以圖形列示差異先記法之會計處理如圖 13-1：

　　1.設元寶公司 19A 年元月份賒購原料 10,000件，每件實際成本$11，標準成本$10。在差異先記法之下，應分錄如下：

材料	100,000	
原料價格差異	10,000	
應付憑單		110,000

　　2.原料實際領用 8,200件；在標準成本會計制度之下，實際產量（按約當產量計算） 8,000單位產品所需原料標準用量 8,000件，則有關原料領用及數量差異的分錄如下：

在製原料	80,000	
原料數量差異	2,000	
材料		82,000

　　惟採用差異先記法時，就期末存料的部份，應從「原料價格差異」內，結轉至原料期末存貨成本，以符合原料的實際成本。前例原料期末存貨 1,800件，應調整如下：

原料價格調整	1,800	
原料價格差異		1,800

　　期末時原料存貨成本如下：

依標準成本計算之原料存貨成本：$10×1,800	$18,000
加：原料價格調整：$1×1,800	1,800
合　計	$19,800

　　茲將元寶公司有關差異先記法之直接原料成本流程，以圖形列示如下：

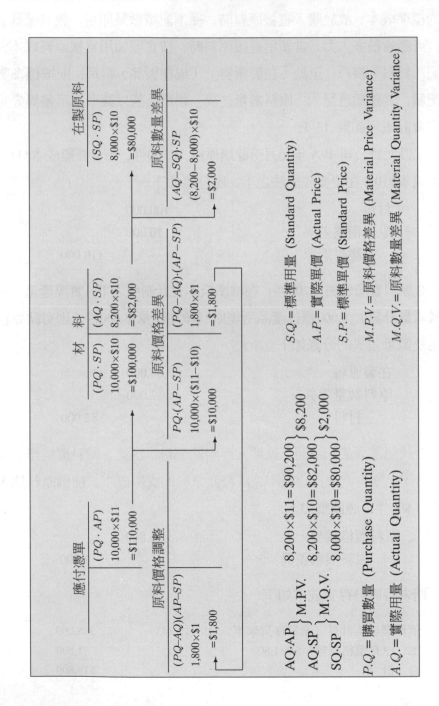

二、差異後記法

此法係於購入原料時，根據原料實際成本記入「材料」帳戶；俟實際領用直接原料時，才確定原料的價格差異及數量差異。故「材料」統制帳戶及明細分類帳，均按實際原料成本記帳。茲以圖形列示其處理程序如下：

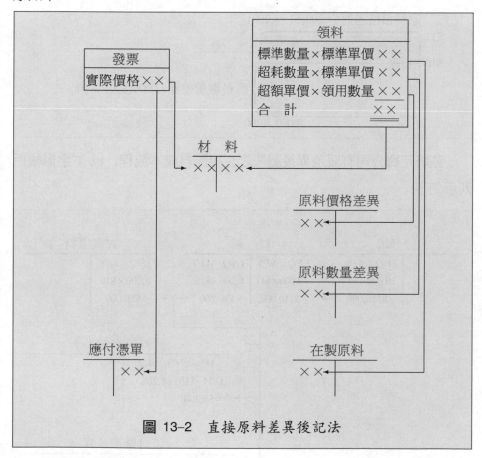

圖 13-2 直接原料差異後記法

1.購入原料時：

材料　　　　　　　　110,000
　　應付憑單　　　　　　　　　110,000

2.領用原料時：

在製原料	80,000	
原料價格差異	8,200	
原料數量差異	2,000	
材料		90,200

原料價格及數量差異，可用圖形列示如下：

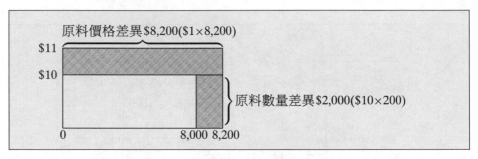

茲將元寶公司有關差異後記法之直接原料成本流程，以 T 字形帳戶列示如下：

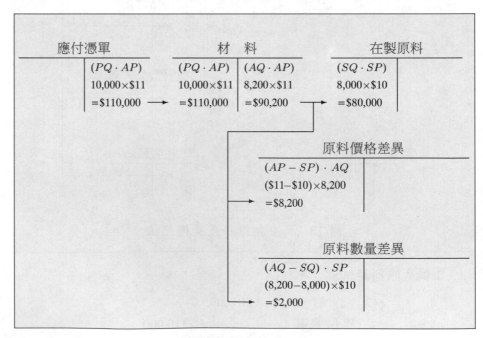

13–2 標準直接人工成本的會計處理

直接人工成本，係依計時卡、計工單、薪工單及其他有關人工資料計算而得。茲將有關人工成本資料彙編直接人工成本分析卡如下：

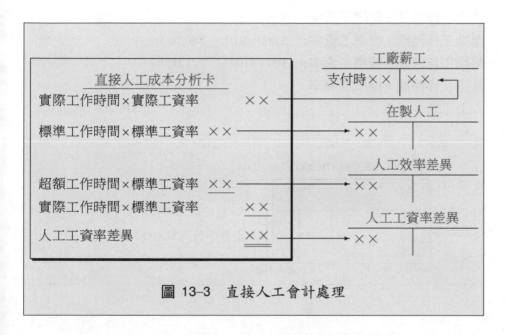

圖 13-3 直接人工會計處理

設元寶公司 19A 年元月份有關人工成本的資料如下：

實際工作時間 8,100小時，實際工資率每小時$12。

標準工作時間 8,000小時，標準工資率每小時$10。

1.薪工支付時之分錄：

工廠薪工	97,200	
應付憑單		97,200

2.分配薪工，並設立「人工效率差異」及「人工工資率差異」之分錄如下：

在製人工	80,000		
人工效率差異	1,000		
人工工資率差異	16,200		
工廠薪工		97,200	

上述分錄各項數字之計算方法如下:

實際工作時間×實際工資率:	8,100×\$12		\$97,200
標準工作時間×標準工資率:	8,000×\$10	\$80,000	
超額工作時間×標準工資率:	100×\$10	1,000	
實際工作時間×標準工資率			81,000
人工工資率差異			\$16,200

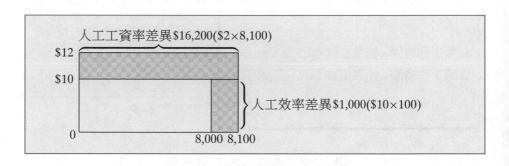

13–3　標準製造費用的會計處理

在會計期間進行中,製造費用係根據各部門之標準分攤率,攤入在製製造費用(或在製品)帳戶。**實際製造費用,則必須延至期末時,才能求得。**

茲列示在標準成本會計制度之下,製造費用之會計處理程序如下:

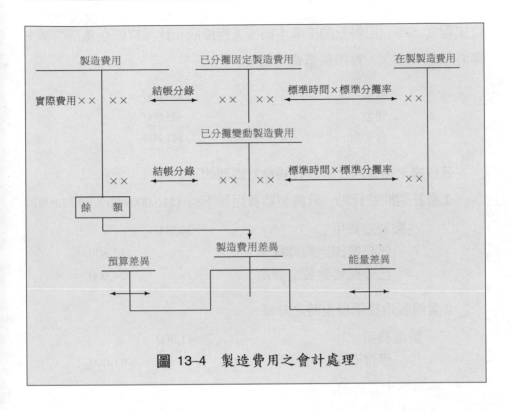

圖 13-4　製造費用之會計處理

設元寶公司之彈性預算，19A 年度每月份製造費用如下：

標準產能百分比	80%	100%	120%
標準生產能量	8,000	10,000	12,000
標準生產時數	8,000	10,000	12,000
製造費用：			
固定	$16,000	$16,000	$16,000
變動	24,000	30,000	36,000
合　計	$40,000	$46,000	$52,000

標準分攤率：

　固定：$16,000÷10,000=$1.60

　變動：$30,000÷10,000=$3.00

假定該公司 19A 年 12 月份完工產品 6,000件。期末在製品 4,000件，

完工程度 50%，原料及加工成本與施工程度成正比（實際產量為標準生產能量之 80%）。實際製造費用如下：

固定	$16,000
變動	25,000
合 計	$41,000

茲根據上述資料，列示有關會計處理如下：

1.會計期間進行時，分攤製造費用如下：　($16,000×80%=$12,800)

在製製造費用	36,800	
已分攤固定製造費用		12,800
已分攤變動製造費用		24,000

2.實際製造費用發生時之分錄：

製造費用	41,000	
應付憑單、材料等		41,000

參閱第十二章第七節。

3.期末時，結清「已分攤製造費用」及「製造費用」統制帳戶，其分錄如下：

已分攤固定製造費用	12,800	
已分攤變動製造費用	24,000	
製造費用差異	4,200	
製造費用		41,000

4.將「製造費用差異」，轉入「預算差異」及「能量差異」帳戶：

⑴二項差異分析：

製造費用預算差異	1,000	
製造費用能量差異	3,200	
製造費用差異		4,200

請參閱第十二章第七節二項差異分析。

(2)三項差異分析：

製造費用費用差異	700	
製造費用閒置能量差異	3,040	
製造費用效率差異	460	
製造費用差異		4,200

請參閱第十二章第七節三項差異分析。

(3)四項差異分析：

製造費用費用差異	700	
製造費用變動效率差異	300	
製造費用閒置能量差異	3,040	
製造費用固定效率差異	160	
製造費用差異		4,200

請參閱第十二章第七節四項差異分析。

13-4　成本差異分析的應用

　　實施標準成本會計制度之目的，在於建立成本標準，使與實際成本相互比較，以求得各項成本差異。然而成本差異之計算，並非標準成本會計制度的終極目標。計算成本差異，僅是一種手段而已，尚須透過成本差異分析，俾能發現成本差異的原因，並尋求改進的方法，而達到標準成本的目標，才是標準成本會計制度的真正目的。因此，成本差異分析，乃是成本控制的有效工具。茲分別就管理上及會計上的應用，分別說明之。

一、成本差異分析在管理上的應用

　　對於各項成本差異數字，如能善加利用，則成本差異分析的方法，可提供企業管理者在生產作業上，一項極有效力的成本控制工具；蓋經

由成本差異分析的方法，可以從大量的成本數字中，獲得成本差異的訊息，指出生產作業偏離原定計劃的不尋常訊號；倘若企業管理者，不能及時採取相應的措施，必將影響企業的獲利目標。

經由成本差異分析之後，可指出發生成本差異之所在，並應進一步探討發生差異的原因，進而追究責任，以為考核的根據。凡屬不利差異，固應追根究底，以謀改進之道；其屬有利差異者，亦應繼續保持，力謀光大。故透過標準成本差異分析，為管理上提供成本規劃、成本控制、績效評估、及經營決策之依據。

二、成本差異分析在會計上的應用

成本差異分析的主要目的，固然在於提供有效的方針與決策依據，但在會計上，亦有其用途。蓋一項支出，在若干情況之下，究竟為成本？抑或為損失？在會計上往往很難區分。如經過成本差異分析後，對差異發生的原因，已有所了解，必可確定一項差異究竟是成本抑或損失，當不失為一項有效的用途。

採用標準成本會計制度時，為有效應用成本差異分析起見，由成本會計部門，適時提供各項**例外管理報告** (Management-by-exception reports)給管理部門，是絕對必要的；經由此項例外管理報告，凡是各項不利成本差異因素，都能提醒管理者注意，俾能進一步採取相應的改進措施，指令發生不利差異之各部門，限期改進，使各項不利成本差異消弭於無形。

抑有進者，對於各項有利成本差異，也要報告給管理者，不但能使獲得有利成本差異的員工，受到管理者的肯定，而且對於其他員工，也有激勵的積極作用。

13–5　成本差異功過的歸屬

一、直接原料價格差異

　　一項原料價格差異，通常應由購料部負責。為獲得合乎標準的原料成本，購料部應考慮最經濟訂購量，最有利訂購條件，以及最低廉運輸方法。惟對於無法預料的物價波動，以及企業內部的各項因素，例如由於生產計劃之突然改變而需要昂貴的原料成本，因此而發生之原料價格差異，則顯然非購料部門的過失。

二、直接原料數量差異

　　引起原料數量差異的原因很多，凡由於使用劣等原料而引起者，必須由購料部負責；但由於驗收不週而發生者，必須由收料部負責。其他諸如無經驗或不熟練工人，不良生產設備、生產方法、及產品設計的改變等，而引起不利原料數量差異者，均應歸由發生部門負責。

三、直接人工工資率差異

　　人工工資率差異，如係由於工資率過高，超過標準工資率時；必須由人事部負責；倘若在某一製造部，原應使用工資率較低的工人操作，實際上卻使用工資率較高的工人操作，致發生工資率較高的工人充當低級工作的不經濟現象，應由製造部負責。惟如由於不適當的工資制度所發生的人工工資率差異，則應由人事部門負責。

四、直接人工效率差異

　　人工效率差異之發生，具有多方面的原因。原料品質不佳、工人無

經驗或不夠熟練、生產設備不良或不適當、機器停頓、生產方法改變、不正確工作安排、工作環境不良等，而引起人工效率差異者，均應歸由各發生部門負責。

五、製造費用預算差異

預算差異又稱可控制差異，表示各主管部門因疏於控制製造費用的預算所引起的差異，故應歸由各主管部門負責。例如間接材料採購錯誤，應由購料部負責。間接材料及間接人工之誤用，應歸由製造部負責。其他各項費用控制不當，應由各主管部門負責。

六、製造費用能量差異

能量差異係由於實際生產能量與標準生產能量不符，而引起製造費用差異；例如利用生產能量決策不當、製造費用預計分攤率設定錯誤等，均應歸由管理部門負責。

其他三項差異或四項差異分析，均屬於變動及固定製造費用的範圍。變動製造費用差異屬於預算差異，固定製造費用差異屬於能量差異，已如上述說明，不再贅述。

13–6 成本差異帳戶的會計處理

一、成本差異的會計處理方法

成本差異帳戶，在會計處理上，有三種不同的方法：⑴將各項成本差異帳戶結轉下期；⑵將各項成本差異帳戶，按「在製品」存貨、「製成品」存貨及「銷貨成本」的比例調整；⑶將各項成本差異帳戶，分別轉入「本期損益」帳戶。

究應採用何種方法？胥視差異發生的時間、所設定的標準成本是否

正確，以及差異是否受季節性變化的影響等因素而決定。**為使讀者易於了解成本差異的處理要點，特列表如下：**

成本差異發生的時間	會計處理方法
1.期中差異（含季節性變化因素）	遞延下期，可於續後期間，發生自動抵銷作用。
2.期末差異（不含季節性變化因素）： 　(1)設定的標準成本不正確	將成本差異，按在製品存貨、製成品存貨、及銷貨成本之比率調整。
(2)設定的標準成本正確	將成本差異結轉本期損益帳戶。

上表應予說明者，約有下列三點：

1.期中差異，因包含季節性變化因素在內，故不必逐期調整，逕予轉入下期，任其於續後期間自動抵銷。蓋標準預計分攤率，係以年度為預計分攤的基礎；而由於受季節性變化的影響，使每期的實際製造費用與預計製造費用之間，難免有出入，如將此項差異結轉下期，可於續後期間內，發生自動抵銷作用。

2.期末差異（不含季節性變化因素）

(1)設定的標準成本不正確：蓋各項標準成本之設定，均基於預計而求得，由於受各種因素的影響，往往與事實相差若干。凡差異發生的原因，經確定係由於所設定的標準成本不正確而產生時，自應按比率調整「在製品」、「製成品」存貨及「銷貨成本」等有關帳戶。

吾人於此必須強調者，即根據美國財務會計準則委員會 (FASB)的意見，認為各項標準成本差異如數額可觀者，則要求應攤入各項「存貨」及「銷貨成本」帳戶內，據以編製對外財務報表，並使「存貨」及「銷貨成本」，能反映實際成本而非標準成本；此種主張，獲得**管理會計人員學會 (IMA)**及**內地稅務局 (IRS)**的贊同。

(2)設定的標準成本正確：當所設定的標準成本確定無誤時，而導致

成本差異的原因，係由於可控制之無效率、或不經濟因素所造成，自應將各項成本差異帳戶，結轉本期損益帳戶。換言之，如發生超過標準成本的不利差異，表示工作不力或無效率，其所增加的成本，將減低本期損益，自應轉入「本期損益」帳戶的借方。反之，如發生低於標準成本的有利差異，表示工作有效率或因充分利用生產設備，使成本降低或節省，必將增加本期損益，故應轉入「本期損益」帳戶的貸方。

將各項成本差異帳戶，逐予結轉本期損益帳戶的會計處理方法，使「在製品」、「製成品」、及「銷貨成本」等各項成本帳戶，反映標準成本而非實際成本；此外，各項成本差異的數字，一一列示於損益表內，使管理者能獲得更直接而又有效的控制成本資訊；因此，一般管理者均主張採用此種會計處理方法。

二、成本差異的會計處理實例

1.將各項成本差異調整有關成本帳戶的方法：茲列示各項成本差異調整有關成本帳戶的分錄如下：

在製品	×××
製成品	×××
銷貨成本	×××
各成本差異帳戶	×××

為使讀者易於了解起見，茲以第十二章第七節及本章第一節、第二節所舉元寶公司之實例，綜合列示之。

(1)每單位產品的標準成本設定如下：

直接原料：每件@10.00	$10.00
直接人工：每小時@10.00	10.00
製造費用：每小時@4.60	4.60
合　計：	$24.60

(2)19A 年 12月份製造產品 10,000件之中，完工產品 6,000件，期末
在製品 4,000件，完工程度 50%，原料及加工成本依施工比例耗
用，有關成本資料如下：

	標準成本	實際成本	不利成本差異
直接原料	$ 80,000	$ 90,200	$10,200
價格差異			$ 8,200
數量差異			2,000
合　計			$10,200
直接人工	$ 80,000	$ 97,200	$17,200
效率差異			$ 1,000
工資率差異			16,200
合　計			$17,200
製造費用	$ 36,800	$ 41,000	$ 4,200
預算差異			$ 1,000
能量差異			3,200
合　計			$ 4,200
總　　計	$196,800	$228,400	$31,600

(3)12月份製成產品 6,000件時，按標準成本由「在製品」轉入「製成
品」帳戶之分錄如下：

製成品	147,600	
在製原料		60,000
在製人工		60,000
在製製造費用		27,600

(4)12月份製成品 5,000件，每件按$40出售，收入現金如數；其有關
分錄如下：

現金	200,000	
銷貨收入		200,000
銷貨成本	123,000	
製成品		123,000

⑸經上述分錄後，各項產銷的有關資料如下：

	在製品	製成品	銷貨成本	合　計
標準成本：				
直接原料	$20,000	$10,000	$ 50,000	$ 80,000
直接人工	20,000	10,000	50,000	80,000
製造費用	9,200	4,600	23,000	36,800
小　計	$49,200	$24,600	$123,000	$196,800
所佔比率	25%	12.5%	62.5%	100%

成本差異之調整（附表一）：

	在製品	製成品	銷貨成本	合　計
直接原料	$ 2,550*	$ 1,275	$ 6,375	$ 10,200
直接人工	4,300*	2,150	10,750	17,200
製造費用	1,050*	525	2,625	4,200
小　計	$ 7,900	$ 3,950*	$ 19,750*	$ 31,600
合　計	$57,100	$28,550	$142,750	$228,400

各項成本差異調整計算表　　　　附表一

	合　計 (100%)	在製品 (25%)	製成品 (12.5%)	銷貨成本 (62.5%)
直接原料：				
價格差異：	$ 8,200	$2,050	$1,025	$ 5,125
數量差異：	2,000	500	250	1,250
合　計：	$10,200	$2,550*	$1,275	$ 6,375
直接人工：				
效率差異：	$ 1,000	$ 250	$ 125	$ 625
工資率差異：	16,200	4,050	2,025	10,125
合　計：	$17,200	$4,300*	$2,150	$10,750
製造費用：				
預算差異：	$ 1,000	$ 250	$ 125	$ 625
能量差異：	3,200	800	400	2,000
合　計：	$ 4,200	$1,050*	$ 525	$ 2,625
總　計			$3,950*	$19,750*

如係三項差異或四項差異分析時，仍依上述方法比例計算之。

經研究分析的結果，認為元寶公司的標準成本不合理，故決定將各項差異成本調整至有關成本帳戶的分錄如下：

在製原料	2,550	
在製人工	4,300	
在製製造費用	1,050	
製成品	3,950	
銷貨成本	19,750	
原料價格差異		8,200
原料數量差異		2,000
人工效率差異		1,000
人工工資率差異		16,200
預算差異		1,000
能量差異		3,200

2.將各項成本差異轉入本期損益帳戶的方法：如差異成本之發生，係由於可控制的無效率或不經濟因素所引起，而標準分攤率確係合理者，則各項成本差異帳戶，應轉入「本期損益」帳戶之分錄如下：

本期損益	×××	
各項成本差異帳戶		×××

設上例元寶公司經分析差異的結果，認為標準分攤率尚屬正確，故決定將各項成本差異帳戶轉入「本期損益」帳戶如下：

本期損益	31,600	
原料價格差異		8,200
原料數量差異		2,000
人工效率差異		1,000
人工工資率差異		16,200
預算差異		1,000
能量差異		3,200

13-7 成本差異在損益表的表達方法

一、差異調整有關成本帳戶之損益表

當各項成本差異帳戶按「在製品」存貨、「製成品」存貨及「銷貨成本」帳戶的比率，予以調整後，損益表上所列示的銷貨成本，表示實際的成本數字。上述元寶公司的部份損益表，經調整後列示如下：

元寶公司
部份損益表
19A 年 12月 1日至 31日

銷貨收入	$200,000
減：銷貨成本（附表二）	142,750
銷貨毛利	$ 57,250

. . . .

元寶公司
銷貨成本表
19A 年 12月 1日至 31日　　　　　　　　附表二

	標準成本	成本差異	實際成本
直接原料	$ 80,000		
原料價格差異		$ 8,200	
原料數量差異		2,000	$ 90,200
直接人工	80,000		
人工效率差異		1,000	
人工工資率差異		16,200	97,200
製造費用	36,800		
預算差異		1,000	
能量差異		3,200	41,000
製造總成本	$196,800	$31,600	$228,400
減：在製品期末存貨	49,200	7,900	57,100
製成品成本	$147,600	$23,700	$171,300
減：製成品期末存貨	24,600	3,950	28,550
銷貨成本	$123,000	$19,750	$142,750

二、差異結轉本期損益帳戶之損益表

　　當各項成本差異結轉損益帳戶時，損益表上所列示的銷貨成本，係按標準成本列示；故於求得標準銷貨毛利後，再加（減）有利成本差異（不利差異），即可求得實際的銷貨毛利。

元寶公司
損益表
19A年 12月 1日至 31日

銷貨收入		$200,000
減: 銷貨成本（標準成本: 附表二）		123,000
銷貨毛利（標準）		$ 77,000
減: 標準成本下之不利差異（附表一）:		
原料價格差異	$ 5,125	
原料數量差異	1,250	
人工效率差異	625	
人工工資率差異	10,125	
預算差異	625	
能量差異	2,000	19,750
銷貨毛利（實際）		$ 57,250

本章摘要

在標準成本會計制度之下，記錄直接原料進貨時，對於原料價格差異，有差異先記法與後記法之分；在差異先記法之下，係按原料標準成本記入材料帳戶，實際成本與標準成本之差額，則於進料時，即先記入原料價格差異帳戶；在差異後記法之下，材料帳戶係按實際成本記帳，原料價格差異延至領料時，再予計算及登帳。不論是差異先記法或後記法，原料數量差異均於領料時，才予計算及登帳；至於在製品（或在製原料）帳戶的借方，則按實際產量的標準數量，乘以標準成本記錄之。

直接人工係按實際產量（或約當產量）的標準人工時數，乘以標準工資率，借記在製品（或在製人工）帳戶，實際人工成本與標準人工成本之差異，則記入人工效率差異與人工工資率差異帳戶。

製造費用係按實際產量的標準工作時間，乘以標準分攤率，借記在製品（或在製製造費用）帳戶，貸記已分攤製造費用；實際製造費用於發生時，借記製造費用帳戶。期末時，將實際製造費用與已分攤製造費用帳戶冲轉，其差額分別按二項差異、三項差異、或四項差異的不同分析方法，記入各項差異帳戶。

期中之各項差異帳戶，應予遞延後期，任其於續後期間內，產生自動抵銷的作用。期末之各項差異，如所設定的標準成本正確，且發生差異的原因，係屬於可控制的因素，則將各項差異轉入本期損益帳戶；反之，如所設定的標準成本不正確，且為數可觀時，自應調整在製品、製成品、及銷貨成本等各有關帳戶。然而，於編製對外財務報表時，不論差異發生之原因為何，均應調整各有關成本帳戶，藉以反映實際成本，並符合財務會計編製對外財務報表之會計原則。

本章編排流程

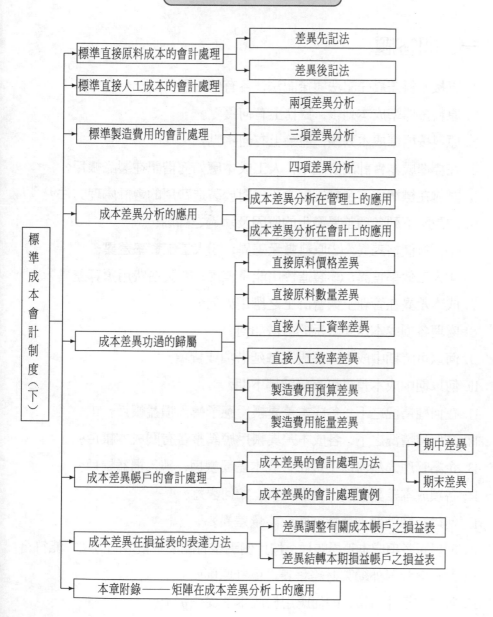

習　題

一、問答題

1. 直接原料差異先記法與後記法，各有何區別？

2. 原料按標準成本列帳，實務上有何優點？

3. 原料按標準成本列帳，理論上有何劣點？

4. 在標準成本會計制度之下，人工成本應如何借記在製品帳戶？

5. 試述在標準成本會計制度之下，對於製造費用的會計處理方法？

6. 請說明下列各項差異發生的原因及功過之歸屬：

　　⑴原料價格差異；⑵原料數量差異；⑶人工工資率差異；

　　⑷人工效率差異；⑸製造費用能量差異；⑹製造費用預算差異。

7. 成本差異在管理上與會計上之應用如何？

8. 處理各項成本差異帳戶的方法如何？

9. 何以可將期中成本差異視為遞延借項或貸項？

10. 何以期中成本差異可直接結轉下期？

11. 在何種情況之下，各成本差異帳戶應予轉入損益帳戶？

12. 在何種情況之下，各成本差異帳戶應調整各有關成本帳戶？

13. 企業管理人員何以主張將各成本差異帳戶，轉入損益帳戶？

14. 各項成本差異帳戶，在損益表上如何表達？

15. 何以企業管理人員特別關心能量差異？

16. 何以將各項成本差異帳戶，按比例調整有關成本帳戶的方法，能符合財務會計對外編製財務報表之會計原則？

17. 數學的矩陣方法，如何應用於成本差異分析上？

二、選擇題

13.1 B 公司生產單一產品，每單位產品之標準原料成本$1； 19A年 1 月份，進料 10,000單位，每單位$1.10，領用原料 8,000單位。在下列兩種不同的會計處理方法之下，原料價格差異各應記錄若干？

	差異先記法	差異後記法
(a)	$1,000	$1,000
(b)	800	1,000
(c)	1,000	800
(d)	800	800

13.2 S 公司對於原料差異之會計處理方法，採用差異先記法。 19A年 5月份，有關原料成本之資料如下：

原料期初存貨	$ -0-	
原料進貨： 100,000單位@$2.10	210,000	
領用原料 80,000單位		
原料標準單價	$2.00	

S 公司 19A年 5月 31日會計期間終了時，「原料價格差異」帳戶，應調整之金額為若干？

(a)$10,000

(b)$8,000

(c)$2,000

(d)$1,000

13.3 J 公司設定標準直接人工每小時$4.00，每單位產品標準直接人工為半小時； 19A年 3月份，生產 10,000單位，實際直接人工時數為 5,200小時，實際工資率每小時$4.20。

J 公司於19A年 3月 31日之會計期間終了時，應記錄不利直接人工效率差異及工資率差異，各為若干？

	直接人工效率差異	直接人工工資率差異
(a)	$ 800	$1,040
(b)	1,040	1,040
(c)	800	800
(d)	1,040	800

下列資料用於解答第 13.4 題至第 13.6 題之根據：

H 公司生產單一產品，並按標準直接人工時數，分攤製造費用。每單位產品之標準直接人工時數為 5小時；每月份標準產能為 10,000單位；19A年 1月份，生產 8,000單位，帳上記錄下列資料：

已分攤固定製造費用	$120,000
已分攤變動製造費用	80,000
不利能量差異	30,000
不利預算差異	3,000

13.4　H 公司標準月份之固定製造費用預算數，應為若干？

(a)$150,000

(b)$140,000

(c)$138,000

(d)$128,000

13.5　H 公司每單位產品之標準製造費用，應為若干？

(a)$10

(b)$8

(c)$6

(d)$5

13.6　H 公司 19A年 1月份之實際製造費用，應為若干？

(a)$200,000

(b)$230,000

(c)$233,000

(d)$243,000

13.7　W 公司 1997年 12月 31日之年度終了日，發生少分攤製造費用 $45,000；在未處理少分攤製造費用之前，帳上列有下列各項資料：

銷貨收入	$1,200,000
銷貨成本	720,000
存貨：	
直接原料	36,000
在製品	20,000
製成品	60,000

W 公司將多或少分攤製造費用，按年度終了時各存貨帳戶及銷貨成本之比率分攤之。 W 公司應列報銷貨成本為若干？

(a)$682,500

(b)$684,000

(c)$756,000

(d)$760,500

13.8　假定S 公司 19A 年度之變動製造費用，係按標準直接人工時數分攤；設當年度之直接人工，發生不利效率差異時，則變動製造費用效率差異，將發生何種結果？

(a)有利差異。

(b)不利差異。

(c)零。

(d)與直接人工效率差異相同。

13.9　生產部主任最能有效控制下列那一項差異？

(a)原料價格差異。

(b)原料數量差異。

(c)預算差異。

(d)能量差異。

13.10 假定製造費用按實際產量為基礎預計分攤，則變動製造費用效率
差異，將發生何種結果？

(a)零。

(b)有利差異（假定實際產量超過預計產量）。

(c)不利差異（假定實際產量小於預計產量）。

(d)以上皆非。

下列資料用於解答第 13.11 題至第13.15 題之根據：

P 公司採用標準成本會計制度，以記錄其單一產品 A。每單位 A 產品
之標準成本設定如下：

> 直接原料： X 原料 10公尺@$0.75
> 　　　　　 Y 原料 3公尺@$1.00
> 直接人工： 4小時@$15.00
> 製造費用： 按標準直接人工成本 150%分攤

19A 年 7月 1日，無在製品期初存貨； 19A 年 7月 31日， A 產品之各
項成本資料如下：

> X 原料進貨 100,000公尺，每公尺$0.78。
> Y 原料進貨 30,000公尺，每公尺$0.90。

製成 A 產品 8,000 單位，耗用 X 原料 78,000公尺及 Y 原料 26,000公尺；
耗用直接人工 31,000小時，每小時$16.00。

7月份出售 A 產品 6,000單位。

7月 31日，各項存貨如下：

X 原料： 22,000公尺

Y 原料： 4,000公尺

製成品 A： 2,000單位

直接原料之進貨及其他各項轉帳交易，均按標準成本記帳。

13.11 P 公司 19A 年 7月份， X 原料進貨時，借記「材料」帳戶之直接
原料成本，應為若干？

(a)$75,000

(b)$78,000

(c)$60,000

(d)$58,500

13.12 19A 年 7月份，借記在製品（或在製人工）帳戶之金額，應為若
干？

(a)$465,000

(b)$480,000

(c)$496,000

(d)$512,000

13.13 在分攤各項差異之前，原料 Y 數量差異帳戶餘額，應為若干？

(a)$1,000有利差異。

(b)$2,600不利差異。

(c)$600不利差異。

(d)$2,000不利差異。

13.14 假定所有各項差異，均按各項期末存貨及銷貨成本比率分攤；原料
Y 之數量差異，攤入「材料」存貨的金額，應為若干？

(a)$0

(b)貸方$333

(c)借方$333

(d)借方$500

13.15　假定所有各項差異，均按期末時之在製品存貨、製成品存貨、及銷貨成本之比率分攤。原料 X 之價格差異，攤入「材料」存貨之金額，應為若干?

(a)$0

(b)借方$647

(c)借方$600

(d)借方$660

（13.11～13.15美國會計師考試試題）

三、計算題

13.1　陽明公司所製造之產品，標準原料成本每單位$10。 19A 年 8月初，無原料期初存貨； 8月間購入原料 10,000單位，每單位實際價格$12；已知 8月份原料標準數量為 8,000單位，實際耗用 8,100單位。

試求：請按原料差異先記法，列示上述各會計事項。

13.2　海洋公司生產單一產品，每單位產品之標準人工為 2小時，每小時標準工資率為$15。 19A 年元月份，該公司以 22,000直接人工小時完成 10,000單位產品，每一直接人工小時實際工資率為$16。

試求：為該公司作成人工成本之有關分錄。

13.3　北美公司標準產量為 10,000直接人工小時，可製成產品 10,000單位。在標準產量下之製造費用預計如下：

固定	$60,000	
變動	40,000	$100,000

19B 年 2 月份製成產品 8,000 單位，耗用 8,100 直接人工小時，實際製造費用如下：

固定	$60,000	
變動	37,000	$97,000

試用：

(a)兩項差異分析法，(b)三項差異分析法，分別分錄製造費用之各項差異；假設各項差異逐予轉入銷貨成本。

13.4 美南公司採用標準成本制度，所有分錄均以標準成本入帳。每月份標準產量為 10,000 單位，每單位產品標準成本如下：

直接原料：	2件@$10	$20	
直接人工：	1標準小時@$30	30	$50
製造費用：			
固定：每一標準小時@$20		$20	
變動：每一標準小時@$10		10	30	$80

19C 年 1 月 31 日有關成本資料如下：

直接原料：	14,200件@$10	$142,000
直接人工：	7,200小時@$30	216,000
已分配製造費用		210,000
實際製造費用		280,000
在製品期末存貨		–0–
製成品期末存貨		80,000

試作成下列各項成本的結總分錄。

　(a)原料成本之領用。

(b)直接人工成本。

(c)已分攤製造費用。

(d)製造費用差異（三項差異分析）。

(e)產品完工成本。

(f)銷貨成本。

13.5 美東公司甲製造部雇用之工人，區分為三等級，其標準工資率如下：

等　級	每小時標準工資率
A	$25
B	30
C	40

該公司為簡化起見，甲製造部一律使用單一平均標準工資率，每小時$35。

19D 年 10月份，甲製造部有關資料如下：

1.實際人工成本$300,000。

2.標準人工成本$320,000。

3.實際人工時數：A 級 2,000小時，B 級 4,000小時，C 級 3,000小時。

試分析各項成本差異，並分錄之。

13.6 美洲公司生產單一產品之標準成本如下：

直接原料：	20公尺@$1.35	$27
直接人工：	4小時@$9.00	36
製造費用：	按直接人工成本 5/6分攤，	
	變動與固定成本之比率為	30
	2:1	
每單位產品標準成本		$93

標準成本係按每月直接人工時數 2,400小時（產品 600單位）之正常產量為基礎。

19A年 7月份，有關資料如下：

直接原料進貨：	18,000公尺@$1.38	$24,840
領用直接原料：	9,500公尺	
直接人工時數：	2,100小時@$9.15	19,215
實際製造費用		16,650
完工產品數量		500

試求：列示在標準成本會計制度下，應有之分錄。

（美國會計師考試試題）

13.7 亞洲公司採用標準成本會計制度； 19A年 8月份，各項生產及成本資料如下：

標準固定製造費用率：每一直接人工時數	$1.00
標準變動製造費用率：每一直接人工時數	$4.00
預計每月直接人工時數	40,000小時
實際直接人工時數	39,500小時
實際產量標準工作時間	39,000小時
製造費用總差異（有利）	$2,000
實際變動製造費用	$159,500

試求：

請為亞洲公司列示 19A年 8月份，在標準成本會計制度下，帳上應有之分錄。

（美國會計師考試試題）

13.8 莊敬公司每月份標準產量為 10,000單位，各項標準成本如下：

直接原料:	20,000件@$30		$ 600,000
直接人工:	10,000小時@$20		200,000
製造費用:			
固定		$200,000	
變動		200,000	400,000
合計			$1,200,000

該公司 19A年 5月份實際產量為 12,000單位。當月份發生下列各
交易事項:

1.購入原料 30,000件,@$31,按標準成本列帳(差異先記法)。

2.領用原料 24,500件。

3.耗用直接人工 13,200小時,@$20。

4.實際製造費用(貸記雜項)

固定	$200,000
變動	260,000
合計	$460,000

試求:

(a)計算各項差異(製造費用分別按二項及三項差異分析法計算)。

(b)記錄各有關分錄。

13.9 自強公司原料及人工之標準成本如下:

直接原料:	2件@$10	$20
直接人工:	1小時@$30	30

每月份製造費用預算如下:

標準產量百分比	80%	100%	120%
標準生產時數	8,000	10,000	12,000
製造費用：			
固定	$20,000	$20,000	$20,000
變動	24,000	30,000	36,000
	$44,000	$50,000	$56,000

19A年 3月份實際產量為 8,000單位，發生各項成本如下：

　　　　購入直接原料 20,000件@$9.50。
　　　　領用直接原料 17,000件。
　　　　直接人工耗用 7,900小時@$32。
　　　　製造費用：
　　　　　固定　　　　　　　　　　$20,000
　　　　　變動　　　　　　　　　　 28,000
　　　　　合計　　　　　　　　　　$48,000

試求：

　⑴計算各項成本差異。

　⑵分錄各有關交易事項（設原料按差異先記法列帳）。

13.10 少康公司生產單一產品，每單位售價$100，每年標準產量為 10,000單
　　　位。在標準產量下，每單位產品標準成本如下：

　　　　直接原料：　3件@$10　　　　　　$30
　　　　直接人工：　1小時@$20　　　　　 20
　　　　製造費用：
　　　　　固定　　　　　　　　　　$100,000
　　　　　變動　　　　　　　　　　 100,000
　　　　　　　　　　　　　　　　　$200,000

19A年製成產品 8,000件，實際成本如下（原料採用差異後記法）：

領用直接原料 25,000 件@$9.60		$240,000
耗用直接人工 7,800 小時@$20		156,000
製造費用:		
固定	$100,000	
變動	82,000	182,000
		$578,000

完工產品中, $\frac{7}{8}$ 已售出; 已知期初無在製品及製成品存貨。

試求:

　(a)編製部份損益表, 列示在實際成本下之銷貨毛利。

　(b)編製部份損益表, 列示在標準成本下之銷貨毛利; 設各項差異
　　均為可控制者。

　(c)比較並分析(a)與(b)銷貨毛利發生差異之原因。

13.11 環球公司採用標準成本會計制度; 19A年 1月份, 設定各項標準
　成本如下:

每月份標準直接人工時數	24,000
標準製造費用:	
變動	$ 48,000
固定	108,000
標準製造費用分攤率／每一直接人工時數	6.50

當月份實際成本資料如下:

實際直接人工時數	22,000小時
實際製造費用總額	$147,000
實際產量之標準直接人工時數	21,000小時

試求:

　(a)請計算 19A年 1月份下列四項差異:

　　(1)費用差異; (2)變動效率差異; (3)閒置能量差異; (4)固定效率

差異。

(b)分錄製造費用之各有關會計事項。

（美國會計師考試試題）

13.12 中興公司於 19B年 12月 1日開始營業，生產單一產品，並採用標準成本會計制度；每月份標準產量為 3,000 單位。每單位產品標準成本如下：

直接原料——10公斤@$7	$ 70
直接人工——1小時@$20	20
製造費用——按直接人工成本 100%分攤	20
合　計	$110

其他資料如下：

1.12月份帳上有關資料如下：

	單位數量	借　方	貸　方
標準產量	3,000		
銷貨數量	1,500		
銷貨收入			$300,000
銷貨折扣		$ 5,000	
原料價格差異		15,000	
原料數量差量		6,600	
人工工資率差異		2,500	
製造費用預算差異			3,000
未獲得進貨折扣之損失		1,200	

該公司對於進貨折扣採用淨額法，於購入原料時，即按發票價格減進貨折扣後，記入材料成本帳。上列未獲得進貨折扣之損失及原料價格差異，係屬本月份所耗用之原料。

2.19B年 12月 31日之存貨數量如下：

材料	-0-
在製品	1,200單位
製成品	900單位

在製品完工程度 50%, 原料係一次領用。在製造過程中, 無任何損壞品發生。

試求:

(a)分別就直接原料及加工成本, 計算其約當產量。

(b)編製 12 月份損益表。設各項差異已結轉損益帳戶, 並已知銷管費用為 $100,000。

(c)分別計算 12 月 31 日之在製品、製成品及銷貨成本。設該公司將所有各項差異及不能獲得進貨折扣損失, 均分攤於期末存貨及銷貨成本內。解答(c)時, 暫不考慮(b)。

(d)根據(c)所求得資料, 編製該公司 12 月份調整成本差異後之損益表。

13.13 光華公司生產單一產品, 採用標準成本會計制度, 19A 年一月份在製品及各項成本差異帳戶之借貸數字, 有如下示:

	借　方	貸　方
在製原料	$1,000,000	$800,000
直接原料價格差異	150,000	–
直接原料數量差異	50,000	–
在製人工	250,000	200,000
直接人工工資率差異	–	30,000
直接人工效率差異	50,000	–
在製製造費用	50,000	40,000
製造費用能量差異	10,000	

該公司元月份完工產品 40,000 單位, 出售 30,000 單位, 元月底在製品存貨 20,000 單位, 完工 50%, 製造時原料與施工成正比。又已

知該公司對於各項差異，係採用差異先記法。

試求：

　(a)列示元月份有關成本之各項分錄。

　(b)計算元月份每單位產品標準成本及實際成本。

　(c)設上列各項差異及銷貨數字，係代表全年結果，試用各種不同

　　　方法，處理各項成本差異帳戶的餘額。

13.14 莒光公司生產單一產品，並採用標準成本會計制度，每件產品之標

　　　準成本如下：

原料：	2磅@$2.50	$ 5.00
人工：	1小時@$4.00	4.00
製造費用：	1小時@$1.00	1.00
標準單位成本		$10.00

有關製造費用之資料如下：

最高工作時間	每月 60,000小時
最高產量	每月 60,000單位
60,000小時之標準製造費用	$60,000
50,000小時之標準製造費用	$55,000

19A年元月份實際產量為 50,000單位，其實際成本如下：

原料：	2.5磅@$2.60	$ 6.50
人工：	1.2小時@$4.50	5.40
製造費用：	1.2小時@$1.20	1.44
實際單位成本		$13.34

期初及期末均無在製品及製成品存貨。

根據上列資料，試為該公司作成有關成本之各項分錄。

（高考試題）

13.15 光復公司生產單一產品，其標準成本如下：

原料：一單位@$4.55	$4.55
人工：三小時@$0.75	2.25
製造費用：三小時@*1.00	3.00
	$9.80

$$*每小時標準製造費用 = \frac{標準製造費用}{標準人工小時} = \frac{\$3,000}{3,000} = \$1.00$$

19A年 3 月份生產情形如下：

1. 950單位已製造完成。

2. 100單位正在製造過程中，人工及製造費用已耗用一半，原料則全部領用。

3 月份發生之交易如下：

1. 購入原料 1,250單位@$4.60。

2. 領用原料 1,100單位。

3. 工人工作時間 2,950小時，每小時$0.75。

4. 實際製造費用$3,100。

5. 銷貨 900單位@$15。

試求：

(a) 列示 3月份之分錄，假定原料及在製品均按標準成本入帳（差異先記法）。

(b) 將差異帳戶作適當之處理，假定原料價格及工資率差異非為管理者所能控制；其他則因工作效率不佳或優異而產生。

(c) 編製 3月份之損益表，假定銷售費用$1,000，管理費用$500。

（高考試題）

13.16 加州公司按標準直接人工時數，每小時$3.00分攤製造費用，其中變動製造費用分攤率，每一直接人工小時為$2.00；預計營運水準

為 25,000直接人工小時。該公司採用三項差異分析法，於年度結束
後，獲得下列分析結果：

費用差異	$1,000（不利）
效率差異	4,500（不利）
閒置能量差異	1,500（有利）

試求：

　(a)請計算下列各項：

　　(1)標準直接人工時數。

　　(2)實際直接人工時數。

　　(3)已分攤製造費用。

　　(4)實際製造費用。

　(b)請分錄各有關會計事項。

13.17 大陸公司採用標準成本會計制度，生產單一產品，每單位之標準成
　　本如下：

直接原料：	8公斤@$5.00	$40.00
直接人工：	6小時@$8.20	49.20

下列為 19A年 11月份之有關資料：

在製品期初存貨 (11/1)：無

在製品期末存貨 (11/30)：800單位（完工程度 75%，
　原料一次領用，人工按施工比例分攤）

完工產品： 5,600單位

原料進貨： 52,000公斤@$4.985

實際直接人工成本：$300,760

實際直接人工時數： 36,500小時

不利直接原料數量差異：$1,500

試求：

(a)請計算下列各項：

⑴直接人工工資率差異。

⑵直接人工效率差異。

⑶實際耗用直接原料數量及成本。

⑷原料及人工於期末時在製品帳戶之餘額。

(b)請列示有關會計事項之分錄。

（美國管理會計師考試試題）

13.18 光明公司生產單一產品，採用標準成本會計制度，每單位產品之標準成本為：

原料	1磅@$5.00	$ 5.00
人工	2小時@$4.00	8.00
製造費用	2小時@$1.00	2.00
標準單位成本		$15.00

該公司於 19A年一月份計完成產品四萬件，出售三萬件，在製品存二萬件，完工程度為 50%。現悉：

19A年元月份之實際成本為：

原料	75,000磅@$6.00	$ 450,000.00
人工	150,000小時@$5.00	750,000.00
製造費用	150,000小時@$1.20	180,000.00
實際成本總計		$1,380,000.00

另悉該公司於製造產品時，原料領用與施工成正比。

根據上列資料，請用差異先記法將上列事項記錄之。

（高考試題）

13.19 寶島公司製造某產品每單位標準成本如下：

直接原料：　3件@$2.00	$ 6.00
直接人工：　$\frac{1}{2}$小時@$8.00	4.00
變動製造費用：　$\frac{1}{2}$小時@$3.00	1.50
固定製造費用：　$\frac{1}{2}$小時@$2.00	1.00
	$12.50

正常生產能量為 8,000單位。實際營運的有關資料如下：

1.完工產品 9,000單位。

2.購入原料 30,000件，每件購價$2.07；原料價格差異於購入時即予入帳。

3.耗用直接人工 4,400小時，實際支付薪工總額$36,080。

4.領用原料 28,000件。

5.實際變動及固定製造費用分別為$14,000及$8,500。

6.出售製成品 8,200單位，每單位售價$18。

7.銷管費用$20,000。

試求：

假定在製品按實際產量乘標準成本列帳，且製造費用按三項差異分析法，列示該公司上列有關會計事項之分錄。

（加拿大會計師考試試題）

13.20 梨山公司生產某產品，每單位標準成本如下：

直接原料： 3件@$5.00	$15.00
直接人工： 2小時@$8	16.00
變動製造費用： 2小時@$1.50	3.00
固定製造費用： 2小時@$2.00	4.00
	$38.00

該公司正常產量為 5,000 單位； 19A年 3 月份實際資料如下：

1. 實際產量（無在製品期初及期末存貨） 4,000 單位。

2. 銷售 3,000 單位@$50。

3. 購入原料 15,000件，每件購價$4.95。

4. 領用原料 12,500件。

5. 實際耗用工廠薪工 7,800 小時@$8.40。

6. 實際製造費用$32,100。

假設該公司按實際產量乘標準成本列帳，且原料與人工二項差異及製造費用四項差異，均轉入銷貨成本。

試列示上述有關資料之分錄。

（加拿大會計師考試試題）

13.21 華府公司採用標準成本會計制度；每單位產品標準成本設定如下：

直接原料	$14.50
直接人工： 2小時@8	16.00
製造費用： 2小時@11	22.00
合　計	$52.50

製造費用係按正常營運水準之機器操作時數 600,000小時，作為計算分攤率之基礎。該公司預計於 1998年度，每月生產 25,000單位；預計當年度製造費用如下：

變動	$3,600,000
固定	3,000,000
合計	$6,600,000

1998年 11月份，實際產量為 26,000單位，機器操作時數為 53,500小時，實際固定及變動製造費用分別為$260,000及$315,000；　11月份已分攤製造費用總額 $572,000。

試求：

(a)請計算下列各項差異：

　(1)費用差異。

　(2)變動效率差異。

　(3)固定效率差異。

　(4)閒置能量差異。

(b)請列示上列各項有關分錄。

（美國管理會計師考試試題）

附　錄

矩陣在成本差異分析上的應用

數學上的矩陣方法，不但可應用於解決製造費用之分攤及分步成本會計方面的問題，亦可作為分析成本差異的有效工具。前者吾人已於第九章及第十一章附錄內討論過；至於後者，則將於本章附錄內加以闡述。

一、直接原料差異分析

為便於表示起見，特設置下列各項符號：

SP ＝原料標準單位價格　　　　SQ ＝原料標準用量

AP ＝原料實際單位價格　　　　AQ ＝原料實際用量

ΔP ＝原料超耗價格　　　　　ΔQ ＝原料超耗數量

　　＝$(AP - SP)$　　　　　　　　＝$(AQ - SQ)$

MPV ＝原料價格差異　　　　　MQV ＝原料數量差異

對於直接原料差異分析，可代入下列公式：

$$\overset{\displaystyle MPV^{**}}{\overbrace{\qquad\qquad\qquad}}$$

$$\begin{bmatrix} \Delta P \\ SP \end{bmatrix} [SP \ \Delta Q] = \begin{bmatrix} \Delta P \cdot SQ & \Delta P \cdot \Delta Q \\ SP \cdot SQ & SP \cdot \Delta Q \end{bmatrix} \cdots\cdots\cdots\cdots\text{（公式一）}$$

$$\underset{\displaystyle MQV^{*}}{\underbrace{\qquad\qquad}}$$

$$^{*}SP \cdot \Delta Q = SP(AQ - SQ)$$

$$= MQV$$

$$^{**}\Delta P \cdot SQ + \Delta P \cdot \Delta Q = \Delta P(SQ + \Delta Q)$$

$$= \Delta P \cdot AQ$$

$$= (AP - SP)AQ$$

$$= MPV$$

設某工廠生產單一產品，有關直接原料成本的資料如下：（請參閱第十二章第六節原料成本差異分析實例）：

原料標準成本	原料實際成本	差異成本
1,500件@$10＝$15,000	1,600件@$11＝$17,600	$2,600

由上述資料可知：

(A) $SP = 10$ $AP = 11$ $\Delta P = 1$

     $SQ = 1,500$ $AQ = 1,600$ $\Delta Q = 100$

代入公式一：

$$\overset{MPV}{\begin{bmatrix} 1 \\ 10 \end{bmatrix} [1,500 \quad 100] = \begin{bmatrix} 1,500 & 100 \\ 15,000 & 1,000 \end{bmatrix}}$$

           MQV

原料成本總差異＝原料價格差異＋原料數量差異

              ＝($1,500 + $100) + $1,000

              ＝$1,600 + $1,000

              ＝$2,600

另以圖形列示如下：

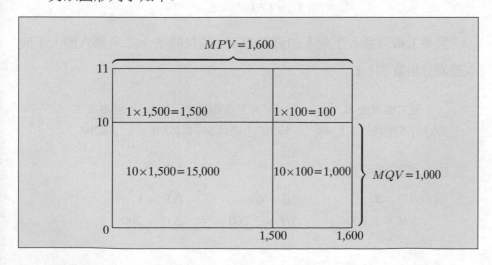

二、直接人工差異分析

設： SR ＝人工標準單位工資率　　SH ＝人工標準單位工作時數
　　AR ＝人工實際單位工資率　　AH ＝人工實際單位工作時數
　　ΔR ＝人工超耗工資率　　　ΔH ＝人工超耗工作時數
　　　　 ＝ $(AR - SR)$ 　　　　　　 ＝ $(AH - SH)$
　　LRV ＝人工工資率差異　　　LEV ＝人工效率差異

對於直接人工差異的分析，可代入下列公式：

$$\begin{bmatrix} \Delta R \\ SR \end{bmatrix} [SH \ \Delta H] = \begin{bmatrix} \Delta R \cdot SH & \Delta R \cdot \Delta H \\ SR \cdot SH & SR \cdot \Delta H \end{bmatrix} \cdots\cdots\cdots\cdots（公式二）$$

（上方箭頭標示 LRV^{**}，下方箭頭標示 LEV^{*}）

$$^{*}SR \cdot \Delta H = SR(AH - SH)$$
$$= LEV$$

$$^{**}\Delta R \cdot SH + \Delta R \cdot \Delta H = \Delta R(SH + \Delta H)$$
$$= \Delta R \cdot AH$$
$$= (AR - SR)AH$$
$$= LRV$$

設某工廠有關人工成本的資料如下（請參閱第十二章第六節人工成本差異分析實例）：

人工標準成本	人工實際成本	差異成本
3,000小時@\$5＝\$15,000	\$3,200小時@\$6＝\$19,200	\$4,200

由上述資料可知：

$SR = 5$	$AR = 6$	$\Delta R = 1$
$SH = 3,000$	$AH = 3,200$	$\Delta H = 200$

代入公式二：

$$\overset{\displaystyle LRV^{**}}{\left[\begin{array}{c} 1 \\ 5 \end{array}\right] [3,000 \quad 200] = \left[\begin{array}{cc} 3,000 & 200 \\ 15,000 & 1,000 \end{array}\right]}$$

$$\underset{\displaystyle LEV^{*}}{}$$

人工成本總差異＝人工工資率差異＋人工效率差異
$$=(\$3,000 + \$200) + \$1,000$$
$$=\$3,200 + \$1,000$$
$$=\$4,200$$

另以圖形列示如下：

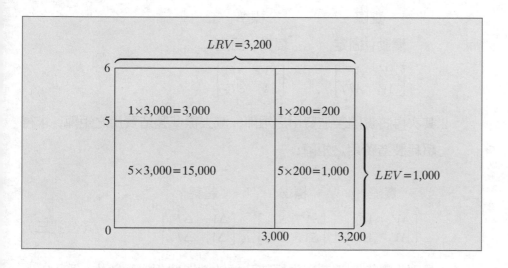

三、製造費用差異分析

設：SV_e ＝標準單位變動製造費用

SF_e ＝標準單位固定製造費用

SV_t ＝標準單位變動工作時數

$SF_t =$ 標準單位固定工作時數

$AV_e =$ 實際單位變動製造費用

$AF_e =$ 實際單位固定製造費用

$AV_t =$ 實際單位變動工作時數

$AF_t =$ 實際單位固定工作時數

$\Delta V_e =$ 單位超耗變動製造費用 $= (AV_e - SV_e)$

$\Delta F_e =$ 單位超耗固定製造費用 $= (AF_e - SF_e)$

$\Delta V_t =$ 單位超耗變動工作時數 $= (AV_t - SV_t)$

$\Delta F_t =$ 單位超耗固定工作時數 $= (AF_t - SF_t)$

1.首先設置下列二個矩陣:

實際　　　　　　　標準

變動　固定　　　　變動　固定

$$\begin{bmatrix} AV_e & AF_e \\ AV_t & AF_t \end{bmatrix} \qquad \begin{bmatrix} SV_e & SF_e \\ SV_t & SF_t \end{bmatrix}$$

2.其次再將實際製造費用之矩陣, 減去標準製造費用之矩陣, 求得超耗製造費用之矩陣:

實際　　　　　　標準　　　　　　超耗

$$\begin{bmatrix} AV_e & AF_e \\ AV_t & AF_t \end{bmatrix} - \begin{bmatrix} SV_e & SF_e \\ SV_t & SF_t \end{bmatrix} = \begin{bmatrix} \Delta V_e & \Delta F_e \\ \Delta V_t & \Delta F_t \end{bmatrix} \cdots\cdots\cdots\cdots (公式三)$$

3.分別從實際製造費用之矩陣及標準製造費用之矩陣中, 取 AV_t、AF_t、SV_e、SF_e, 作成對角線矩陣如下:

$$\begin{bmatrix} AV_t & 0 & 0 & 0 \\ 0 & SV_e & 0 & 0 \\ 0 & 0 & AF_t & 0 \\ 0 & 0 & 0 & SF_e \end{bmatrix} \cdots\cdots (A)$$

4.又從超耗製造費用矩陣中之四個元素，作成對角線矩陣如下：

$$\begin{bmatrix} \Delta V_e & 0 & 0 & 0 \\ 0 & \Delta V_t & 0 & 0 \\ 0 & 0 & \Delta F_e & 0 \\ 0 & 0 & 0 & \Delta F_t \end{bmatrix} \cdots\cdots(B)$$

5.最後將(A)、(B)兩個矩陣相乘，即可導出下列結果：

$$\begin{bmatrix} AV_t & 0 & 0 & 0 \\ 0 & SV_e & 0 & 0 \\ 0 & 0 & AF_t & 0 \\ 0 & 0 & 0 & SF_e \end{bmatrix} \begin{bmatrix} \Delta V_e & 0 & 0 & 0 \\ 0 & \Delta V_t & 0 & 0 \\ 0 & 0 & \Delta F_e & 0 \\ 0 & 0 & 0 & \Delta F_t \end{bmatrix} \cdots\cdots\cdots（公式四）$$

$$= \begin{bmatrix} AV_t \cdot \Delta V_e & 0 & 0 & 0 \\ 0 & SV_e \cdot \Delta V_t & 0 & 0 \\ 0 & 0 & AF_t \cdot \Delta F_e & 0 \\ 0 & 0 & 0 & SF_e \cdot \Delta F_t \end{bmatrix}$$

費用差異 ──┐
變動效率差異 ──┘ 預算差異
閒置能量差異 ──┐
　　　　　　　　能量差異 ┐ 效率差異
固定效率差異 ──┘ ┘

說明如下：

(1)$AV_t \cdot \Delta V_e = AV_t \cdot (AV_e - SV_e)$，為製造費用之變動費用差異。

(2)$SV_e \cdot \Delta V_t = SV_e \cdot (AV_t - SV_t)$，為製造費用之變動效率差異。

(3)$AF_t \cdot \Delta F_e = AF_t \cdot (AF_e - SF_e)$，為製造費用之閒置能量差異。

(4)$SF_e \cdot \Delta F_t = SF_e \cdot (AF_t - SF_t)$，為製造費用之固定效率差異。

茲舉一例說明之，設元寶公司的彈性預算，每月份製造費用如下（請參閱第十二章第七節製造費用差異分析實例）：

標準產量百分比	80%	100%	120%
產量（單位）	8,000	10,000	12,000
總製造費用:			
固定	$16,000	$16,000	$16,000
變動	24,000	30,000	36,000
合計	$40,000	$46,000	$52,000
單位製造費用:			
固定	$2.00	$1.60	$ $1\frac{1}{3}$
變動	3.00	3.00	3.00
合計	$5.00	$4.60	$ $4\frac{1}{3}$

　　假定該公司某年十二月份製成產品 8,000 單位，原料及工費與施工程度成正比；實際耗用直接人工 8,100 小時，其實際製造費用如下:

固定製造費用	$16,000
變動製造費用	25,000
合　計	$41,000

由上述資料可知:

$$AV_e = 3.0864197(25,000 \div 8,100)$$

$$AF_e = 1.9753086(16,000 \div 8,100)$$

$$AV_t = 8,100$$

$$AF_t = 8,100$$

$$SV_e = 3.0(30,000 \div 10,000)$$

$$SF_e = 1.6(16,000 \div 10,000)$$

1.設置下列三個矩陣：

$$\begin{matrix} \text{實際} & \quad & \text{標準} \end{matrix}$$

$$\begin{bmatrix} 3.0864197 & 1.9753086 \\ 8,100 & 8,100 \end{bmatrix} \begin{bmatrix} 3.0 & 1.6 \\ 8,000 & 8,000 \end{bmatrix}$$

2.實際製造費用之矩陣與標準製造費用之矩陣相減：

$$\begin{bmatrix} 3.0864197 & 1.9753086 \\ 8,100 & 8,100 \end{bmatrix} - \begin{bmatrix} 3.0 & 1.6 \\ 8,000 & 8,000 \end{bmatrix}$$

$$= \begin{bmatrix} 0.0864197 & 0.3753086 \\ 100 & 100 \end{bmatrix}$$

3.直接代入公式四如下：

$$\begin{bmatrix} 8,100 & 0 & 0 & 0 \\ 0 & 3.0 & 0 & 0 \\ 0 & 0 & 8,100 & 0 \\ 0 & 0 & 0 & 1.6 \end{bmatrix} \begin{bmatrix} 0.0864197 & 0 & 0 & 0 \\ 0 & 100 & 0 & 0 \\ 0 & 0 & 0.3753086 & 0 \\ 0 & 0 & 0 & 100 \end{bmatrix}$$

$$\begin{bmatrix} \text{(費用差異)} \\ 700 & 0 & 0 & 0 \\ & \text{(變動效率差異)} \\ 0 & 300 & 0 & 0 \\ & & \text{(閒置能量差異)} \\ 0 & 0 & 3,040 & 0 \\ & & & \text{(固定效率差異)} \\ 0 & 0 & 0 & 160 \end{bmatrix}$$

預算差異＝費用差異＋變動效率差異

　　　　＝\$700＋\$300

　　　　＝\$1,000

能量差異＝閒置能量差異＋固定效率差異

　　　　＝\$3,040＋\$160

　　　　＝\$3,200

效率差異＝變動效率差異＋固定效率差異

$$=\$300 + \$160$$

$$=\$460$$

製造費用差異＝(a)兩項差異：(1)預算差異：　$\$700 + \$300 = \$1,000$

(2)能量差異：　$\$3,040 + \$160 = \$3,200$

(b)三項差異：(1)費用差異：$\$700$

(2)閒置能量差異：$\$3,200$

(3)效率差異：　$\$300 + \$160 = \$460$

(c)四項差異：(1)費用差異：$\$700$

(2)變動效率差異：$\$300$

(3)閒置能量差異：$\$3,040$

(4)固定效率差異：$\$160$

四、原料及人工組合差異分析

當一企業所使用的各種原料，或各不同等級人工之間，由於供需市場的變化，致造成不同品質原料或不同等級人工之相互代替時，可應用下列矩陣，進行原料及人工之組合差異分析：

1.原料組合差異分析：

設：　$SP_1 =$ 子原料標準單價

$SP_2 =$ 丑原料標準單價

$AMP_1 =$ 子原料實際組合百分比

$AMP_2 =$ 丑原料實際組合百分比

$SMP_1 =$ 子原料標準組合百分比

$SMP_2 = $ 丑原料標準組合百分比

$ATQ = $ 實際原料耗用總數量

$$[SP_1 \quad SP_2] \begin{bmatrix} AMP_1 - SMP_1 \\ AMP_2 - SMP_2 \end{bmatrix} \times ATQ \cdots\cdots\cdots\cdots \text{（公式五）}$$

　　茲舉一例以明之；設某工廠生產某項產品係由子原料及丑原料製成，兩者之間不必有一定之比例，可互相代替；其標準組合之成本如下（請參閱第十二章第六節原料組合差異分析實例）：

子原料:	20%	2公斤	@$20.00=$　40.00
丑原料:	80%	8公斤	@$15.00=　120.00
	100%	10公斤	@$16.00=$160.00

　　由於丑原料供應缺乏，不得不以子原料代替；某期間之實際組合成本如下：

子原料:	$66\frac{2}{3}\%$	8公斤	@$20.00=$ $160.00
丑原料:	$33\frac{1}{3}\%$	4公斤	@$15.50=　62.00
	100%	12公斤	@$18.50=$222.00

　　原料組合差異可代入公式五求得如下：

$$[20 \quad 15] \begin{bmatrix} 66\frac{2}{3}\% - 20\% \\ 33\frac{1}{3}\% - 80\% \end{bmatrix} \times 12$$

$$= [20 \quad 15] \begin{bmatrix} 46\frac{2}{3}\% \\ -46\frac{2}{3}\% \end{bmatrix} \times 12$$

$$= \left[9\frac{1}{3} \quad -7 \right] \times 12$$

$$= 28 \text{（元）}$$

2.人工組合差異分析:

設: SR_1 ＝甲種人工標準工資率

SR_2 ＝乙種人工標準工資率

ALP_2 ＝乙種人工實際組合百分比

SLP_1 ＝甲種人工標準組合百分比

SLP_2 ＝乙種人工標準組合百分比

ATH ＝實際人工耗用總時數

$$[SR_1 \quad SR_2] \begin{bmatrix} ALP_1 - SLP_1 \\ ALP_2 - SLP_2 \end{bmatrix} \times ATH \cdots\cdots\cdots\cdots\cdots （公式六）$$

設某工廠使用甲、乙兩種不同等級人工，每單位產品的標準人工組合如下（請參閱第十二章第六節人工組合差異分析實例）:

甲種人工:	40%	2小時	@\$40＝	\$80
乙種人工:	60%	3小時	@\$20＝	60
	100%	5小時	@\$28＝	\$140

某期間的實際人工組合如下:

甲種人工:	50%	3小時	@\$40＝	\$120
乙種人工:	50%	3小時	@\$30＝	90
	100%	6小時	@\$35＝	\$210

人工組合差異可代入公式六求得如下:

$$[40 \quad 20] \begin{bmatrix} 50\% - 40\% \\ 50\% - 60\% \end{bmatrix} \times 6$$

$$= [40 \quad 20] \begin{bmatrix} 10\% \\ -10\% \end{bmatrix} \times 6$$

$$= [4 - 2] \times 6$$

$$= 2 \times 6$$

= 12（元）

附錄習題

附錄 13.1: 請將計算題 12.1 以矩陣方法解答之。

附錄 13.2: 請將計算題 12.2 以矩陣方法解答之。

附錄 13.3: 請將計算題 12.6 以矩陣方法解答之。

附錄 13.4: 請將計算題 12.7 以矩陣方法解答之。

附錄 13.5: 請將計算題 12.8 以矩陣方法解答之。

第十四章　直接成本法

前　言

本書第十至第十三章所討論的各種成本會計制度，對於產品成本的計算，均採用傳統式的歸納成本法為基礎。惟近年來，若干公司為管理上之需要，已改變傳統式計算成本的方法，而紛紛採用直接成本法。本章將討論直接成本法的基本概念、優點、功用、直接成本法與歸納成本法的比較，以及採用直接成本法以後可能引起的有關問題。

14–1 直接成本法的基本概念

一、直接成本法乃因應企業管理上的需要而產生

成本會計的起源甚早，而發展為管理上的重要工具，則為最近幾十年來的事。過去，成本會計一直附屬於財務會計的範圍內，僅以「存貨評價」及「損益計算」為限。晚近以來，由於工商業發達，市場競爭劇烈，企業無不以提高效率，降低成本，藉以擴大市場範圍，追求最大利潤為目標。成本會計乃基於此一般切要求之下，迅速發展，成為利潤規劃、成本分析、成本控制及營業決策的重要工具。

成本會計所採用的方法，隨著此一發展趨勢而不斷演進。在發展初期，對於產品成本的計算，僅以直接原料及直接人工兩項主要成本為限，至於製造費用，則逕列為當期費用處理，與銷管費用一樣，於期末時直接轉入「本期損益」帳戶。

由於「產品成本包括全部成本，應無例外」的傳統會計理論，迄今仍為一般人所接受，故將實際製造費用，按分攤的方法，予以計入產品成本，已成為普遍的會計處理方式。但因實際製造費用的分攤，缺點甚多，遂有預計分攤率的採用，並將實際與預計製造費用的差額，於期末時再予調整。

成本會計在「提高效率、減低成本」的要求之下，不能僅以求得「實際成本」為已足，而代之以「應有成本」為目標，遂產生經常能量及閒置能量的觀念，以及標準成本法的應用。隨之而起者，有預算制度及差異分析的運用，並在「擴大市場、追求最大利潤」的要求之下，開始研究「利量關係」及「邊際成本」（在英國稱為邊際成本，在美國則稱為直接成本，兩者異名實同）。時勢所趨，直接成本法已成為利潤規劃、產品售價、成本控制及營運決策的重要管理工具。

二、直接成本法的意義

　　直接成本法 (direct costing)，又稱**變動成本法** (variable costing)或**邊際成本法** (marginal costing)，乃將製造成本分為固定與變動的因素，而僅以與產量有直接關係的變動成本（包括直接原料、直接人工及變動製造費用），計入產品成本之內；至於固定製造費用，則與銷管費用一樣，列為期間成本，直接轉入當期損益。

　　固定製造費用，通常包括依平均法計算的折舊、保險費、財產稅、監工工資、管理人員薪金、辦公室人員薪金等各項期間成本；此等成本一般均以時間之經過，作為計算標準。期間成本因與產量無關，故主張直接成本法的學者認為，此等固定成本，不問產量多寡，均為企業所必須負擔的成本，不應計入產品成本內，應作為期間成本，由當期收入負擔之。

　　為使讀者易於了解起見，茲將直接成本法的真義，以圖列示於圖 14–1 及 14–2；讀者可以對照第二章圖 2–5，必可收事半功倍之效。

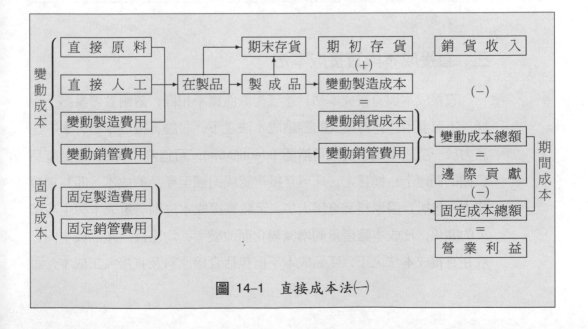

圖 14–1　直接成本法(一)

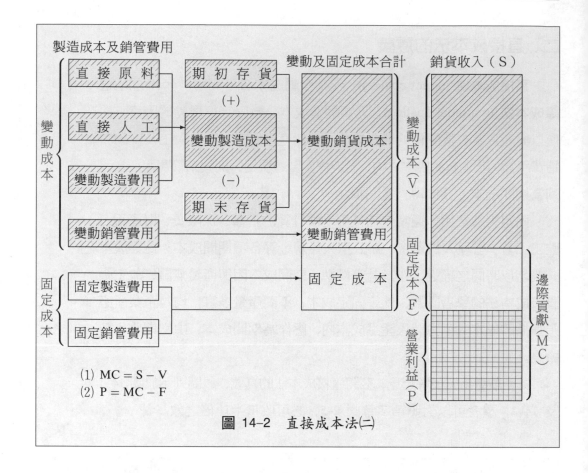

製造成本及銷管費用　　　　　　　　變動及固定成本合計　　銷貨收入（S）

(1) MC = S − V
(2) P = MC − F

圖 14-2　直接成本法(二)

三、直接成本與直接成本法

　　直接成本與直接成本法，意義相似而實不相同；蓋兩者著重點不一樣，不可混淆。在傳統式的歸納成本法之下，討論直接成本時，集中注意力於一項成本是否直接**可辨認 (identifiable)**或**可追溯 (traceable)**至產品負擔的問題上；換言之，凡可直接辨認或追溯至產品的成本，即為直接成本，包括直接原料及直接人工。至於直接成本法則著重成本與生產結果的關係；凡成本隨產量的增減變化而改變者，均應計入產品成本內。故在直接成本法之下，產品成本不但包括直接原料及直接人工成本，而

且也包括變動製造費用在內。

14–2　直接成本法與歸納成本法的比較

一、歸納成本法的缺點

　　直接成本法與傳統的**歸納成本法** (absorption costing)是相對立的。蓋歸納成本法係將所有各項製造成本，全部包括於產品成本內，故又稱為**全部成本法** (full costing)。主張直接成本法的學者認為，歸納成本法有以下各項缺點：

　　1.固定製造費用，係因提供生產設備而發生的成本，不問有無生產，或生產多寡，均須負擔相同的數額，非為製造部門所能控制者，故認為固定製造費用不應列入產品成本之內。

　　2.若將固定製造費用，分攤於銷貨成本及期末存貨內，使淨利深受銷貨及存貨的雙重影響，對於利潤分析，倍感困難。

　　3.有關各項成本科目，不相聯繫，對於利益計劃，銷售價格的釐訂及成本控制等，均感不便。

　　4.若將固定製造費用計入產品成本內，常使管理者對於成本發生錯覺，往往於接受定單時，猶疑不前，致不敢輕易接受有利可圖的訂單。

二、直接成本法與歸納成本法會計處理的比較

　　直接成本法與歸納成本法的差異，主要表現在下列兩方面：

　　⑴製造成本所包含的因素不同。

　　⑵損益表內有關成本分類及編排的先後順序不同。

　　茲列示兩者的會計處理異同於後：

相同會計處理方法

變動製造成本 ⎰ 直 接 原 料 ⎱ 直 接 人 工 ⎰ 變動製造費用	·····················均作為製造成本
變動銷管費用 ⎰ 固定銷管費用 ⎱	·····················均作為期間成本

不同會計處理方法

	歸納成本法	直接成本法
固定製造費用	作為製造成本。包括於銷貨成本及期末存貨內。	作為期間成本。摒除於銷貨成本及期末存貨之外。
變動銷管費用 固定銷管費用	合併列示。	分開 ⎰ 變動銷管費用——列於邊際利益之前 列示 ⎱ 固定銷管費用——列於邊際利益之後

　　歸納成本法與直接成本法，對於固定製造費用的不同會計處理方法，亦可由圖 14-3 列示如下：

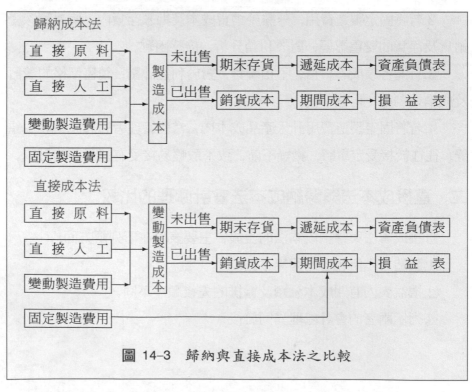

圖 14-3　歸納與直接成本法之比較

三、直接成本法與歸納成本法成本流程的比較

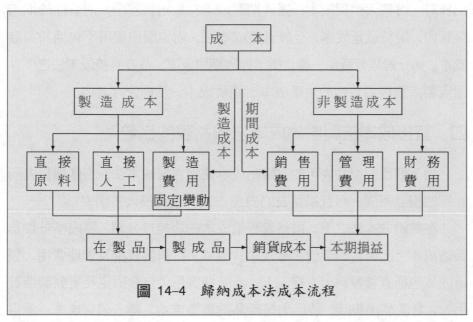

圖 14-4　歸納成本法成本流程

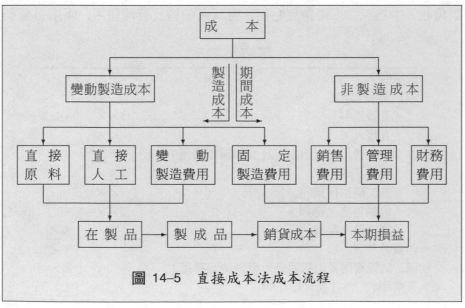

圖 14-5　直接成本法成本流程

　　在上列兩種方法的成本流程比較中，歸納成本法的固定製造費用，包含於製造成本內，經由在製品而轉入製成品，屬於生產成本，俟產品出售時，再轉入銷貨成本，屬於期間成本；未出售部份，則留存於期末存貨內，屬於遞延成本。至於直接成本法，固定製造費用不包括於製造成本，與一般銷管費用一樣，逕予列為期間成本；故在直接成本法之下，固定製造費用不包括於生產成本、銷貨成本、及期末存貨內。

四、直接成本法與歸納成本法損益表的比較

　　由下列比較損益表可知，歸納成本法與直接成本法，不僅損益表所計算的損益不同，而且損益表的表達方式，也有很大差別。

　　在歸納成本法之下，損益表著重成本的功能性分類，將成本分類為製造成本（已出售的部份，轉入銷貨成本），銷售費用及管理費用。製造成本包括直接原料、直接人工、及製造費用（包含固定及變動製造費用）。當產品出售時，將已出售產品的製造成本，轉入銷貨成本，並自銷貨收入中抵減，求得銷貨毛利，再減去銷售及管理費用，而求得營業

歸納成本法

銷貨收入		$××
減：銷貨成本：		
直接原料	$××	
直接人工	××	
製造費用（包括固定及變動製造費用）	××	
製成品成本	$××	
加：期初存貨	××	
可銷售商品總額	$××	
減：期末存貨	××	××
銷貨毛利		$××
減：銷管費用（包括固定及變動銷管費用）		××
營業淨利		$××

直接成本法

銷貨收入		$××
減: 銷貨成本:		
直接原料	$××	
直接人工	××	
變動製造費用	××	
製成品成本	$××	
加: 期初存貨	××	
可銷售商品總額	××	
減: 期末存貨	××	××
減: 變動銷管費用		××
邊際利益（貢獻）		$××
減: 固定成本:		
固定製造費用	$××	
固定銷管費用	××	××
營業利益		$××

淨利，再加（減）營業外收入（費用）後，即得本期淨利（損）。倘若製造費用係按標準預計分攤率預計分攤時，如遇實際產量與預先設定的標準能量不符時，另須調整能量差異，俾能求得實際的損益數字。

　　在直接成本法之下，損益表著重成本的**變動性** (variability)，而非功能性分類；換言之，直接成本法將成本分為變動成本及固定成本；製造成本僅包括各項隨產量增減變化的變動成本，例如直接原料、直接人工、及變動製造費用，至於固定製造費用，則不予包括在內。當銷貨收入減去變動總成本（包括銷貨成本及變動銷管費用）後，即可求得**邊際貢獻** (marginal contribution)，又稱**邊際利益** (marginal income)；將邊際利益減去固定製造費用及固定銷管費用後，即可求得營業利益（損失）。由此可知，在直接成本法之下，由於固定成本不予攤入產品成本內，故無能量差異可言，且營業利益隨銷貨多寡而改變，兩者成為函數關係，而不受產量的影響。

　　茲將直接成本法與歸納成本法的不同，以及兩者不同的會計處理方法所產生的影響，彙總列表如下：

	直接成本法	歸納成本法	說　　明
1.固定製造費用	悉數列為期間成本	列入製造成本	直接成本法的期間成本偏高。（假定其他條件相同）
2.存貨價值	不含固定製造費用	包含固定製造費用	直接成本法的存貨價值偏低。
3.銷貨成本	不含固定製造費用	包含固定製造費用	直接成本法的（變動）銷貨成本偏低。
4.變動銷管費用 固定銷管費用	列於邊際利益之前 列於邊際利益之後	合併列示	兩者在損益表的列示方法雖有不同，惟均屬期間成本。
5.製造費用能量差異	無	有	能量差異乃實際產量與標準產量不同，而引起固定製造費用的虛耗（或節省）。 直接成本法既不含固定製造費用，故無能量差異發生。
6.將成本分類為固定及變動因素	必須分類	不必分類	將成本分類為固定及變動因素，為實施直接成本法的先決條件。
7.損益表內有無銷貨毛利的計算?	無	有	直接成本法的損益表內，以邊際貢獻代替銷貨毛利。
8.與成本─數量─利潤的關係	隨銷貨量增減而成同方向變動	同時受產銷量的變動而改變	在直接成本法之下，邊際利益隨銷貨量增減成同方向變動，管理者易於考核及控制銷貨部及其他相關部門的工作效率。
9.美國會計師協會、證券交易委員會、及內地稅務局是否承認其編製的對外財務報表	未予承認	承認	直接成本法尚未被認定為符合一般公認的會計處理程序；理由有二： 1.資產負債表的存貨價值低估，淨營運資金偏低。 2.收入與費用（成本）無法密切配合。
10.調整對外財務報表	是	否	直接成本法的財務報表： 1.資產負債表：存貨價值偏低。 2.損益表：銷貨成本偏低；期間成本偏高。 3.現金流量表：來自營業活動之現金流量，發生偏高或偏低現象。

五、歸納成本法與直接成本法的會計實例

茲假設下列各項資料:

1.正常生產能量每月 5,000 單位, 其正常製造成本如下:

製造成本:

變動成本:	總成本	單位成本
直接原料	－	$3.00
直接人工	－	2.00
製造費用	－	1.00
		$6.00
固定製造費用	$3,600	0.72
		$6.72

2.每月份銷售及管理費用:

	總成本	單位成本
固定	$6,400	$1.28

3.產銷及存貨數量:

月份	1	2	3	4	合 計
期初存貨	－	－	2,000	1,000	
當月份生產量	5,000	6,500	4,000	6,000	21,500
當月份銷貨量	5,000	4,500	5,000	7,000	21,500
期末存貨	－	2,000	1,000	－	

4.銷貨價格, 每單位$10.00。

5.製造費用按正常能量之預計分攤率, 預為分攤; 多或少分攤製造
   費用轉入損益。

根據上列資料, 編製歸納成本法及直接成本法的比較損益表如下:

表 14-1　歸納與直接成本法比較損益表

比較損益表
歸納成本法

月份	1	2	3	4	合　計
銷貨收入	$50,000	$45,000	$50,000	$70,000	$215,000
減:　銷貨成本:					
直接原料	$15,000	$19,500	$12,000	$18,000	$ 64,500
直接人工	10,000	13,000	8,000	12,000	43,000
製造費用*	8,600	11,180	6,880	10,320	36,980
製成品成本	$33,600	$43,680	$26,880	$40,320	$144,480
加:　期初存貨	−	−	13,440	6,720	20,160
可銷售商品總額	$33,600	$43,680	$40,320	$47,040	$164,640
減:　期末存貨**	−	13,440	6,720	−	20,160
銷貨成本	$33,600	$30,240	$33,600	$47,040	$144,480
銷貨毛利（正常）	$16,400	$14,760	$16,400	$22,960	$ 70,520
減: 銷管費用	6,400	6,400	6,400	6,400	25,600
營業淨利（正常）	$10,000	$ 8,360	$10,000	$16,560	$ 44,920
有利（不利）能量差異***	−	1,080	(720)	720	1,080
營業淨利（實際）	$10,000	$ 9,440	$ 9,280	$17,280	$ 46,000

*($1.00 + $0.72) × 5,000 = $8,600; ($1.00 + $0.72) × 6,500 = $11,180; 餘類推。

**$6.72 × 2,000 = $13,440; $6.72 × 1,000 = $6,720。

***$0.72 × (6,500 − 5,000) = $1,080; $0.72 × (6,000 − 5,000) = $720。

$0.72 × (4,000 − 5,000) = −$720; $1,080 − $720 + $720 = $1,080。

直接成本法

月份	1	2	3	4	合 計
銷貨收入	$50,000	$45,000	$50,000	$70,000	$215,000
變動銷貨成本:					
直接原料	$15,000	$19,500	$12,000	$18,000	$ 64,500
直接人工	10,000	13,000	8,000	12,000	43,000
變動製造費用*	5,000	6,500	4,000	6,000	21,500
製成品成本	$30,000	$39,000	$24,000	$36,000	$129,000
加：期初存貨	–	–	12,000	6,000	18,000
可銷售商品總額	$30,000	$39,000	$36,000	$42,000	$147,000
減：期末存貨**	–	12,000	6,000	–	18,000
銷貨成本	$30,000	$27,000	$30,000	$42,000	$129,000
變動銷管費用	–	–	–	–	–
變動總成本	$30,000	$27,000	$30,000	$42,000	$129,000
邊際利益	$20,000	$18,000	$20,000	$28,000	$ 86,000
固定成本:					
製造費用	$ 3,600	$ 3,600	$ 3,600	$ 3,600	$ 14,400
銷管費用	6,400	6,400	6,400	6,400	25,600
合　　計	$10,000	$10,000	$10,000	$10,000	$ 40,000
營業淨利	$10,000	$ 8,000	$10,000	$18,000	$ 46,000

　*$1 × 5,000 = $5,000; $1 × 6,500 = $6,500; 餘類推。

　**$6 × 2,000 = $12,000; $6 × 1,000 = $6,000。

　　根據表 14–1，列示上例三月份直接成本法的損益表各項計算如圖 14–6。

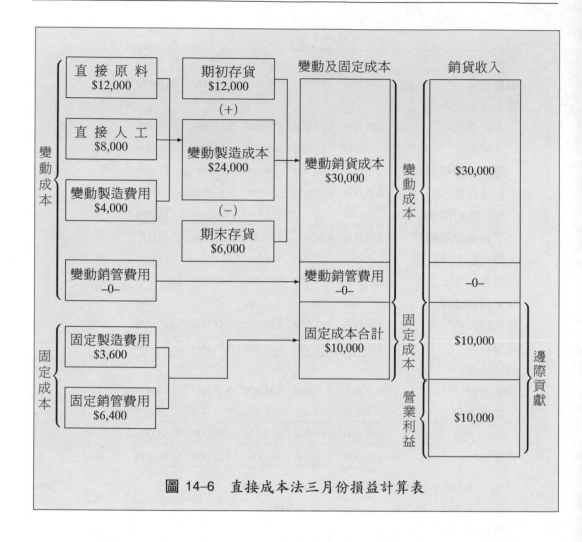

圖 14-6　直接成本法三月份損益計算表

　　為使讀者計算方便起見，吾人茲以公式一及公式二列示在直接成本法及歸納成本法之下，計算營業利益的數學公式如下：

設：S ＝銷貨量

　　Q ＝正常生產能量

　　P ＝每單位售價

　　V ＝每單位變動製造成本

F ＝ 固定製造費用

V_m ＝ 每單位變動銷管費用

F_m ＝ 固定銷管費用

V_v ＝ 能量差異（有利）

N_v ＝ 直接成本法的營業利益

N_a ＝ 歸納成本法的營業利益

$$N_v = P \cdot S - (V \cdot S + V_m \cdot S + F + F_m) \qquad \text{（公式14–1）}$$

$$N_a = P \cdot S - \left[\left(V + \frac{F}{Q}\right) \times S + V_m \cdot S + F_m\right] + V_v \qquad \text{（公式14–2）}$$

茲以上述二月份資料，分別代入公式 14–1 及 14–2 如下：

$$N_v = \$10 \times 4,500 - (\$6 \times 4,500 + 0 \times 4,500 + \$3,600 + \$6,400)$$

$$= \$45,000 - \$37,000$$

$$= \$8,000$$

$$N_a = \$10 \times 4,500 - \left[\left(\$6 + \frac{\$3,600}{5,000}\right) \times 4,500 + 0 \times 4,500 + \$6,400\right]$$

$$\quad + \$1,080$$

$$= \$45,000 - \$36,640 + \$1,080$$

$$= \$9,440$$

另以上述三月份資料，分別代入公式 14–1 及 14–2 如下：

$$N_v = \$10 \times 5,000 - (\$6 \times 5,000 + 0 \times 5,000 + \$3,600 + \$6,400)$$

$$= \$50,000 - \$40,000$$

$$= \$10,000$$

$$N_a = \$10 \times 5,000 - \left[\left(\$6 + \frac{\$3,600}{5,000}\right) \times 5,000 + 0 \times 5,000 + \$6,400\right]$$

$$-\$720$$

$$=\$50,000-\$40,000-\$720$$

$$=\$9,280$$

其餘月份可比照上列公式分別計算之。

經比較上列損益表後，吾人發現下列各項事實：

1.當生產量等於銷貨量時，兩種方法的營業利益皆相同，其原因在於兩種方法的固定製造費用，全部歸由當期收入負擔。例如一月份營業利益，兩種方法均為$10,000。

2.當生產量大於銷貨量時，歸納成本法的營業利益，大於直接成本法的營業利益，其原因在於歸納成本法的部份固定製造費用包含於期末存貨，而遞延至下期。例如二月份，歸納成本法的營業利益為$9,440，直接成本法則為$8,000，相差$1,440，乃歸納成本法的期末存貨所包含的固定製造費用$1,440 ($0.72 × 2,000) 遞延至下期（三月份）。

3.當銷貨量大於生產量時，直接成本法的營業利益大於歸納成本法的營業利益，其原因在於歸納成本法的前期固定製造費用，有一部份轉入本期期初存貨，由本期收入負擔。例如 3 月份，歸納成本法的淨利為$9,280，直接成本法的淨利為$10,000，相差$720，此乃歸納成本法的期初存貨 2,000 單位，大於期末存貨 1,000 單位，相差 1,000 單位的存貨成本內，含有固定製造費用 $720 ($0.72 × 1,000) 轉入當期（三月份）銷貨成本內，列為期間成本。又如 4 月份淨利，歸納成本法為$17,280，直接成本法為$18,000，相差$720，此乃歸納成本法的期初存貨 1,000 單位成本內，含有固定製造費用 $720 ($0.72 × 1,000)，轉入本期銷貨成本內，列為期間成本。

4.在直接成本法之下，營業利益與銷貨量，成同方向變動；換言之，如其他條件不變，銷貨量增加，營業利益亦隨而增加。但由於固定成本

並不隨產量的增減而增減，使兩者變動的程度並不成比例。歸納成本法的營業利益，則呈現不規則的變化，甚至於兩者背道而馳；例如 3 月份的銷貨量比 2 月份多 500 單位(5,000 – 4,500)，惟其淨利反而比 2 月份少\$160 (\$9,440 – \$9,280)，此為歸納成本法不合理的現象。

　　5.如期間愈短，兩種方法的營業利益相差愈大。反之，如期間愈長，兩種方法所計算的營業利益，相差愈小。例如上例，除 1 月份外，其餘各月份營業利益不同；然而如以四個月份合計數比較，則兩種方法所求得的營業利益，均為\$46,000。茲列示兩種方法的淨利差異，並分析其原因如下：

歸納與直接成本法營業利益的比較

月份	1	2	3	4	合　計
營業利益：					
歸納成本法	\$10,000	\$ 9,440	\$ 9,280	\$17,280	\$46,000
直接成本法	10,000	8,000	10,000	18,000	46,000
差異	\$　–0–	\$ 1,440	\$ (720)	\$ (720)	\$　–0–
存貨價值增（減）：					
歸納成本法	—	\$13,440	\$ (6,720)	\$ (6,720)	—
直接成本法	—	12,000	(6,000)	(6,000)	—
差異	\$　–0–	\$ 1,440	\$ (720)	\$ (720)	\$　–0–

　　上表列示歸納成本法與直接成本法的營業利益差異，實際上等於期末及期初存貨價值增減的差異。

　　兩種方法的營業淨利差異，或存貨價值的差異，可從下列二個公式求得：

$$\genfrac{}{}{0pt}{}{\text{兩法營業利益差異}}{\text{（或存貨價值增減的差異）}} = \frac{\text{固定製造費用總額}}{\text{正常生產能量}}$$

$$\times（實際產量 – 銷貨量）（公式14–3）$$

$$或$$

$$\frac{兩法營業利益差異}{（或存貨價值增減的差異）} = 每單位正常固定成本$$

$$\times 存貨增（減）數量 \qquad （公式14\text{-}4）$$

依公式 14-3 計算如下：

$$\frac{\$3,600}{5,000} \times (6,500 - 4,500) = \$1,440 \qquad 2 月份營業利益差異$$

$$\frac{\$3,600}{5,000} \times (4,000 - 5,000) = \$(720) \qquad 3 月份營業利益差異$$

$$\frac{\$3,600}{5,000} \times (6,000 - 7,000) = \$(720) \qquad 4 月份營業利益差異$$

依公式 14-4 計算如下：

$$\$0.72 \times 2,000 = \$1,440 \qquad 2 月份營業利益差異$$

$$\$0.72 \times (1,000 - 2,000) = \$(720) \qquad 3 月份營業利益差異$$

$$\$0.72 \times (0 - 1,000) = \$(720) \qquad 4 月份營業利益差異$$

茲將上述產銷量大小對歸納成本法及直接成本法損益的影響，彙總比較如下：

	期末存貨	期間成本 （包含固定製造費用）	營業利益
生產量＞銷貨量	增加	歸納成本法＜直接成本法	歸納成本法＞直接成本法
生產量＜銷貨量	減少	歸納成本法＞直接成本法	歸納成本法＜直接成本法
生產量＝銷貨量	不變	歸納成本法＝直接成本法	歸納成本法＝直接成本法

14-3　直接成本法的功用

直接成本法的功用，最顯著之處，係表現在企業內部的規劃與控制上，可提供管理者決定各項決策的重要根據。

一、利潤規劃的根據

利潤規劃 (profit planning)又稱**營業計劃** (plan of operations)，乃規劃未來的營運，以達成各種不同營運水準的利潤目標。此項利潤規劃，包括長期及短期規劃；直接成本法對短期規劃、特別定單、或當期營運計劃等的功用，最為顯著。在直接成本法之下，將成本分為固定及變動成本，而以變動成本為計算邊際利益的根據，對於成本—數量—利潤相互間的關係，提供簡明而可靠的分析。

	現在營運		預計營運	成本—數量—利潤的變化
	金　額	%	(120%)	
銷貨收入	$100,000	100	$120,000	+$20,000
變動成本	60,000	60	72,000	+ 12,000
邊際利益	$ 40,000	40	$ 48,000	+$ 8,000

上表可提供管理者既迅速又可靠的資料；例如銷貨收入由$100,000增加為$120,000，銷貨收入將增加$20,000，減去變動成本增加數$12,000，邊際利益將增加$8,000；其他各種不同營運水準，均可比照上述方法類推計算。

二、決定產品售價的依據

邊際利益對產品售價的決定，已經受到經濟學者、企業管理者、及會計人員的普遍重視。當經濟學者稱某種市場型態為**獨占性競爭** (monopolistic competition)市場，此種市場，實為獨占與競爭的混合體；企業管理者處於此種市場中，一旦提高產品售價，由於某種程度的競爭性存在，將減少銷售量而使利潤減少。反之，如降低產品售價，雖可增加銷售量，但隨著銷售量的增加，而促使產量增加的結果，各項生產因素成本，由於

需求量增加而有提高的可能。管理者可藉會計人員所提供的利量分析，以決定產品的合理售價。例如上例，某項產品的變動成本為銷貨收入之60%，邊際利潤率（又稱利量率）為40%；如單位變動成本為$60，則其單位售價應訂定為$100($60÷60%)。假定變動成本降低為$54，而其他情形不變，則新的售價應重新訂定為$90；其計算如下：

$$產品新售價 = \frac{變動成本}{1 - 利量率} = \frac{\$4}{1 - 0.4} = \$90$$

邊際利益實等於固定成本加營業淨利；換言之，當邊際利益減去固定成本後，如尚有剩餘，即為營業淨利；故企業管理者，可透過邊際利益及固定成本大小，以決定營業淨利的多寡，並按營業淨利多寡，以決定新的售價，俾能適應獨占性競爭市場的變化。例如新的售價為$90，扣除變動成本$54，其餘額即為邊際利益$36；設固定成本$16；剩餘$20 即為營業淨利；處於競爭劇烈的市場中，企業管理者如認為$15 的營業淨利已感滿足，則以此$15 為根據，以決定新的售價，從事競爭。反之，企業管理者如認為$20 的營業淨利過少，擬提高營業淨利為$25，則以$25 為根據，以決定更高的新售價。

由此可知，管理者可透過直接成本法所提供的資料，獲悉市場競爭的潛力，以決定新售價。

此外，直接成本法對於短期產品售價的決定，最為直接而有效；在短期間內，企業受外界經濟因素的影響，發生閒置生產能量，以致不能收回全部固定成本；惟當銷貨價格超過變動成本時，仍然以繼續生產比較有利。

設某公司生產甲、乙、丙三種產品，依歸納成本法的有關資料如下：

	甲產品	乙產品	丙產品
單位售價	$ 50	$ 55	$ 70
單位總成本	(55)	(67)	(85)
損失	$ 5	$ 12	$ 15

　　根據上列資料，就表面上觀之，該公司以不繼續生產為佳；蓋三種產品之售價均不足以收回其總成本；就長期觀點而言，這是正確的做法；惟就短期而言，這種看法不完全正確。請參閱下列依直接成本法所提供的資料：

	甲產品	乙產品	丙產品
單位售價	$ 50	$ 55	$ 70
單位變動成本	(40)	(50)	(76)
邊際利益（損失）	$ 10	$ 5	$ (6)

　　由上述資料顯示，該公司雖然不能獲得淨利，蓋三種產品均無法收回總成本（包括變動及固定成本）；但其中甲、乙兩種產品仍然可以繼續生產；因為出售甲、乙兩種產品，可分別收回$10 與$5 的部份固定成本，因而減少損失的數額。至於丙產品，則不能再繼續生產，因出售丙產品收入，尚不足以收回其變動成本，遑論固定成本！

三、管理及控制的工具

　　1.在直接成本法之下，營業淨利隨銷貨量的增減而成同方向的變動；企業管理者可經由此法以考核銷貨部門的工作效率；尤其是當一企業的產品，依地區別或產品別，予以劃分管理時，採用直接成本法作為加強管理及控制的途徑，顯得更有必要。

　　2.直接成本法有利於編製彈性預算及建立標準成本會計制度。

　　3.直接成本法將成本區分為生產成本及期間成本，經由部門別以評

估各部門的工作效率，並追究無效率的責任所在，以增進成本控制的目標。

四、營業決策的參考

1.採用直接成本法，必須分析各項成本為固定及變動的因素，經由成本分析，可提供管理者研究是否有改變現行生產水準的必要，或有無擴充廠房設備以配合新市場的可行性。

2.直接成本法可按產品別，提供各項產品邊際利益的大小，將有助於管理者決定何項產品應增加生產，何項產品應減少生產，何項產品不應生產。

茲舉一實例說明之。設華友公司總管理處設於臺北市，僅負責管理及監督的工作，對外不營業；另設中山、城中及古亭三個營業處，經營銷售業務；每一營業處的成本資料如下：

(1)銷貨須透過經紀人介紹，採訂購方式，故無任何存貨。各營業處的產品製造成本，分別為銷貨收入之 50%；製造成本之 60% 屬於變動成本，其餘為固定成本。

(2)租金按銷貨額 10% 支付，屬於變動成本。

(3)銷貨佣金為銷貨收入的 20%。

(4)每一營業處設經理一人，每人每年固定薪資$120,000。

(5)每一營業處每年除平均分攤總管理處的固定管理費用$540,000 外，其餘變動管理費用，則按銷貨收入的 5% 計算。

根據傳統的歸納成本法，華友公司 19A 年度所編製之損益表如下：

華友公司
損益表
19A 年 1 月 1 日至 12 月 31 日　單位: 千元

	中山	城中	古亭	合計
銷貨收入	$6,000	$5,000	$2,000	$13,000
成本及費用:				
製造成本	$3,000	2,500	1,000	6,500
租金費用	600	500	200	1,300
銷貨佣金	1,200	1,000	400	2,600
管理費用:				
固定	180	180	180	540
變動	300	250	100	650
薪資支出	120	120	120	360
成本及費用合計	$5,400	$4,550	$2,000	$11,950
營業利益	$　600	$　450	$　–0–	$　1,050

　　根據上列歸納成本法所編製的損益表顯示，古亭營業處因無任何利潤，往往易使管理者作成錯誤的判斷；吾人改按直接成本法編製邊際損益表如下:

華友公司
邊際損益表
19A 年 1 月 1 日至 12 月 31 日　　　單位: 千元

	中山	城中	古亭	合計
銷貨收入	$6,000	$5,000	$2,000	$13,000
變動成本及費用:				
變動製造成本	$1,800	$1,500	$　600	$　3,900
租金費用	600	500	200	1,300
銷貨佣金	1,200	1,000	400	2,600
變動管理費用	300	250	100	650
變動成本合計	$3,900	$3,250	$1,300	$　8,450
邊際利益	$2,100	$1,750	$　700	$　4,550
減: 固定薪資支出（可免成本）	120	120	120	360
部門貢獻	$1,980	$1,630	$　580	$　4,190
減: 固定製造費用（不可免成本）	1,200	1,000	400	2,600*
固定管理費用（不可免成本）	180	180	180	540
營業利益	$　600	$　450	$　–0–	$　1,050

*$6,500,000 × 40\% = \$2,600,000$

　　由上述直接成本法所提供的邊際損益表顯示，古亭營業處的**部門貢獻** (segment contribution)為$580,000，並非為零；倘若古亭營業處對外停止營業，該公司的營業利益將由$1,050,000 降低為$470,000，降低比率達55.2% ($580,000÷$1,050,000)；關閉古亭營業處後的營業利益為$470,000，亦可由下列計算獲得證明。

華友公司
邊際損益表
19A 年度　　　　　　　　單位：千元
（關閉古亭營業處）

	中山	城中	合計
銷貨收入	$6,000	$5,000	$11,000
減：變動成本及費用合計	3,900	3,250	7,150
邊際利益	$2,100	$1,750	$ 3,850
減：薪資支出			240
			$ 3,610
減：固定製造費用（不可免成本）			2,600
固定管理費用（不可免成本）			540
營業利益			$　470

14–4　調節直接成本法的對外財務報表

　　傳統的歸納成本法（全部成本法）會計觀念，久為一般公認的會計原理原則，而直接成本法觀念，是否與一般公認的會計原理原則相抵觸，至今尚無定論。在會計學術上具有權威性的美國會計師協會、**證券交易委員會** (securities and exchange commission，**簡稱 SEC)**、及**美國內地稅務局** (internal revenue service，**簡稱 IRS)**，均未承認依直接成本法所編製的對外財務報表。

　　直接成本法既未被廣泛接受，也未被斷然拒絕，企業界處於此種情況下，當可按直接成本法建立會計制度，藉以獲得直接成本法對企業內

部管理的優越性，並於期末時，將直接成本法所編製的財務報表，調節為歸納成本法的對外財務報表，以配合企業外界的需要。

直接成本法與歸納成本法主要不同之點，在於對固定製造費用的處理；在直接成本法之下，固定製造費用不包括於產品成本之內，而逕予列為期間成本；因此，銷貨成本及期末存貨價值，因不包括固定製造費用而偏低，惟期間成本則偏高，其影響對外財務報表者有下列各點：

1.在資產負債表內，在製品及製成品存貨的價值因未包括固定製造費用而低估。

2.在損益表內，銷貨成本因未包括固定製造費用而偏低，惟期間成本因包括固定製造費用而偏高，使收入與成本配合不當。

3.在**現金流量表** (statement of cash flows) 內，來自營業活動之現金流量，將隨期初及期末存貨量之不同，而發生偏高或偏低的現象。

明瞭兩法的不同點及其對財務報表的影響之後，調節方法既簡單又省事。設如前例，首先將表 14–1 予以簡化如下：

調節直接成本法之淨利為歸納成本法之淨利

月份	1	2	3	4
直接成本法之淨利	$10,000	$8,000	$10,000	$18,000
期末存貨價值低估	—	1,440	720	—
	$10,000	$9,440	$10,720	$18,000
期初存貨低估	—	—	(1,440)	(720)
歸納成本法之淨利	$10,000	$9,440	$ 9,280	$17,280

各月底應作調整分錄如下：

二月份：

存貨（期末）　　　　　　1,440

　　本期損益　　　　　　　　　　1,440

三月份：

存貨（期末）	720	
本期損益	720	
前期損益		1,440
四月份：		
本期損益	720	
前期損益		720

　　上列二、三月份調節分錄借方的期末存貨，列入各該年度的資產負債表及現金流量表內，至於各月份的借貸方「本期損益」及「前期損益」則分別調節各該月份的損益表。

14–5　直接成本法對外財務報表的轉換

　　吾人於前節所討論：「調節直接成本法對外的財務報表」，係於期末時，將直接成本法所編製的對外財務報表，僅就固定製造費用涉及存貨的部份，影響當年度損益的結果，加以調節而已，至於損益表內各項成本的結構，並未改變。此種調節方法，固然比較簡單，惟仍然易於令人對各項成本的內容，發生錯覺；為避免此項缺點，實有必要將直接成本法所編製的對外財務報表，予以徹底**轉換** (conversion)，俾與歸納成本法所編製的對外財務報表，完全相同，以符合編製對外財務報表的一般公認會計原理原則。

　　茲舉一實例說明之。設華美公司 19A 年元月份採用直接成本法所編製之損益表如下：

華美公司

損益表

19A 年元月份　　　　　　　（直接成本法）

銷貨收入：　16,000 單位＠$40		$640,000
減：變動成本（標準）：		
製成品成本：　16,000 單位＠$20	$320,000	

銷管費用：　16,000 單位@$2	32,000	352,000
邊際利益（標準）		$288,000
減：固定成本：		
製造費用	$160,000	
銷管費用	120,000	280,000
營業淨利（標準）		$　8,000
減：不利差異：		
原料數量差異	$　　800	
人工效率差異	1,600	
製造費用預算差異	2,400	4,800
營業淨利（實際）		$　3,200

其他補充資料如下：

(1)19A 年1 月 1 日之製成品期初存貨 2,000 單位，　1 月 31 日製成品期末存貨 5,000 單位。

(2)19A 年元月份生產 19,000 單位；惟製造費用係按每月份標準產能 20,000 單位預計分攤。

(3)各項成本差異於期末時，逕予轉入損益帳戶。

根據上列資料，欲將直接成本法下的損益表，予以轉換為歸納成本法的損益表，問題的關鍵在於固定製造費用。該公司每月份固定製造費用預算為$160,000，按標準產能 20,000 單位計算，每單位分攤$8 ($160,000 ÷ 20,000)。

一旦求得每單位固定製造費用後，即可進而計算每單位產品製造成本如下：

每單位變動製造成本	$20
每單位固定製造費用	8
每單位製造成本總額	$28

在歸納成本法之下，如實際產量與標準產能不同時，因分攤固定製

造費用的結果，必將發生能量差異；華美公司 19A 年元月份能量差異計算如下：

$$不利能量差異=\$8 \times (20,000 - 19,000)$$

$$=\$8,000$$

至於其他各項成本差異，在兩種成本法之下皆相同；又銷管費用總額，亦無不同，僅列報的位置不同而已。

茲列示華美公司 19A 年元月份直接成本法之轉換損益表 (conversion income statement) 如下：

華美公司
損益表
19A 年元月份

		（歸納成本法）
銷貨收入： 16,000 單位@$40		$640,000
減：銷貨成本（標準）：		
期初存貨： 2,000 單位@$28	$ 56,000	
加：製成品成本： 19,000 單位@$28	532,000	
	$588,000	
減：期末存貨： 5,000 單位@$28	140,000	448,000
銷貨毛利		$192,000
減：銷管費用：		
固定	$120,000	
變動	32,000	152,000
營業淨利（標準）		$ 40,000
減：不利差異：		
原料數量差異	$　　800	
人工效率差異	1,600	
製造費用預算差異	2,400	
製造費用能量差異	8,000	12,800
營業淨利（實際）		$ 27,200

14–6　相關機構對直接成本法的評論

直接成本法的對內作用大於對外作用。蓋直接成本法有利於利潤規劃、產品售價、成本控制及營業決策等，故深受企業界管理人員及會計人員的歡迎。惟直接成本法的最大缺點，在於對外的財務報表方面。直接成本法，將固定製造費用，摒棄於生產成本之外，使在製品及製成品的存貨價值，發生偏低的現象，影響所及，使流動資產、營運資金、及流動比率等，均發生偏低的現象，因而使直接成本法備受抨擊。茲列示美國會計師協會，內地稅務局及證券交易委員會對直接成本法所持的態度如下：

一、美國會計師協會的態度

美國會計師協會會計程序委員會，於第 43 號會計研究報告中指出：「存貨會計的主要目的，在於經由收入與費用的適當配合，以計算損益」。又稱「存貨會計的主要基礎為成本；稱成本者，係指已獲得或預期可獲得一項資產的代價。如將成本應用於存貨時，成本係指某物置於現存的狀況及地點，直接或間接發生的支出或費用的總和」。直接成本法不把全部製造費用，列入存貨成本內，無可否認地，將不能成為一般公認的會計程序。

該協會又於 1957 年修訂「公司財務報表的會計處理及報告準則」中，明確指出：「公司為對外財務報告之目的，其產品製造成本，係指可合理歸屬於產品的各項取得成本總和，包括所有直接及間接成本在內；如遺漏任何一項製造成本因素，將無法被接受。」

由此可知，美國會計師協會的立場，乃要求各公司必須以歸納成本法，作為對外財務報表之依據，蓋上述所指的各項取得成本總和，應包

括直接原料、直接人工、及各項變動與固定製造費用在內。

二、內地稅務局的態度

美國內地稅務局拒絕接受依直接成本法所編製的年度財務報表，除非美國會計師協會認為直接成本法是一般公認的會計處理程序，並要求以歸納成本法作為報稅的根據。

對於存貨會計，內地稅務局於 1954 年在內地稅務法規中，重申 1939 年該法的規定：「對於存貨的會計處理，應按照下列原則：(1)儘可能按照商業上處理存貨的最佳方法辦理；(2)必須能明確反映當期淨利」。

內地稅務局進一步限定存貨成本應包括：(1)製造產品所須之直接原料及物料；(2)直接人工的各項支出；(3)製造產品所須的各項間接費用。因此，製造產品所須的各項間接費用，當然也要包括固定製造費用。尤有進者，內地稅務局又於**1986 年租稅改革法案** (Tax Reform Act of 1986)中，強制要求各企業，應將製造產品有關聯的各項成本，予以資本化，列為存貨資產。

三、證券交易委員會的態度

為輔導證券市場的健全發展，並保障投資人權益，以促進經濟的正常發展起見，美國證券交易委員會於 1934 年硬性規定，凡所有上市或在店頭有股票交易的公司，其對外財務報表，必須符合該委員會的規定。美國證券交易委員會亦與內地稅務局一樣，拒絕接受以直接成本法為基礎所編製的年度財務報表。按其拒絕理由，主要有下列二點：

1.各提出財務報表的公司，其所根據的會計程序或方法，必須互相一致。

2.直接成本法，並非一般公認的會計原理原則。

直接成本法，是否為證券交易委員會所接受，端視會計師協會的態

度而定。就目前的情形而言，會計師協會並未承認直接成本法；故各公司提出於證券交易委員會的財務報表，必須加以調整，俾能與傳統的歸納成本法所編製的財務報表，完全相符。

本章摘要

歸納成本法將製造過程中的各項成本，均包括於產品成本之內，以配合「產品成本，應無例外」的傳統會計理論；因此，長久以來，已被認定為符合一般公認的會計原理原則。然而，直接成本法的支持者卻認為，歸納成本法具有很多缺點，無法達成成本控制、利潤分析、價格釐訂、及營業決策等管理上之目的；兩派主張，彼此對立，爭論幾十年，仍然沒有結果。

歸納成本法與直接成本法的主要區別，在於：(1)對固定製造費用的不同會計處理方法，(2)對損益表內有關成本的分類及編排方式之不同。直接成本法將製造成本分為固定及變動成本，而僅以與產量有直接關係的變動成本，例如直接原料、直接人工、及變動製造費用，計入產品成本之內，至於固定製造費用，則與銷管費用一樣，列為期間成本。直接成本法的支持者認為，固定製造費用係提供生產設備而發生的成本，不問有無生產，或生產多寡，每期均須負擔相同的數額，非為製造部門所能控制，故不應列入產品成本；歸納成本法的支持者認為，固定製造費用乃提供生產能量所發生的成本，應予以資本化，列為產品成本。至於損益表的編製，歸納成本法著重成本的功能性分類，而直接成本法則重視成本的習性分析，將成本分為變動及固定成本兩大類，而僅以隨產量增減的變動成本，列入製造成本，於產品完工時，轉入製成品成本，於產品出售時，再轉入銷貨成本，未出售的部份，則留存於存貨成本內；直接成本法由於製造成本不包括固定製造費用，將導致銷貨成本及存貨價值低估的現象；此外，直接成本法亦無能量差異之發生。

直接成本法的最大功能，在於提供企業內部管理上所需要的各項資訊，以協助其解決眾多管理上的問題；例如某項產品應否生產？某一訂

單可否接受？各項產品的最低售價應為若干？此外，直接成本法對於成本控制、利潤規劃、彈性預算的編製、標準成本的設定、及各部門工作效率評估等，提供各項極具參考價值的資訊，使直接成本法成為企業管理上的重要工具。

　　直接成本法的最大缺點，在於未將固定製造費用包括於製造成本之內，產生銷貨成本與存貨價值的低估，及期間成本的高估，違反「產品成本，應無例外」的原則，使直接成本法失去理論基礎，因而備受非議。處於此種情況下，企業界可按直接成本法的基礎，建立其會計制度，以獲得直接成本法在管理上的益處，並於期末時，按直接成本法的財務報表，予以局部調節或全盤轉換為歸納成本法的財務報表，使直接成本法，一方面能達成企業管理上的需要，另一方面，又能符合一般公認的會計原理原則，不失為一種兩全其美的折衷辦法。

本章編排流程

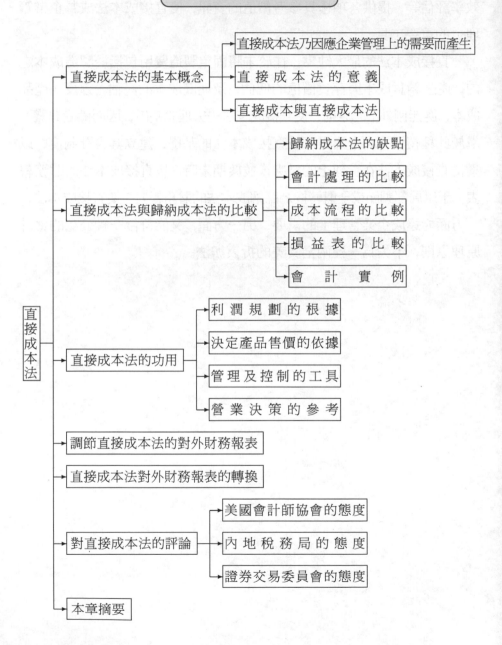

- 直接成本法
  - 直接成本法的基本概念
    - 直接成本法乃因應企業管理上的需要而產生
    - 直接成本法的意義
    - 直接成本與直接成本法
  - 直接成本法與歸納成本法的比較
    - 歸納成本法的缺點
    - 會計處理的比較
    - 成本流程的比較
    - 損益表的比較
    - 會計實例
  - 直接成本法的功用
    - 利潤規劃的根據
    - 決定產品售價的依據
    - 管理及控制的工具
    - 營業決策的參考
  - 調節直接成本法的對外財務報表
  - 直接成本法對外財務報表的轉換
  - 對直接成本法的評論
    - 美國會計師協會的態度
    - 內地稅務局的態度
    - 證券交易委員會的態度
  - 本章摘要

習　題

一、問答題

1. 何謂直接成本法？試以圖形列示直接成本法對各項成本的處理方法。

2. 直接成本法對企業管理者的吸引力，何以大於對會計師的吸引力？

3. 直接成本與直接成本法有何不同？

4. 何謂歸納成本法？歸納成本法有何缺點？

5. 歸納成本法與直接成本法有何異同？

6. 何謂成本的功能性分類？歸納成本法為何著重成本的功能性分類？

7. 何謂成本習性分類？直接成本法為何著重成本習性分類？

8. 試就下列三方面，比較直接成本法與歸納成本法：

    (1)會計處理上。

    (2)成本流程上。

    (3)損益表編製上。

9. 直接成本法在管理上具有那些功用？

10. 何以在直接成本法之下，無能量差異的列報？

11. 比較直接成本法與歸納成本法的損益表時，兩者的淨利何時相同？何時不同？不同的情形，又有那些？原因何在？

12. 試列舉歸納成本法與直接成本法下淨利差異的計算公式。

13. 直接成本法對外的財務報表，何以必須轉換？

14. 試分別說明美國會計師協會、內地稅務局、及證券交易委員會等三個機構對直接成本法所持的態度。

二、選擇題

14.1 採用直接成本法時，下列那些成本項目，應計入產品成本內？

	變動銷管費用	變動製造成本
(a)	是	是
(b)	是	非
(c)	非	非
(d)	非	是

14.2 在歸納成本法之下，編製對內損益表時，下列那一項目應列入損益表內？

	邊際貢獻	銷貨毛利
(a)	非	是
(b)	非	非
(c)	是	非
(d)	是	是

14.3 編製對內的損益表，固定製造費用總額，在下列那一種方法之下，被列入發生當期的期間成本？

	歸納成本法	直接成本法
(a)	非	非
(b)	非	是
(c)	是	是
(d)	是	非

14.4 在直接成本法之下，包括於產品成本的項目，有那些？

(a)直接原料、直接人工、惟不包括製造費用。

(b)直接原料、直接人工、及變動製造費用。

(c)主要成本，惟不包括加工成本。

(d)主要成本及加工成本。

14.5 比較歸納成本法與直接成本法的營業利益時，在那一種情況之下，直接成本法的營業利益，將大於歸納成本法的營業利益？

　　(a)當期初存貨的數量等於期末存貨的數量。

　　(b)當期初存貨的數量大於期末存貨的數量。

　　(c)當期初存貨的數量小於期末存貨的數量。

　　(d)以上皆非。

14.6 在直接成本法之下，編製對內損益表時，變動銷管費用應如何列報？

　　(a)不予列報。

　　(b)與固定銷管費用一樣列報於損益表內。

　　(c)用於計算營業利益，惟不用於計算邊際貢獻。

　　(d)用於計算邊際貢獻與營業利益。

14.7 在直接成本法之下，編製對內損益表時，固定製造費用應如何列報？

　　(a)不予列報。

　　(b)用於計算邊際貢獻與營業利益。

　　(c)用於計算營業利益，惟不用於計算邊際貢獻。

　　(d)與變動製造費用一樣處理。

14.8 W公司某年度 6 月份產銷 10,000 單位； 6 月份製造及銷售成本如下：

直接原料及直接人工	$600,000
變動製造費用	140,000
固定製造費用	30,000
變動銷管費用	15,000

　　請問 W 公司在直接成本法之下，其產品單位成本應為若干？

　　(a)$72

(b)$73

(c)$74

(d)$75

14.9 G 公司於 1997 年元月 1 日開始營業，生產單一產品，每單位售價
$20；該公司採用實際（歷史）成本制度， 1997 年度完工 100,000
單位，銷售 80,000 單位； 1997 年 12 月 31 日，無期末在製品存
貨。 1997 年度的製造成本及銷管費用如下：

	固定成本	變動成本	
直接原料	－	每單位產品	$4.00
直接人工	－	每單位產品	$2.50
製造費用	$240,000	每單位產品	$1.50
銷管費用	140,000	每單位銷售產品	$2.00

在直接成本法之下， G 公司 1997 年度的營業利益應為若干？

(a)$228,000

(b)$420,000

(c)$468,000

(d)$660,000

14.10 下列各項資料，出現於某零售公司 1997 年 12 月 31 日的會計記錄
內：

銷貨收入	$450,000
進貨	210,000
期初存貨（ 1997 年 1 月 1 日）	105,000
期末存貨（ 1997 年 12 月 31 日）	150,000
銷貨佣金	15,000

請問該公司的銷貨毛利應為若干？

(a)$285,000

(b) $270,000

(c) $240,000

(d) $225,000

14.11 P 公司 1997 年各項製造成本資料如下：

直接原料及直接人工	$280,000
變動製造費用	40,000
廠房及生產設備折舊	32,000
其他固定製造費用	7,200

P 公司編製對外財務報表時，製造成本應列報若干？

(a) $280,000

(b) $320,000

(c) $352,000

(d) $359,200

下列資料用於解答第 14.12 題及第14.13 題的根據：

K 公司 1997 年 12 月 31 日有下列各項資料：

完工產品	10,000 單位
銷售量	9,000 單位
直接原料耗用	$40,000
直接人工	20,000
固定製造費用	25,000
變動製造費用	12,000
固定銷管費用	30,000
變動銷管費用	4,500
期初製成品存貨（ 1997 年1 月 1 日）	–0–

此外， 1997 年的期初及期末，均無在製品存貨。

14.12 在直接成本法之下， K 公司 1997 年 12 月 31 日的期末製成品成
本，應為若干？

(a)$7,200

(b)$7,650

(c)$8,000

(d)$9,700

14.13 K 公司採用下列那一種方法，將使 1997 年度顯現較高的營業利益？
又營業利益高出多少？

	成本方法	營業利益高出
(a)	歸納成本法	$2,500
(b)	直接成本法	$2,500
(c)	歸納成本法	$5,500
(d)	直接成本法	$5,500

14.14 C 公司 1997 年度，發生固定製造費用$100,000 及變動銷管費用
$80,000。在直接成本法之下，如何分類這些成本？

	期間成本	生產成本
(a)	$　－0－	$180,000
(b)	$ 80,000	$100,000
(c)	$100,000	$ 80,000
(d)	$180,000	$　－0－

14.15 T 公司第一年度營業終了，尚有製成品期末存貨 1,000 單位；變動
及固定製造成本每單位分別為$90 及$20；假定 T 公司採用歸納成
本法，則其營業利益將比直接成本法高出若干？

(a)$－0－

(b)$20,000

(c)$70,000

(d)$90,000

下列資料，用於解答第 14.16 題至第 14.21 題的根據：

R 公司生產單一產品，每單位售價$35；　19A 年度生產 100,000 單位，

銷售 80,000 單位。各項成本資料如下：

	固定成本	變動成本 /每單位
直接原料	–0–	$7.50
直接人工	–0–	5.00
製造費用	$750,000	2.50
銷管費用	400,000	2.50

另悉，無任何期初存貨。

14.16 R 公司於 19A 年 12 月 31 日歸納成本法的資產負債表內，期末存貨的單位成本應為若干？

(a)$12.50

(b)$15.00

(c)$17.50

(d)$22.50

14.17 R 公司於 19A 年 12 月 31 日，直接成本法的資產負債表內，期末存貨的單位成本應為若干？

(a)$12.50

(b)$15.00

(c)$17.50

(d)$22.50

14.18 R 公司於 19A 年度採用直接成本法的營業利益，應為若干？

(a)$250,000

(b)$400,000

(c)$450,000

(d)$600,000

14.19 R 公司於 19A 年度採用歸納成本法的營業利益，應為若干？

(a)$250,000

(b)$400,000

(c)$450,000

(d)$600,000

14.20 R 公司採用歸納成本法時的期末存貨成本，應為若干？

(a)$300,000

(b)$450,000

(c)$600,000

(d)$750,000

14.21 R 公司採用直接成本法時的期末存貨成本，應為若干？

(a)$300,000

(b)$450,000

(c)$600,000

(d)$750,000

（美國會計師考試試題）

三、計算題

14.1 海灣公司 19A 年度生產一項新產品的有關成本資料如下：

每單位售價	$ 30
每單位變動製造成本	16
全年度固定製造費用	50,000
每單位變動銷管費用	6
全年度固定銷管費用	30,000

另悉期初無任何存貨；每年正常生產能量 12,500 單位； 19A 年度生產 12,500 單位，出售 10,000 單位。

試求：

(a)請分別計算直接成本法及歸納成本法的期末存貨成本。

　　(b)請分別計算直接成本法及歸納成本法各項成本轉入當年度期
　　　間成本的金額。

　　(c)請分別計算 19A 年度直接成本法及歸納成本法的營業利益。

　　　　　　　　　　　　　　　　　　　　（美國會計師考試試題）

14.2　海洋公司成立於 19A 年元月份，有關當年度的產銷及成本資料如
　　　下：

正常生產能量	10,000 單位
實際產量	為正常生產能量之 80%
銷貨量	為實際產量之 75%
每單位售價	$120

實際成本：

直接原料	$200,000
直接人工	140,000
變動製造費用	200,000
固定製造費用	100,000
變動銷管費用	80,000
固定銷管費用	40,000

假定不利能量差異直接轉入當期損益帳戶。

試求：請編製 19A 年元月份直接成本法及歸納成本法的比較損
　　　益表。

14.3　海華公司按下列標準計算產品成本：

單位成本：	直接原料	$1.50	
	直接人工	1.00	
	變動製造費用	0.50	$3.00
	固定製造費用（按正常生產能量計算）$200,000÷200,000		1.00
標準單位總成本			$4.00

每單位售價$6.00

銷管費用中，除銷貨佣金按銷貨額 5%計算外，餘$55,000 均屬固定成本。

有關產銷量如下：

	19A 年	19B 年
期初存貨	–	30,000
生產量	180,000	160,000
銷貨量	150,000	170,000

假設無預算差異，至於能量差異則於期末時直接轉入銷貨成本；實際製造費用每年亦等於$200,000。

試求：

(a)按直接成本法及歸納成本法編製 19A 年及 19B 年度損益表。

(b)將直接成本法的損益表，調整為歸納成本法的損益表，並分錄之。

14.4 海瑞公司根據直接成本法編製的損益表如下：

海瑞公司
損益表
19B 年1 月 1 日至 12 月 31 日

銷貨收入（ 20,000 單位@$50）		$1,000,000
變動銷貨成本：		
期初存貨（ 5,000 單位@$20）	$100,000	
變動製造成本（ 25,000 單位@$20）	500,000	
可銷商品總額	$600,000	
減：期末存貨（ 10,000 單位@$20）	200,000	
		400,000
		$ 600,000
變動銷管費用		100,000
邊際利益		$ 500,000
固定成本：		
製造費用	$100,000	
銷管費用	150,000	250,000
營業利益		$ 250,000

該公司19A年度如採用歸納成本法時，產品的單位成本為$25。另悉在歸納成本法下的有利能量差異為$25,000。

試求：請根據上列資料，將直接成本法的損益表，轉換為歸納成本法的損益表。

14.5 海明公司生產單一產品，採用歸納成本法，製造費用按正常生產能量 20,000 單位為基礎予以分攤。每單位標準成本如下：

直接原料	$2.00
直接人工	3.00
製造費用	2.20
合　計	$7.20

該公司 19A 年生產 16,000 單位，全部售出，每單位售價$15.00。

根據歸納成本法所編製的損益表如下：

海明公司

損益表

19A 年1 月 1 日至 12 月 31 日

銷貨		$240,000
銷貨成本（ 16,000 單位@ 7.20）		115,200
銷貨毛利		$124,800
銷管費用		60,000
營業淨利（標準）		$ 64,800
減：不利差異：		
人工效率差異	$3,000	
能量差異	4,800	
預算差異	2,000	9,800
營業淨利（實際）		$ 55,000

銷管費用中，固定為$26,000，變動為$34,000。

試求：

(a)請根據上列資料，編製直接成本法下之損益表。

(b)設 19A 年度的生產量為 15,000 單位，銷貨量為 16,000 單位，則在歸納成本法及直接成本法的營業淨利，各應為若干？

14.6 海新公司生產單一產品，其各項成本如下：

變動製造成本：每單位$3。

固定製造費用：每年度$200,000。

正常生產能量： 200,000 單位；無期初及期末在製品存貨。

19A 年度生產 200,000 單位，出售90%，每單位售價$6。

19B 年度生產 210,000 單位，出售220,000 單位，每單位售價與 19A 年相同。

試求：

(a)根據下列兩種方法，請編製 19A 年度及19B 年度損益表：

⑴歸納成本法。

⑵直接成本法。

(b)在年度報表中，調整其營業利益數字。

14.7 海威公司 19A 年度及 19B 年度損益表上所列報的銷貨收入及營業利益數字如下：

	19A 年	19B 年
銷貨收入	$300,000	$450,000
營業利益	55,000	35,000

該公司股東對上列數字頗為不解，蓋 19B 年銷貨收入較 19A 年增加五成，何以淨利反而較低？經該公司會計主任解釋稱：「該項損益表係按傳統方式編製， 19A 年有一部份期間成本歸由 19B 年負擔，如按直接成本法編製損益表，則無此弊，並可揭示真相」。經查核兩年度業務記錄所得資料如下：

	19A 年	19B 年
銷貨量	20,000	30,000
生產量	30,000	20,000
每單位售價	$ 15	$ 15
每單位變動成本	5	5
固定製造費用	180,000	180,000
固定製造費用分攤率		
（每單位產品分配額）	6	6
固定銷管費用	25,000	25,000

試求：

(a)編製 19A 年度及 19B 年度傳統式之損益表。

(b)編製 19A 年度及 19B 年度直接成本法之損益表。

（高考試題）

14.8 海欣公司 19A 年度各項經營資料如下：

成本：

每單位產品變動成本：

原料及人工	$4.50
製造費用	1.00
	$5.50

固定成本：

製造費用	$250,000
銷管費用	100,000
	$350,000

產銷狀況：

生產能量	100,000 單位
銷貨量	95,000 單位
生產量	90,000 單位

各項變動成本差異借差$4,500。製造費用按生產能量分攤。各項差異及多或少分攤製造費用均轉入銷貨成本。每單位售價$10。

試求:

   (a)根據上述資料按傳統方式及直接成本法編製其損益表。

   (b)列表說明上述兩表營業利益不同的原因（即調節兩者營業利益差異）。

   (c)如該年度銷貨量為 90,000 單位，生產量為95,000 單位，其營業利益應為若干? 試分別按上述兩法重行計算之（僅列算式，不必編表）。

（高考試題）

14.9 海興公司成立於 19A 年初，製造產品一種，其製造程序，甚為簡單，僅經一部，即告完成， 1 月份有關生產、成本及損益的資料如下:

   1.1 月份完工產品　　　　　40,000 件。

   2.1 月終製成品存貨　　　　　無

   3.1 月終在製品存貨　　　　　20,000 件（完工 1/2）

   4.1 月份完工產品的單位成本為$200.00，內原料佔 1/2，人工佔 3/10，餘為製造費用（此項成本，係按成本會計目前通行辦法計算）。

   5.1 月份銷售及管理費用為3,600,000 元，內 1/3 為固定性質。

   6.根據 1 月份的損益數字，求得該公司的損益平衡點為 8,000,000 元。

   7.1 月份損益項目中，變動成本佔銷貨收入之70%。

   8.製造時用料與施工成正比。

根據上列資料，試用直接成本法計算 1 月份每件產品標準成本並詳列其構成因素。

（高考試題）

14.10 海功公司按每單位$2 出售甲產品; 該公司採用先進先出法，並按

實際成本計算其固定製造費用分攤率；換言之，每年均按實際固定

製造費用，除以實際產量，重新計算固定製造費用分攤率。

該公司 19A 年及 19B 年的有關資料如下：

	19A 年	19B 年
銷貨量	1,000 單位	1,200 單位
生產量	1,400 單位	1,000 單位
成本：		
製造：		
變動	$700	$500
固定	700	700
變動銷管費用	100	120
固定銷管費用	400	400

試求：

(a)歸納成本法的兩年度損益表。

(b)直接成本法的兩年度損益表。

(c)解釋在兩種方法之下，產生營業利益差異的原因。

14.11 海發公司產銷單一產品，下列為最近二年之各項資料：

	1997 年度	1998 年度
每單位售價	$ 40	$ 40
銷貨量	25,000	25,000
期初存貨	1,000	1,000
期末存貨	1,000	5,000
固定製造費用	120,000	120,000
固定銷管費用	90,000	90,000

另悉每單位標準變動成本：

直接原料	$10.50
直接人工	9.50
變動製造費用	4.00
變動銷管費用	1.20

該公司每年產能 30,000 單位，並採用直接成本法，俟期末時，再予調整為歸納成本法的資料。所有成本差異均予轉入銷貨成本。

試求：

　　(a)分別按歸納成本法與直接成本法，編製 1998 年度之損益表；假定不考慮所得稅因素。

　　(b)以數字列示在兩種方法之下，所求得營業利益不同的原因。

（加拿大會計師考試試題）

14.12 海利公司生產單一產品，每單位產品預計成本如下：

直接原料	$30.00
直接人工	19.00
製造費用：	
變動	6.00
固定（按每月產能 10,000 單位計算）	5.00
銷管費用：	
變動	4.00
固定（按每月產能 10,000 單位計算）	2.80
	$66.80

預計售價每單位為$80；產量 4,000 至 16,000 單位之間，固定成本將維持不變。

19A 年 6 月份預計有關資料如下：

期初存貨	2,000	（單位）
本月份產量	9,000	
	11,000	
銷售數量	7,500	
期末存貨數量	3,500	

試求：假定不考慮所得稅因素，請分別按下列方法，編製 19A 年 6 月份預計損益表，並按適當格式附列單位成本之計算。

(a)歸納成本法，並將每月份成本差異列入銷貨成本項下。

(b)直接成本法。

（美國會計師考試試題）

14.13 海域公司為比較目前所採用的歸納成本法與擬採用的直接成本法
　　　起見，乃進行審查下列各項有關成本資料：

最高產能	40,000 單位
正常產能	36,000 單位
固定製造費用	$54,000
固定銷售及管理費用	20,000
每單位售價	10
每單位標準變動製造成本	4
已售產品每單位銷售費用	1

19A 年度有關資料如下：

預計產量	36,000 單位
實際產量	30,000 單位
銷售數量	28,000 單位
期初存貨	1,000 單位
不利預算差異	$ 5,000

各項成本差異於年終時，直接調整銷貨成本帳戶。

試求：

(a)編製直接成本法的損益表。

(b)計算歸納成本法的淨利。

（加拿大會計師考試試題）

14.14 海鷗公司為內部管理之目的，採用直接成本法，惟期末時，又按直
　　　接成本法的成本資料，予以轉換為歸納成本法的對外財務報表。
　　　19A 年底，該公司預計 19B 年度銷貨將增加20%，故將產量由 20,000
　　　單位增加為 24,000 單位。然而由於經濟情況維持不變， 19B 年度

銷貨量仍保持 20,000 單位的水準。

19A 年及 19B 年的有關資料如下:

	19A 年	19B 年
每單位售價	\$　30	\$　30
銷貨量	20,000	20,000
期初存貨	2,000	2,000
生產量	20,000	24,000
期末存貨	2,000	6,000
原料、人工及製造費用不利差異(不含能量差異)	\$ 5,000	\$ 4,000

19A 年及 19B 年每單位產品標準變動成本:

直接原料	\$ 4.50
直接人工	7.50
變動製造費用	3.00
	\$15.00

19A 年及19B 年固定成本(預計與實際):

製造費用	\$ 90,000
銷管費用	100,000
	\$190,000

在歸納成本法之下,其製造費用預計分攤率,係按實質生產能量每年 30,000 單位計算。所有多或少分攤製造費用,均予轉入銷貨成本; 不考慮所得稅因素。

試求:

(a)請分別按直接成本法及歸納成本法,編製 19B 年度損益表(期初及期末存貨不列入損益表,僅列銷貨成本數字即可)。

(b)解釋在兩種方法之下,營業利益發生差異之原因,並列示由直接成本法轉換為歸納成本法所須之調節分錄。

(美國管理會計師考試試題)

14.15 海港公司會計主任, 編製 19A 年 11 月份內部管理用的直接成本
法損益表如下:

海港公司
損益表
19A 年 11 月份　　（直接成本法）

銷貨收入		$2,400,000
減: 變動銷貨成本		1,200,000
邊際利益		$1,200,000
減: 固定成本:		
製造費用（預算數）	$600,000	
銷管費用	400,000	1,000,000
營業利益		$ 200,000

會計主任將上項損益表, 呈報總經理, 並附帶下列各項成本資料:

1. 19A 年 11 月份每單位產品之平均售價$24。

2. 當月份每單位產品之製造成本:

變動成本	$12
固定製造費用	4
	$16

　固定製造費用係按每月份正常產能 150,000 單位預計分攤。

3. 19A 年 11 月份的生產量超過銷貨量達 45,000 單位。

4. 19A 年 11 月 30 日的期末存貨數量為 80,000 單位。

試求: 茲因海港公司的總經理, 不滿意會計主任所編製的損益表,
　　　請您完成下列二項任務:

(a)根據歸納成本法, 編製 19A 年11 月份的損益表。

(b)調節並說明兩種方法營業利益發生差異的原因。

第十五章　多種產品成本

前　言

　　若干製造業，例如煉油、化學、冶礦、木材、罐頭、肉品加工、皮革、及糖果等製造業，均以相同的原料，經過相同的製造程序，生產兩種以上的聯產品或副產品。在本質上，每一種產品必伴隨其他產品共同產出，生產者概無選擇的餘地；例如煉油業，以原油為原料，經蒸餾加熱而裂解為汽油、煤油、柴油、潤滑油及瀝青等。以同一種原料，投入加工成本，生產多種不同性質的產品；各種產品，依其重要性，復有主從之分，應如何將共同成本分攤至個別產品？又出售副產品所產生的利益，應如何在財務報表上列示？此外，應如何提供企業管理人員所需要的各項有用資料，作為營運決策的根據？諸如此類的問題，將於本章內逐項探討之。

15-1　多種產品的基本概念

一、生產多種產品的原因

生產多種產品的原因很多，約可歸納為下列各點：

1.生產本質上的原因：

有若干製造業，在生產的本質上，不可能僅生產一種產品，而不生產其他產品；換言之，由於物理上的本質，不得不於生產某種產品之際，也附帶生產其他產品，生產者概無選擇的餘地；例如生產汽油，必然隨而生產煤油等產品；屠宰牛隻以供應肉類，必然附帶生產皮革等。

2.基於物盡其用的原因：

可供人類使用的物質有限，而人類的欲望無窮，加以科學進步，生產技術日新月異，「物盡其用」已成為今後人類努力的目標。一項原料於生產某種產品之後，所剩餘的殘渣，基於廢物利用的原則，尚可生產其他附帶產品；例如過去的臺灣糖業公司，以甘蔗為原料生產蔗糖，剩餘的蔗渣，都棄而不用，後經不斷研究實驗結果，發現可以再加工生產甘蔗板，以為建築材料，對本省的建築業，實具有重大的貢獻。

3.基於管理上的要求：

管理上的要求，理由很多，不一而足，惟主要者有下列幾點：

⑴就成本的經濟原則而言，聯合生產較個別生產更為有利。

⑵聯合生產，可充分利用生產設備。

⑶適應市場上的需要，例如生產糖果，因市場上具有各種不同的需要；故一般糖果製造業者，必須生產各種不同等級的糖果、餅乾等；種類增多，不但可適應市場上的需要，更可創造需要，擴充市場範圍。

由上述可知，多種產品的會計處理，不但要提供財務報表上所需要的資料，更重要者，在於配合管理上的要求。

二、聯合成本及分離成本

以同一原料，共同生產多種產品，稱為聯產；在聯產過程的終了，各種產品彼此分離之點，稱為**分離點** (point of split-off)。分離點的時間及處所各有不同，須視產品的性質而定，有可能在製造過程之初，有可能在製造過程之中，有可能在製造過程之末，不一而足。在分離點以前的成本，為多種產品所共同發生，故稱為**聯合成本** (joint costs)；分離點以後個別產品的加工成本，則稱為**分離成本** (separable cost)，請參閱圖15–1。

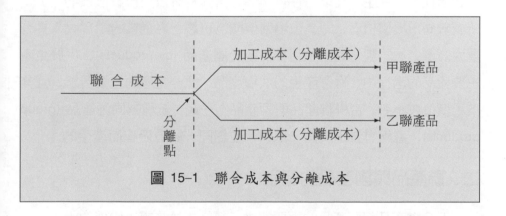

圖 15–1　聯合成本與分離成本

在分離點以前的聯合成本，為多種產品所共同發生；由於各種產品在分離點以前，並未分離，其聯合成本實無法直接歸屬於某特定產品單獨負擔，故必須以各種分攤方法加以分攤，俾歸由各種產品共同分攤。

在分離點以前的聯合成本，必須以各種分攤方法，加以分攤；分攤方法公平與否，惟有依賴會計人員的判斷與經驗。在分離點以後所發生

的個別加工成本，概不成問題，蓋聯產品一旦分離之後，可以個別辨認，成本當可直接歸屬矣！茲將個別聯產品成本所涵蓋的因素，列示如下：

個別聯產品成本 ┬── 分攤分離點以前的聯合成本
　　　　　　　　　　　　　　(+)
　　　　　　　　└── 分離點以後的加工成本

15–2　聯產品及副產品

一、聯產品及副產品的意義

聯產品 (joint products)係於產品的生產過程中，以同一原料，經同一製造程序，生產二種以上性質不同，而同具有較高市場價值的產品。所謂較高市場價值者，即其市場價值頗為可觀，對企業的銷貨收入具有重大貢獻，並為製造的主要目標。至於**副產品** (by products)，係於生產主要產品的過程中，附帶產生的次要產品，並非生產的主要目標，且其市場價值較小者。合併聯產品與副產品在一起，統稱為**同源產品** (group products)，蓋兩者皆出於同一原料，並經同一製造過程而產生的。

二、聯產品與副產品的區別

區分聯產品與副產品的重要關鍵，一般在於其市場價值的大小，由市場價值的大小，而決定其銷售價格的高低；換言之，在同源產品中，如各種同源產品均具有較大的銷售價格，則均為聯產品；如其中某些產品的銷售價格特別大，對企業的收入具有重大貢獻者，列為聯產品，迨無問題；惟其他附帶產品，如其銷售價格不大，則將其歸類為副產品。

於此必須強調者，即聯產品與**主產品** (main product)不盡相同；蓋聯

產品與主產品，雖然均具有較高的市場價值，但聯產品乃同時生產多種
（二種或二種以上）的產品，而主產品則僅生產單一產品而已。此外，在
討論副產品之際，應順便一提者，即廢料與副產品的分別；廢料原為副
產品的一種，惟以其市場價值過於微小，故通常均以**廢料 (scrap)**稱之。

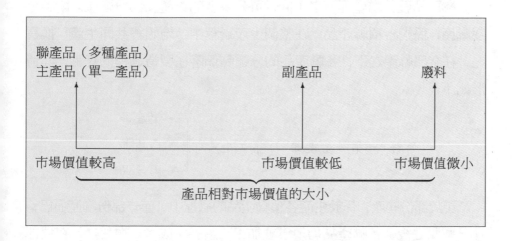

　　由上述說明可知，區分聯產品、副產品及廢料的重要關鍵，在於多
種產品市場價值的大小。惟對於市場價值，各人的評價不盡相同，對於
同一產品，某一會計人員可能將其歸類為聯產品，另一會計人員可能將
其列為副產品，很難有一致的標準。因此，學者之間有主張凡某項產品
的價值在全部同源產品中，如佔 10%以上者，應視為具有重要性，應予
歸類為聯產品；反之，某項產品的市場價值，在全部同源產品中，如小
於 10%者，認定不具重要性，應予列為副產品。

　　由於科學進步，生產技術日新月異，產品的用途及其市場價值，不
斷地在改變之中，消費者的需求，亦日有不同，舉凡各種變化，均足以
改變聯產品及副產品的劃分。

15–3 聯產品的會計處理

一、聯產品成本的計算

聯產品就其聯產程度之不同，可分為全部聯產及部份聯產。所謂全部聯產，係指各項聯產品，在整個生產過程中，均始終共同生產；換言之，在全部聯產之下，各聯產品的分離點係落在製造過程的終點，其情形如下：

原料 ⟶ 第一生產部 ⟶ 第二生產部 ⟶ 甲產品
乙產品
丙產品

至於部份聯產，係於生產各項聯產品的過程中，僅一部份聯產而已；在分離點之後，各聯產品仍須繼續加工，始能完成者。換言之，在局部聯產之下，各聯產品的分離點係落在製造過程之中，並非落在製造過程末了，其情形如下：

原料 ⟶ 第一生產部 ⟶ 第二生產部 ⟶ 甲產品
第三生產部 ⟶ 乙產品
第四生產部 ⟶ 丙產品

1.全部聯產成本的計算：

在全部聯產之下，各聯產品於分離點之後，不必再繼續加工製造，故成本的計算，應以分離點以前的聯合成本為對象。

在分離點以前，各聯產品係共同生產，無法個別辨認，聯合成本不能直接計入各聯產品，必須經由各種分攤方法，加以分攤。一般常用的方法，有下列二種：

⑴**數量法** (quantitative unit method)，此法係以各聯產品實際生產數量的比率，為分攤聯合成本的基礎。生產數量包括各種衡量單位，例如公斤、公尺、公升、磅、或件數等。如果各聯產品的計算單位不一致時，應化為相同的數量單位。茲列示其分攤率的計算方法如下：

$$每單位產品分攤率 = \frac{聯合成本總額}{聯產品總數量}$$

設元大公司 19A 年元月份，生產甲、乙、丙三種聯產品，其聯合成本總額為$80,000，產量單位如下：甲聯產品 2,000 件、乙聯產品 3,000 件、丙聯產品 5,000 件，茲列示聯合成本分攤的方法如下：

$$每單位產品分攤率 = \frac{\$80,000}{10,000} = \$8.00$$

聯產品	單位數量	每單位分攤率	聯合成本
甲	2,000	$8.00	$16,000
乙	3,000	8.00	24,000
丙	5,000	8.00	40,000
合計	10,000		$80,000

數量法的基本假定，係認為產品數量愈多，則所耗用的聯合成本也愈多；事實上，此種假定往往與事實不符，而且當各種聯產品的售價有重大差別時，將使帳上發生若干聯產品獲利，而若干聯產品虧損的不合理現象。茲進一步假設上述元大公司各項聯產品每單位售價如下：甲聯產品$15、乙聯產品$12、丙聯產品$6.80，並假定全部均於 19A 年元月份製造完成，無任何期初存貨；每一種聯產品的期末存貨均為該月份個別產量之 10%，茲列示各種聯產品的銷貨毛利及毛利率如下：

元大公司
聯產品部份損益表
19A 年1 月 1 日至 1 月 31 日

	甲聯產品	乙聯產品	丙聯產品	合　　計
銷貨收入	$27,000*	$32,400*	$30,600*	$90,000
聯合成本:				
生產成本	$16,000	$24,000	$40,000	$80,000
減: 期末存貨 (10%)	1,600	2,400	4,000	8,000
銷貨成本	$14,400	$21,600	$36,000	$72,000
銷貨毛利	$12,600	$10,800	$ (5,400)	$18,000
銷貨毛利率	46.67%	33.33%	(17.65%)	20%

*2,000 × 90% × $15.00 = $27,000

3,000 × 90% × $12.00 = $32,400

5,000 × 90% × $6.80 = $30,600

此外，採用單位數量法，對於期末存貨的估計，更不切實際。茲仍以上述實例，列示其依成本及市價計算而得的期末存貨價值如下:

聯產品	期末存貨（成本）	期末存貨（售價）
甲	$1,600	$3,000 ($15.00 × 200)
乙	2,400	3,600 ($12.00 × 300)
丙	4,000	3,400 ($ 6.80 × 500)

由上表顯示，丙聯產品期末存貨成本$4,000，竟然超過期末存貨市價$3,400，殊不合理; 而且又為甲聯產品期末存貨成本的 2.5 倍 ($4,000 ÷ $1,600)，惟事實上甲聯產品為最有價值的產品，其單位售價為$15，遠超過其他二種聯產品之上。

(2)**售價法**(sales value method)，此法係以各項聯產品售價或市場價值的大小，作為分攤聯合成本的基礎，故又稱為**市場價值法** (market value method)，茲列示其分攤率的計算如下:

$$每元售價分攤率 = \frac{聯合成本}{售價} \times 100\%$$

元大公司甲、乙、丙三種聯產品的生產數量及售價列示如下：
甲聯產品 2,000 單位，每單位售價$15.00；乙聯產品 3,000 單位，
每單位售價$12.00，丙聯產品 5,000 單位，每單位售價$6.80；又知
三種聯產品的聯合成本為$80,000。

茲列示售價法分攤聯合成本的計算方法如下：

聯產品	單位數量	每單位售價	售價總額
甲	2,000	$15.00	$ 30,000
乙	3,000	12.00	36,000
丙	5,000	6.80	34,000
合計	10,000		$100,000

$$每元售價分攤率 = \frac{\$80,000}{\$100,000} \times 100\% = 80\%$$

聯產品	售價總額	每元售價分攤率	聯合成本
甲	$ 30,000	80%	$24,000
乙	36,000	80%	28,800
丙	34,000	80%	27,200
	$100,000		$80,000

若聯產品於分離點尚無售價或市場價值，必須於加工完成後，才可
獲得其售價資料；遇此情形，聯合成本應以各聯產品在分離點時的
淨實現價值比率，為分攤的基礎。所謂**淨實現價值** (net realizable
value)， 乃售價減完工及銷售的預計成本後的淨額。

設如上述實例，甲、乙、丙三種聯產品於分離點時尚無售價，必
須發生下列各項加工成本後，才能獲得其售價之資料如下：

聯產品	預計加工成本及銷售費用	售　價
甲	$2,000	$32,800
乙	3,000	45,000
丙	2,500	41,700

茲根據上述資料，列示各聯產品依其淨實現價值分攤聯合成本如下：

聯產品	售　價	預計加工成本及銷售費用	淨實現價值	分攤聯合成本
甲	$ 32,800	$2,000	$ 30,800	$22,000
乙	45,000	3,000	42,000	30,000
丙	41,700	2,500	39,200	28,000
合計	$119,500	$7,500	$112,000	$80,000

售價法係以聯產品售價的大小，作為聯產品成本耗用多寡的決定因素；換言之，聯產品的售價大，耗用成本必多；反之，聯產品的售價小，耗用成本必小。售價法是一種比較合理的分攤方法，同時兼顧數量與價值（售價總額為單位數量與單位售價的相乘積）二項因素，為真正的加權平均法，故為應用最普遍的一種方法。此外，採用售價法時，具有平均成本的作用，蓋售價較小的聯產品成本，有一部份轉由售價較大的聯產品負擔；換言之，每種聯產品，依其售價所能吸納成本的能力，負擔聯合成本的一部份，而使利潤趨於平均化。茲假定甲、乙、丙三種聯產品均出售 90%，其個別銷貨毛利率可計算如下：

元大公司
聯產品部份損益表
19A 年1 月 1 日至 1 月 31 日

	甲聯產品	乙聯產品	丙聯產品	合　計
銷貨收入	$27,000	$32,400	$30,600	$90,000
生產成本	$24,000	$28,800	$27,200	$80,000
減: 期末存貨 (10%)	2,400	2,880	2,720	8,000
銷貨成本	$21,600	$25,920	$24,480	$72,000
銷貨毛利	$ 5,400	$ 6,480	$ 6,120	$18,000
銷貨毛利率	20%	20%	20%	20%

從上列元大公司聯產品損益表中，顯示每一種聯產品的銷貨毛利率，均為 20%；根據此一事實，吾人得知售價法具有下列二項重要的概念:

第一，在分離點上，每一種聯產品的銷售價格，均被認定對公司提供相同的貢獻。

第二，每一種聯產品的分攤成本，均與其收入密切配合。

2.部份聯產成本的計算:

在部份聯產之下，各聯產品於分離後，須再繼續加工製造；故對於各聯產品成本的計算，除分攤分離點以前的聯合成本外，尚須加上分離點以後的個別加工成本，才能求得各項聯產品的總成本。

在若干情況之下，各聯產品的銷售價格，往往無法於分離點時獲知，必須等到各聯產品完工時，才能獲得；因此，對於分離點以後的個別聯產品加工成本或各項費用，必須於事先加以預計，並分別從完工時各聯產品的銷貨收入項下扣除之，以推算分離點時各聯產品的銷售價格，俾作為分攤各聯產品分離點前聯合成本的基礎。

為使讀者對於聯產品的會計處理方法，獲得連貫性的觀念，吾人擬將上述元大公司的實例，加以擴大，將分離點之前聯合成本的分攤方法，

分別就產量法及售價法, 予以詳細說明之。

設元大公司 19A 年元月份製造甲、乙、丙三種聯產品的有關資料如下:

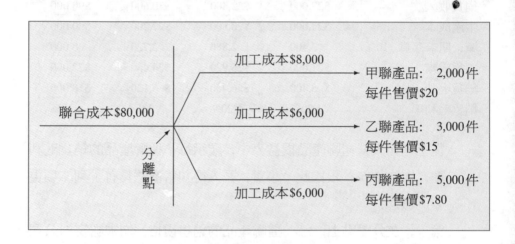

(1)數量法:

		甲聯產品	乙聯產品	丙聯產品
產量單位（件）		2,000	3,000	5,000
百分率		20%	30%	50%
聯合成本	$ 80,000	$16,000	$24,000	$40,000
加工成本	20,000	8,000	6,000	6,000
總成本	$100,000	$24,000	$30,000	$46,000

(2)售價法:

聯產品	完工產品售價*	加工成本	推定分離點之售價	分攤聯合成本**	各聯產品成本總額***
甲	$ 40,000	$ 8,000	$ 32,000	$24,615	$ 32,615
乙	45,000	6,000	39,000	30,000	36,000
丙	39,000	6,000	33,000	25,385	31,385
合計	$124,000	$20,000	$104,000	$80,000	$100,000

　*$20 × 2,000 = \$40,000;\ \ \$15 × 3,000 = \$45,000;\ \ \$7.8 × 5,000 = \$39,000$

**分攤率 $= \dfrac{\$80,000}{\$104,000} × 100 = 76.92\%$

$\$32,000 × 76.92\% = \$24,615;\ \ \$39,000 × 76.92\% = \$30,000$

$\$33,000 × 76.92\% = \$25,385$

***聯產品成本 ＝ 分攤聯合成本 ＋ 加工成本

甲聯產品成本 $= \$24,615 + \$8,000$

$= \$32,615$

餘類推。

二、聯產品的會計分錄

　　為便於說明聯產品的會計處理起見，茲再假定上述元大公司 19A 年元月份，製成並銷售甲、乙、丙三種聯產品之各項有關資料如下：

　　根據圖 15-2，列示有關聯產品的會計處理分錄如下：

　1.第一製造部耗用各項成本的分錄：

第一製造部成本	80,000	
原料		60,000
工廠薪工		12,000
製造費用		8,000

　2.第一製造部聯合成本的分攤分錄：

第二製造部成本	24,615	
第三製造部成本	30,000	
第四製造部成本	25,385	
第一製造部成本		80,000

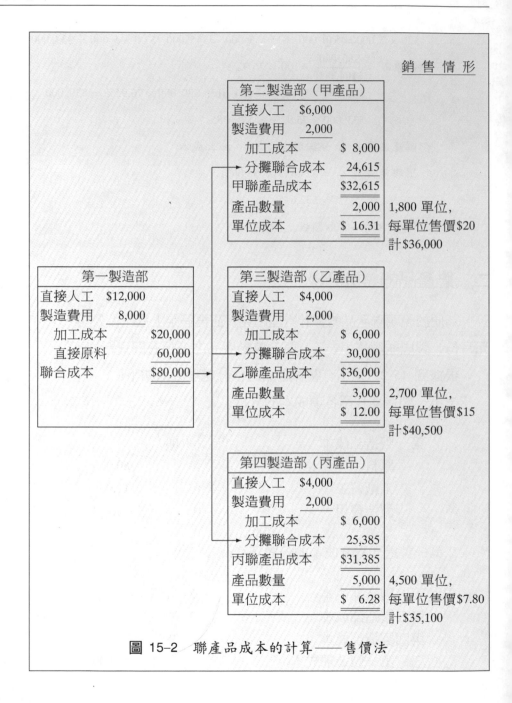

圖 15-2 聯產品成本的計算——售價法

3.各製造部加工成本的分錄：

第二製造部成本	8,000	
第三製造部成本	6,000	
第四製造部成本	6,000	
工廠薪工		14,000
製造費用		6,000

4.各製造部完工產品的分錄：

甲聯產製成品	32,615	
乙聯產製成品	36,000	
丙聯產製成品	31,385	
第二製造部成本		32,615
第三製造部成本		36,000
第四製造部成本		31,385

5.各聯產品銷售之分錄（假設甲、乙、丙聯產品各銷售 90%）

⑴銷貨收入之分錄：

現金	111,600	
甲聯產品銷貨		36,000
乙聯產品銷貨		40,500
丙聯產品銷貨		35,100

⑵記載銷貨成本的分錄：

甲聯產品銷貨成本	29,354*	
乙聯產品銷貨成本	32,400*	
丙聯產品銷貨成本	28,247*	
甲聯產製成品		29,354
乙聯產製成品		32,400

丙聯產製成品 　　　　　　　　　　　　　　　28,247

$$\$32,615 \times 90\% = \$29,354$$
$$36,000 \times 90\% = 32,400$$
$$31,385 \times 90\% = 28,247$$

15–4 聯產品應繼續加工或提前出售？

很多公司有機會於生產過程中的某一階段，出售其一部份聯產品；遇此情形，企業管理者必須面臨一項抉擇，聯產品的一部份，應繼續加工或提前出售，孰者有利？作成此項抉擇時，管理者必須考慮下列二項關連資料：(1)繼續加工後所增加的收入；(2)繼續加工後所增加的成本。

吾人仍以上述元大公司的實例，假定甲、乙、丙三種聯產品於分離點時，均有機會分別按每單位\$15，\$12 及\$6.80 出售；茲就上述所提示的二項關連資料，加以比較如下：

	(1) 繼續加工 收入增加	(2) 繼續加工 成本增加	(3) 淨收入
甲聯產品:			
$(20-15) \times 2,000$	\$10,000	\$ 8,000	\$ 2,000
乙聯產品:			
$(15-12) \times 3,000$	9,000	6,000	3,000
丙聯產品:			
$(7.80-6.80) \times 5,000$	5,000	6,000	(1,000)
合　計	\$24,000	\$20,000	\$ 4,000

根據上列比較，甲、乙二項聯產品於繼續加工後，淨收入分別為\$2,000 及\$3,000，故應予繼續加工較為有利。至於丙聯產品，繼續加工後，發生淨損\$1,000，故應提早於分離點時，即予出售，較為合算。

為進一步求證上項決策起見，吾人另編製比較性損益表如下：

加工與出售損益比較表

	甲、乙聯產品繼續加工 丙聯產品提前出售	甲、乙、丙聯 產品繼續加工	增（減）淨利
收入:			
甲聯產品:			
$20 × 2,000	$ 40,000	$ 40,000	
乙聯產品:			
$15 × 3,000	45,000	45,000	
丙聯產品:			
$6.80 × 5,000	34,000		$ 5,000
$7.80 × 5,000		39,000	
合計	$119,000	$124,000	$ 5,000
成本:			
甲聯產品	$ 32,615	$ 32,615	
乙聯產品	36,000	36,000	
丙聯產品	25,385	31,385	$(6,000)
合計	$ 94,000	$100,000	$(6,000)
淨利	$ 25,000	$ 24,000	$(1,000)

從上述比較性損益表中，顯示甲、乙二種聯產品繼續加工，丙聯產品則提前於分離點時出售，可獲得淨利$25,000；另一方面，如甲、乙、丙三種聯產品，均繼續加工後，始予出售時，可獲得淨利$24,000，顯然淨利減少$1,000。其中原因，在於丙聯產品如繼續加工後，雖可增加收入$5,000，然而繼續加工後所增加的成本為$6,000，顯然成本大於收入$1,000，對於淨利產生負面的影響；因此，甲、乙二種聯產品應繼續加工，丙聯產品則應提前於分離點時，即予出售，比較有利。

15–5 副產品的會計處理

一、副產品的會計處理方法

副產品係伴隨主產品而附帶產生的次要產品；況且，製造業者的主要目的，並不在於生產副產品，故一般對副產品的會計處理方法，均不分攤分離點以前的聯合成本。惟副產品在分離點以後所附加的各項成本，包括製造成本及銷售或管理費用，自不能豁免；此等成本應自副產品的銷貨收入中扣除。

副產品的會計處理方法很多，一般常用者約有下列各項：

(1)副產品淨收入列為銷貨收入的附加收入。

(2)副產品淨收入列為其他收入。

(3)副產品淨收入列為銷貨成本的減項。

(4)副產品淨收入列為製造成本的減項。

(5)副產品淨可實現價值列為製造成本的減項。

設某公司 19A 年 6 月份有關主產品及副產品的成本資料如下：

	主產品	副產品		主產品
產量	10,000	1,000	銷貨收入	$120,000
銷貨量	8,000	900	銷貨成本	80,000
期末存貨	2,000	100	製造成本	100,000

副產品每單位售價$3.00，處理成本包括銷管費用等，每單位$1.00；主產品及副產品均無任何期初存貨。

茲以數字代表上項副產品的五種不同會計處理方法如下：

比較性損益表
19A 年6 月 1 日至 30 日止　　　　　　單位: 元

	1	2	3	4	5
銷貨收入:	120,000	120,000	120,000	120,000	120,000
出售副產品淨收入	1,800	–	–	–	–
	121,800	120,000	120,000	120,000	120,000
銷貨成本:					
製造成本	100,000	100,000	100,000	100,000	100,000
出售副產品淨收入*	–	–	–	(1,800)	–
副產品淨可實現價值**	–	–	–	–	(2,000)
主產品淨製造成本				98,200	98,000
期末存貨 ($\frac{1}{5}$)	(20,000)	(20,000)	(20,000)	(19,640)	(19,600)
銷貨成本（毛額）	80,000	80,000	80,000		
出售副產品淨收入			(1,800)		
銷貨成本（淨額）			78,200	78,560	78,400
銷貨毛利（毛額）	41,800	40,000	41,800	41,440	41,600
其他收入:					
出售副產品淨收入	–	1,800	–	–	–
銷貨毛利（淨額）	41,800	41,800	41,800	41,440	41,600

　　　　　　　　　　　　　　　　　　　 ↑＿＿＿↑
　　　　　　　　　　　　　　　　　　　　　 360

*　副產品銷貨收入　900 單位@$3.00	$2,700	
副產品處置成本　900 單位@$1.00	900	
副產品淨收入	$1,800	
**　副產品淨收入	$1,800	
期末存貨淨可實現價值:		
$100 \times (\$3.00 - \$1.00)$	200	
副產品淨可實現價值	$2,000	

　　上述第 1 種至第 4 種方法，係認定副產品價值於銷貨階段；第 5 種方法則認定副產品價值（包括副產品期末存貨淨值）於生產階段。

　　就理論上言之，上述各種方法之中，以第 5 種方法最為合理。蓋第

1 種至第 4 種方法，均有虛增主產品製造成本的缺點，且對於期末存貨，均無任何表示；惟有第 5 種方法，將副產品淨實現價值$2,000（包括出售副產品淨收入$1,800 及期末存貨淨值$200）從主產品的製造成本中扣除。

上述五種副產品的會計處理方法，僅係一種對收入或費用認定的時間問題。倘若將時間予以延長，俟全部產品均予出售時，則最後的結果將完全趨於一致。

茲假定上項期末存貨，於次（七）月份全部出售，並假設七月份僅出售六月份的期末存貨，別無其他銷貨收入，則列示七月份比較性損益表如下：

比較性損益表
19A 年7 月 1 日至 31 日止

	1 至 3	4	5
主產品：			
銷貨收入	$30,000	$30,000	$30,000
銷貨成本：			
（上期期末存貨）	20,000	19,640	19,600
(a)銷貨毛利（毛額）	$10,000	$10,360	$10,400
副產品：			
銷貨收入	$　300	$　300	$　300
減: 處理成本	(100)	(100)	(100)
存貨成本	－	－	(200)
(b)出售副產品收入	$　200	$　200	$　-0-
銷貨毛利（淨額）(a)+(b)	$10,200	$10,560	$10,400
六月份銷貨毛利	41,800	41,440	41,600
六、七兩個月份銷貨收入（淨額）	$52,000	$52,000	$52,000

由上述分析可知，理論上以第 5 種方法最為合理；惟就實務上言之，第 1 及第 2 種方法比較簡捷，第 3 及第 4 種方法則界於兩者之間。

好在副產品的價值不大，故對副產品各種會計方法的運用，不致於對主產品產生重大的影響。

二、副產品的會計分錄

副產品係生產主產品所附帶產生的次要產品，通常不分攤分離點之前的聯合成本；至於分離點之後的加工成本及銷售費用，則應自出售副產品收入中扣除。故有關副產品的會計分錄，至為簡單。茲仍按上述實例，列示有關副產品的各項分錄如下：

1.出售副產品 900 單位，每單位售價$3.00

現金（或應收帳款）	2,700	
出售副產品收入		2,700

2.副產品分攤加工成本及銷售費用的分錄；假設加工成本及銷售費用每單位均為$0.50：

出售副產品收入	900	
製造費用		450
銷售費用		450

3.副產品淨收入列為銷貨收入的附加收入（如上列第 1 法），期末結轉分錄如下：

出售副產品收入	1,800	
銷貨收入		1,800

4.副產品淨收入列為其他收入（如上列第 2 法），則期末結帳分錄如下：

出售副產品收入	1,800	
本期損益（或其他收入）		1,800

5.副產品淨收入列為銷貨成本之減項（如上列第 3 法），則期末結轉分錄如下：

出售副產品收入	1,800	
銷貨成本		1,800

6.副產品淨收入列為製造成本的減項（如上列第 4 法），則期末結轉分錄如下：

出售副產品收入	1,800	
製造費用（或製成品）		1,800

7.副產品淨可實現價值列為製造成本的減項（如上例第 5 法），則期末結轉分錄除作成上述 6.之分錄外，並按期末存貨可實現價值予以分錄如下：

副產品存貨	200	
製造費用（或製成品）		200

三、副產品存貨價值

副產品既不分攤分離點之前的聯合成本，其存貨價值應否記錄，須視副產品之市場趨勢或其售價而定，如市場趨勢欠佳，銷路不穩定，售價變換無常，處於此種情形，副產品期末存貨的價值，必然極微，而且又缺乏穩定性，故以不列帳為佳；俟副產品出售時，再以其實際收入，列為出售副產品收入，以資簡化。惟如副產品銷路良好，售價也甚為穩

定時, 可將副產品的期末存貨, 予以列帳, 較為妥當。

　　副產品存貨, 既無成本數字, 通常以其售價扣除加工成本及銷售費用後的淨收入, 予以列計。茲列舉一項實例, 以說明其計算方法。

　　設某公司 19A 年度於生產主產品之外, 另有下列各項有關副產品的資料:

副產品數量	2,000 單位
副產品每單位售價	@$5.00
分離點後每單位加工成本	@$0.50
每單位銷售費用	@$1.00

銷貨數量 1,200 單位, 期末存貨 800 單位。

茲根據上述資料, 列示副產品淨可實現價值及副產品存貨價值如下:

　1.副產品淨可實現價值:

　　副產品淨收入:

副產品銷貨收入　1,200@$5.00		$6,000	
副產品加工成本　1,200@$0.50	$ 600		
副產品銷售費用　1,200@$1.00	1,200	1,800	$4,200
期末存貨淨可實現價值:			
800 × ($5.00 − $0.50 − $1.00)			2,800*
副產品淨可實現價值			$7,000

　2.副產品期末存貨價值:

$7,000 ÷ 2,000	$ 3.50
$3.50 × 800	$2,800

　　*列為其他收入或為主產品成本的減項。

15–6 多種產品成本計算綜合釋例

茲為說明多種產品成本的計算方法起見，特舉一實例綜合說明於次。

設愛王公司從事多種產品的製造業務，必須經過三項製造程序。基本原料於甲製造部一次加入，予以加熱分解後，其正常損失為投入原料的 $\frac{1}{3}$。經分解後之原料，有 50% 送入乙製造部，有 40% 送入丙製造部，繼續生產，其餘 10% 為副產品；在乙製造部製成 A 產品，在丙製造部製成 B 產品；A、B 兩種產品對該公司的銷貨收入，同具有重大貢獻，故屬聯產品；另悉於乙、丙二製造部內，並無任何損失。

副產品於製成後，立即予以出售，其銷貨收入扣除銷售費用每公斤 $0.50 後的淨收入，列為甲製造部製造成本的減項，然後再將甲製造部的剩餘製造成本，分攤為乙、丙二個製造部負擔；其分攤基礎係按 A、B 兩種產品市價，減去分離點後之加工成本，藉以推定分離點市價。各種聯產品的單位售價為： A 聯產品$25， B 聯產品$50，副產品$5.50。

19A 年元月份，甲製造部投入原料 15,000 公斤，原料及加工成本總額$205,000。乙製造部未曾再加入原料，惟另投入加工成本每公斤計 $5，產品係按整批出售。丙製造部將甲製造部所轉入的部份，每公斤按 1:1 比例另加入子原料，該項原料每公斤$4.50，加工成本每公斤$10，包裝費每公斤$0.25。

根據上列資料，列示各種聯產品成本的計算方法如下：

1.產量（公斤）記錄:

	甲製造部	乙製造部	丙製造部
原料投入或前部轉來	15,000	5,000	4,000
原料投入增加	–	–	4,000
	15,000	5,000	8,000
損耗: $\frac{1}{3}$	5,000	–	–
完工產量（公斤）	10,000	5,000	8,000
A 聯產品: 50%	5,000		
B 聯產品: 40%	4,000		
副產品: 10%	1,000		

2.成本分攤: 甲製造部

產品別	市　價*	分離點後加工成本**	推定分離點市價	成本分攤***
A聯產品	$125,000	$ 25,000	$100,000	$ 50,000
B聯產品	400,000	100,000	300,000	150,000
	$525,000	$125,000	$400,000	$200,000

　*$25 \times 5,000 = \$125,000$

　$\$50 \times 8,000 = \$400,000$

　**$\$5 \times 5,000 = \$25,000$

　$\$4.50 \times 4,000 + \$10 \times 8,000 + \$0.25 \times 8,000 = \$100,000$

***原料及加工成本總額　　　　　　　　　$205,000

　減: 副產品淨收入 $= (\$5.50 - \$0.50) \times 1,000$　　(5,000)

　　　　　　　　　　　　　　　　　　　　$200,000

$\$200,000 \times \frac{1}{4} = \$50,000$

$\$200,000 \times \frac{3}{4} = \$150,000$

3. A 聯產品每公斤成本:

　　甲製造部轉來成本　　　　　　　　　　$50,000

　　本部（乙製造部）加工成本: $\$5 \times 5,000$　25,000

　　　　　　　　　　　　　　　　　　　　$75,000

　　每公斤成本: $\$75,000 \div 5,000 = \$15$

4. B 聯產品每公斤成本:

甲製造部轉來成本		$150,000
本部（丙製造部）原料及加工成本:		
子原料: $4.50 × 4,000	$18,000	
加工成本: $10 × 8,000	80,000	
包裝費: $0.25 × 8,000	2,000	100,000
		$250,000

　　每公斤成本: $250,000 ÷ 8,000 = $31.25

茲將上列計算彙總列示如下:

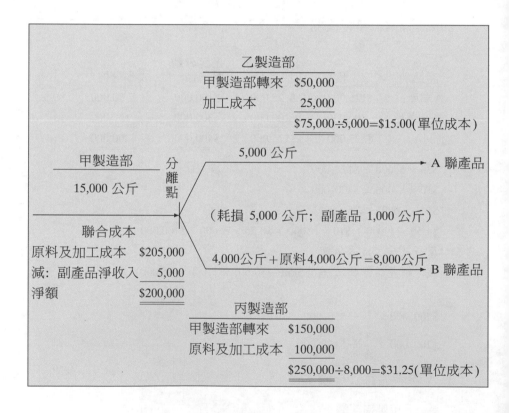

本章摘要

　　在產品的製造過程中，凡以同一原料，經同一製造程序，生產兩種以上不同性質的產品，稱為多種產品或同源產品。在同源產品中，凡兩種以上的產品，其經濟價值較大，對企業的收入同樣具有重大貢獻，同為製造的主要目標者，則此兩種以上的產品，稱為聯產品。副產品係於生產主產品的過程中，附帶產生的次要產品，並非生產的主要目的，且其經濟價值較小者。至於廢料，在本質上亦為副產品的一種，惟以其經濟價值微小，故逕予當為廢料處理。

　　聯產品於分離點以前所共同發生的聯合成本，必須應用各種方法，分攤至各聯產品。一般分攤的方法，有數量法及售價法；由於售價法係以各聯產品的售價或市場價值大小，作為分攤的基礎，依其能力吸納聯合成本的一部份，比數量法更為合理，故為一般會計人員所樂於採用。

　　副產品通常不分攤分離點以前的聯合成本，惟對於分離點以後所附加於副產品的成本，包括製造成本及銷管費用等，自不能豁免。

　　副產品的價值，可認定於生產階段，亦可認定於銷售階段；因此，其會計處理方法，隨價值認定的時間而有所不同。當副產品的價值認定於生產階段時，則以其淨實現價值（包含副產品期末存貨在內的售價或市場價值，減附加成本後的淨額），列為主產品製造成本的減項。當副產品的價值認定於銷貨階段，則以其淨收入（出售副產品收入減附加成本後的淨額），列為銷貨收入、其他收入、銷貨成本的減項、或製造成本的減項。

本章編排流程

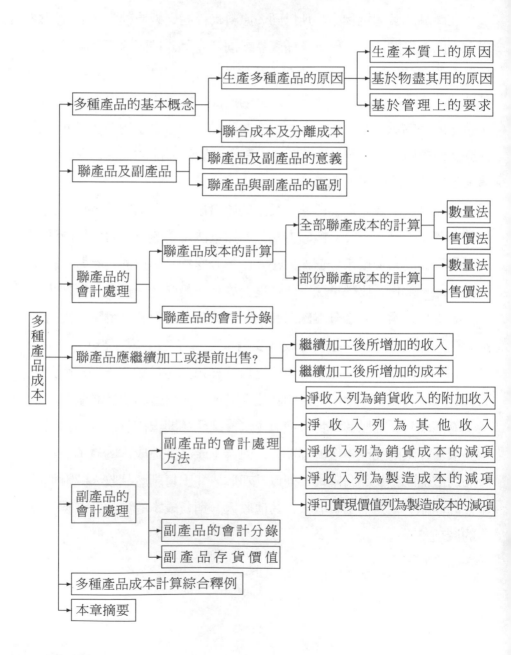

習　題

一、問答題

1. 試說明製造業者生產多種產品的原因。

2. 何謂分離點？分離點對計算聯產品成本有何重要性？

3. 何謂聯合成本？分攤聯合成本的目的何在？

4. 何謂分離成本？如何處理分離成本？

5. 聯產品與副產品的主要分別何在？

6. 何謂全部聯產？全部聯產成本如何計算？

7. 何謂部份聯產？部份聯產成本如何計算？

8. 分攤聯合成本的方法有那些？試分別說明之。

9. 副產品何以不分攤分離點以前之聯合成本？

10. 對於聯合成本的分攤，何以大多數會計人員認為淨可實現價值法，優於數量法？

11. 對於聯合成本的分攤，採用那一種方法可產生相同的銷貨毛利率？

12. 在何種情況下，採用數量法可獲得合理分攤聯合成本的效果？

13. 售價法何以為一般製造業者所廣泛採用？

14. 處理副產品的會計處理方法有那些？那一種方法最合理？

15. 副產品淨收入與淨可實現價值有何區別？

16. 企業管理者面臨聯產品應繼續加工製造抑或提前出售的抉擇時，應考慮那些因素？

17. 副產品存貨價值應如何評價？試述之。

18. 在何種情況下，不考慮副產品的存貨價值被認為是合理的？

二、選擇題

15.1 在分離點的淨可實現價值，係用於：

(a)分攤分離成本。

(b)確定攸關成本。

(c)確定損益平衡點。

(d)分攤聯合成本。

15.2 以分離點時各聯產品的售價比率，為分攤聯合成本的基礎；至於分離點後的加工成本：

(a)與分攤聯合成本的方式一樣，攤入聯產品。

(b)從分離點時各聯產品的售價內扣除。

(c)從銷貨點的售價內扣除。

(d)與分攤聯合成本無關。

15.3 為分攤聯合成本至各聯產品，將分離點後的加工成本，從聯產品的售價內扣除，係假定上項計算的淨額等於：

(a)分離點時的售價。

(b)銷貨點的售價減正常邊際利益。

(c)聯合成本。

(d)總成本。

15.4 採用下列那種方法，作為分攤聯合成本的基礎，會使各聯產品的銷貨毛利率均相同：

(a)淨可實現價值或售價法。

(b)數量法。

(c)以上二者皆是。

(d)以上二者皆非。

15.5 下列圖形代表聯產品 X 與 Y 的產銷關係; 聯合成本按分離點時的
市場價值比率分攤, 分離成本則歸由各聯產品負擔。

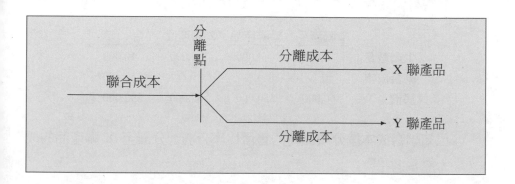

假定 X 聯產品在分離點的市場價值增加, X 與 Y 聯產品的售價
及其他成本均維持不變, 則其銷貨毛利:

	X 聯產品	Y 聯產品
(a)	增加	減少
(b)	增加	增加
(c)	減少	減少
(d)	減少	增加

15.6 H 公司生產 X 與 Y 兩種聯產品; 1997 年 6 月份聯合成本為
$45,000; 分離點後, X 與 Y 均須繼續加工製造, 兩者的產量分別
為 1,600 單位及 800 單位, 兩者於分離點後之加工成本, 分別為
$37,500 及 $52,500, 兩種產品每單位售價分別為$75 及$150。 H 公
司按淨實現價值分攤聯合成本。

1997 年6 月份, 攤入 X 聯產品的聯合成本應為若干?

(a)$30,000

(b)$24,750

(c)$20,250

(d)$15,000

15.7 K公司生產 X、 Y 兩種聯產品及 Z 副產品；出售副產品收入，當
為聯合成本的減項。其他補充資料如下：

	X 聯產品	Y 聯產品	Z 副產品	合　計
生產數量	4,000	4,000	2,000	10,000
聯合成本	–	–	–	$52,400
售價	$60,000	$30,000	$2,000	$92,000

已知聯合成本按分離點時的售價比率分攤。分攤至 X 聯產品的成
本應為若干？

(a)$15,000

(b)$20,160

(c)$30,000

(d)$33,600

15.8 R 公司生產 X、Y 兩種聯產品及 Z 副產品；Z 副產品的淨實現價
值，從 X 及 Y 聯產品中扣除。 1997 年7 月份聯合成本為$27,000，
其他有關資料如下：

產品	產量	市場價值	分離成本
X	500	$20,000	$ –0–
Y	750	17,500	–0–
Z	250	3,500	1,500

假定 R 公司按淨實現價值分攤聯合成本，則攤入 X 聯產品的聯合
成本應為若干？

(a)$9,400

(b)$10,000

(c)$13,333

(d)$13,671

15.9　P 公司生產 X 與 Y 兩種聯產品，聯合成本$45,000，其中有$10,000
攤入 Y 產品；Y 產品共計1,000 單位，可於分離點時，按每單位$15
出售，或進一步加工，另支付加工成本$6,000；惟經加工完成後，
每單位可出售$25。茲於 Y 產品繼續加工完成後，再予出售，可獲
得何種結果？

(a)損益平衡。

(b)獲得額外利益$6,000。

(c)發生損失$6,000。

(d)獲得額外利益$4,000。

15.10 副產品的會計處理方法，通常以出售副產品之淨收入，或其淨實現
價值作為減項，並於何時認定副產品的價值：

	生產階段	銷售階段
(a)	是	是
(b)	是	非
(c)	非	非
(d)	非	是

15.11 M 公司有關副產品 X 的資料如下：

1997 年度出售 X 副產品數量	10,000 單位
每單位售價	$10
每單位銷售費用	2
加工成本	–0–

1996 年副產品 X 按淨實現價值記入副產品存貨帳戶； 1997 年無
任何副產品產出。請問 M 公司 1997 年度認定副產品 X 的利益應
為若干？

(a)–0–

(b)$20,000

(c)$80,000

(d)$120,000

15.12 T 公司於 1997 年開始營業, 生產石油及石油副產品; 當年度各項
產銷資料如下:

聯合成本	$ 60,000
石油銷貨收入	135,000
副產品銷貨收入	15,000
石油存貨 (12/31/97)	7,500
副產品附加成本:	
銷售費用	5,000
加工成本	7,500

T 公司於生產階段, 即認定副產品的價值多寡; 1997 年度主產品
及副產品的銷貨成本, 各為若干?

	主產品(石油)	副 產 品
(a)	$52,500	$12,500
(b)	$57,500	$ –0–
(c)	$54,000	$18,500
(d)	$50,000	$ –0–

15.13 K 公司於生產主產品時, 附帶產出 X 副產品; X 副產品的唯一分
離成本, 為推銷每單位 X 副產品銷貨收入$4, 即發生$1 的銷售費
用。 K 公司將出售副產品收入$3, 從主產品銷貨成本項下扣除;
另悉無任何期初及期末存貨。假定K 公司改變副產品的會計處理
方法, 將 X 副產品當為聯產品之一, 與原有的主產品同列為聯產
品。此項會計處理方法的改變, 對 K 公司全部銷貨毛利有何影響?

(a)沒有影響。

(b)出售 X 副產品一單位, 即增加銷貨毛利$1。

(c)出售 X 副產品一單位，即增加銷貨毛利$3。

(d)出售 X 副產品一單位，即增加銷貨毛利$4。

下列資料用於解答第 15.14 題至第15.16 題的根據：

N 公司生產主產品時，附帶生產 Z 副產品；生產 Z 副產品每單位的附加成本為$1。 1997 年度生產 Z 副產品 1,000 單位，每單位售價$4；出售 Z 副產品淨收入，列為主產品銷貨成本的減項。

15.14 N 公司 1997 年度主產品的銷貨收入及銷貨成本分別為$400,000 及 $200,000；該公司於考慮 Z 副產品的銷貨收入及成本後，全部銷貨毛利應為若干？

(a)$200,000

(b)$203,000

(c)$196,000

(d)$197,000

15.15 假定 N 公司改變 Z 副產品的會計處理方法，將出售副產品淨收入，列為其他收入；該公司 1997 年度銷貨毛利，會產生何種影響？

(a)沒有影響。

(b)增加$3,000。

(c)減少$3,000。

(d)減少$4,000。

15.16 假定 N 公司改變 Z 副產品的會計處理方法如第 15.15 題內所提示者，此項改變對該公司 1997 年度營業淨利，會產生何種影響？

(a)沒有影響。

(b)增加營業利益$3,000。

(c)減少營業利益$3,000。

(d)減少營業利益$4,000。

三、計算題

15.1 復興公司生產甲、乙兩種聯產品，分離點前之聯合成本為$30,000，產品經分離後即告完工，不須任何加工成本。生產甲聯產品 20,000件，每件售價$5.00，乙聯產品 40,000 件，每件售價$1.00。

試根據上述資料，解答下列各問題，每一問題均係獨立性，除非有特別註明。

(a)甲、乙兩種產品均全部出售，應如何分攤聯合成本。

(b)假設期末存貨如下：甲產品 10,000 件，乙產品 20,000 件，其期末存貨成本各應為若干?

(c)假設乙產品當為副產品處理，則在(b)之情況下，又該如何?

15.2 復華公司，成立於 19A 年元月份，第一年營業結果，發生下列各項成本:

直接原料	$100,000
直接人工	150,000
製造費用	150,000
銷管費用	60,000

該公司生產甲、乙兩種產品；甲產品為主產品，乙產品為副產品。當年度完工產品出售 80%，計甲產品$500,000，乙產品$20,000。甲產品之銷管費用為售價之 11.2%，乙產品之銷管費用為售價之 20%。試依下列各種方法編製該年度部份損益表以列示其銷貨毛利。

(a)副產品淨收入列為銷貨之附加收入。

(b)副產品淨收入列為其他收入。

(c)副產品淨收入列為銷貨成本的減項。

(d)副產品淨收入列為製造成本的減項。

(e)副產品淨可實現價值列為製造成本的減項。

15.3 復和公司生產三種聯產品，其分離點前的聯合成本為$100,000。甲、丙兩種產品於分離後須再繼續加工製造，乙產品於分離後，即告完成。某期之生產量全部售出，其生產及銷售情形如下：

聯產品	產　　量	銷貨額	分離後加工成本
甲	300,000 單位	$245,000	$200,000
乙	100,000 單位	30,000	–0–
丙	100,000 單位	175,000	100,000

(a)假設採用市價法分攤各聯產品成本。試求甲、乙、丙各種聯產品的銷貨毛利。

(b)設各聯產品於分離點後，即予出售，價格如下：甲聯產品$50,000，乙聯產品$30,000，丙聯產品$60,000。試求甲、乙、丙各聯產品之銷貨毛利。

15.4 復旦公司生產甲、乙兩種聯產品，並附帶生產丙副產品。出售丙副產品淨收入列為甲、乙兩種聯產品製造成本的減項。甲、乙兩種聯產品按市價共同分攤其分離點以前之聯合成本。

19A 年 1 月份有關成本及產銷情形如下：

製成品存貨：

	數　　量	成　　本
1 月 1 日——甲聯產品	6,500	$13,000
——乙聯產品	9,500	14,250
1 月31 日——甲聯產品	8,500	—
——乙聯產品	6,500	—
丙副產品無任何存貨。		

製造成本：

分離點以前聯合成本　　　　$21,200

分離點以後加工成本:

甲聯產品	$6,000
乙聯產品	2,000
丙副產品	1,200

元月份銷貨:

甲聯產品	8,000 單位@$3.00
乙聯產品	8,000 單位@$2.00
丙副產品	2,400 單位@$1.00

製成品銷貨,係採用先進先出法。

試求 19A 年元月份之銷貨毛利。

15.5 復元公司採用分步成本會計制度,生產甲、乙兩種聯產品。 19A 年 5 月份有關成本資料如下:

(a)耗用原料$66,000

(b)加工成本$84,000

(c)製成品: 甲聯產品: 10,000 公斤(市價$ 80,000)

乙聯產品: 5,000 公斤(市價$120,000)

(d)期初無在製品存貨(5 月 1 日)

(e)期末在製品存貨(5 月 31 日): 2,000 公斤,原料一次領用,加工成本分攤 50%(每公斤生產 1/2 公斤之甲聯產品, 1/4 公斤之乙聯產品,餘1/4 公斤因蒸發而告耗損)。

試按市價法計算甲、乙兩種聯產品的單位成本(按約當產量計算)。

15.6 復原公司以兩種原料混合後生產三種產品,有關資料如下,聯合成本按產品市價比例分攤。

	數　量	單　價
投入:		
甲原料	100 磅	$0.12
乙原料	50 加侖	0.15
直接人工	3 小時	2.00

製造費用	3 小時	3.50

產出:

產品一	30 磅	0.60
產品二	60 磅	0.40
產品三	20 加侖	0.30

試求: 計算每種聯產品的單位成本。

（高考試題）

15.7 復古公司生產甲、乙、丙三種產品,甲及乙為聯產品,丙為利用乙
　　的廢料加工所得之副產品。分離點之前,成本按「主副產品售價減
　　分離點後成本淨額」比例攤予聯產品,丙副產品之已實現淨收入,
　　自乙產品的成本中減除。

　　19A 年 7 月份之有關資料如下（期初無存貨）:

分離點前之聯合成本	$200,000
分離點後之加工成本	
甲產品	50,000
乙產品	32,000
丙產品	4,000

7 月份產量:

甲產品	800,000 公斤
乙產品	200,000 公斤
丙產品	20,000 公斤

7 月份銷貨:

甲產品	640,000 公斤@$0.4375
乙產品	180,000 公斤@$0.65
丙產品	20,000 公斤@$0.30

試列表計算三種產品 7 月份的銷貨毛利數額及月底存貨金額。

（注意：凡由計算所得的數字，請註明算式）

（高考試題）

15.8 復生公司生產A、B、C三種產品，A、C為聯產品，B為副產品；副產品不分攤聯合成本。

19A 年於甲製造部投入原料 110,000 公斤，原料成本$120,000。經甲製造部加工後，計有 60% 的單位數量轉入乙製造部，其餘 40%（此時稱為 C 產品）轉入丙製造部。乙製造部另發生加工成本$38,000；其中 70%（此時稱 A 產品）轉入丁製造部，30% 製成 B 副產品，並以每公斤$1.20 予以出售，另支付副產品銷售費用$8,100。

在丁製造部將 A 產品繼續加工，加工成本$23,660；經加工後A 產品每公斤售價$5。

在丙製造部將 C 產品繼續加工，加工成本$165,000，並發生相當於 C 完好產品 10% 之正常損失；剩餘之完好產品，每公斤以$12 出售。

試求：

(a)採用售價法將聯合成本$120,000 攤入 A 及 C 產品；出售 B 副產品淨收入，列為 A 產品銷貨收入的附加收入。

(b)假定不考慮(a)的情形，並假定攤入 A 產品聯合成本為$102,000，產量 48,000 公斤，B 副產品 20,000 公斤。另假定當年度期初無任何存貨，並出售 80% 之 A 產品；B 副產品淨可實現價值當為 A 產品製造成本之減項；其他有關資料未曾改變。試計算 19A 年度 A 產品之銷貨毛利。

（美國會計師考試試題）

15.9 復國公司以同一原料，經同一製造程序，生產 A、B、C 三種產品；有關成本資料如下：

	A	B	C	合　計
產量（公斤）	80,000	200,000	160,000	440,000
每公斤售價	$0.75	$1.00	$1.50	－

分　離　成　本

	A	B	C	總成本
製造成本:				
原料	－	－	－	$ 90,000
直接人工	$ 3,000	$ 20,000	$ 30,000	80,000
變動製造費用	2,000	10,000	16,000	45,000
固定製造費用	15,000	34,000	30,000	115,000

所有各項分離成本，均已計入各產品，惟聯合成本則尚未分攤；全年度所有產品均已出售。

試求: 倘若該公司按售價法分攤各項產品之聯合成本；試分別計算
各項產品之銷貨毛利。

（加拿大會計師考試試題）

15.10 復健公司聯合生產 A、 B、 C 三種產品；有關成本資料如下:

	A	B	C	合　計
原料	－	－	－	$150,000
聯合成本	－	－	－	170,000
分離點後加工成本	$50,000	$80,000	$70,000	－
產量	6,000	12,000	6,250	
銷貨量	4,000	9,000	4,250	
每單位售價	$50.00	$37.50	$40.00	

試求:

(a)假定該公司無期初存貨，並採用售價法分攤聯合成本；請計算
各種產品之期末存貨成本。

(b)假設某客戶願以每單位$30，購買該公司分離點時之所有 B 產

品，則接受此項訂單是否有利？

（加拿大會計師考試試題）

15.11 復本公司以每加侖$0.80 購入「子」原料一種，投入甲製造部加工後，分離為 A、 B、 C 三種產品。 A 產品於分離點後，無須加工，即可出售；至於 B、 C 兩種產品，則須經過加工後，才能出售。 B 產品轉入乙製造部繼續加工； C 產品轉入丙製造部繼續加工。下列為該公司截至 19B 年6 月 30 日會計年度終了之有關成本及其他資料彙總記錄：

	甲製造部	乙製造部	丙製造部
子原料成本	$96,000	—	—
直接人工	14,000	$45,000	$ 65,000
製造費用	10,000	21,000	49,000
	A 產品	B 產品	C 產品
銷貨量（加侖）	20,000	30,000	45,000
期末存貨（19B 年 6 月30 日）	10,000	—	15,000
銷貨收入	$30,000	$96,000	$141,750

已知 19A 年 7 月 1 日無期初存貨，且 19B 年 6 月30 日亦無「子」原料期末存貨，所有加工產品於期末時均已製造完成；無任何製造費用差異存在。另悉該公司採用分離點之售價分攤聯合成本。

試求：

(a)在分離點時所有A 產品之總售價。

(b)19B 年6 月 30 日會計年度終了時，所有待分攤之聯合成本。

(c)19B 年6 月 30 日截止之 B 產品銷貨成本數額。

(d)計入 A 產品之期末存貨成本。

15.12 復榮公司製造 A、 B、 C 三種聯產品； A 產品 1,000 單位， B 產品 500 單位，C 產品 500 單位；聯合成本$100,000。三種聯產品在

分離點之單位售價如下：　A 產品$20，　B 產品$200, C 產品$160。

期末存貨包括：　A 產品 100 單位，　B 產品 300 單位，　C 產品 200 單位。

試按下列二種方法，計算聯合成本包括於期末存貨之數額:

　(a)售價法。

　(b)數量法。

15.13 復基公司生產 A、　B、　C 三種聯產品; 其他有關資料如下:

	聯　產　品			
	A	B	C	合　計
生產數量	6,000	4,000	2,000	12,000
聯合成本	$24,000	(x)	(y)	$ 60,000
推定分離點市價	(m)	(n)	$25,000	100,000
分離點後加工成本	15,000	$10,000	5,000	30,000
加工完成後市價	55,000	45,000	30,000	130,000

試求: 請計算上列 x、　y、　m 及 n 等文字所代表之數字。

15.14 復德公司生產鳳梨罐頭產品，聯產品有三種: 切片鳳梨罐頭、鳳梨醬罐頭、鳳梨汁罐頭; 鳳梨原料首先在切割部切割後，依不同品質，再分別轉入切片部、製醬部、及壓汁部，繼續加工; 鳳梨皮可進一步製成飼料; 壓汁部於加熱時，發生若干損失，此項損失為本部門完好產品之 8%。 19A 年5 月份，投入切割部生產之鳳梨原料為 270,000 公斤，各項有關成本資料如下:

部門別	成　本	產　量	每公斤售價
切割部	$600,000	－	－
切片部	47,000	35%	$6.00
製醬部	105,800	28%	5.50
壓汁部	32,500	27%	3.00
飼料部	7,000	10%	1.00
合　計	$792,300	100%	

復德公司按市價法分攤聯合成本；副產品淨可實現價值列為聯合成本之減項。

試求：

(a) 19A 年 5 月份鳳梨汁罐頭產量為若干？

(b)在分離點時，鳳梨切片之市價為若干？

(c)三種聯產品之分離成本為若干？

(d)三種聯產品待分攤之聯合成本為若干？

(e)鳳梨醬罐頭分攤之聯合成本，應為若干？

(f)鳳梨汁罐頭之銷貨毛利，應為若干？

（美國管理會計師考試試題）

第十六章　成本預估方法

●前　言●

　　設計各種成本會計制度的主要目的，在於記錄及報告一個企業過去業已發生的各項成本；然而，企業管理者經常要預估未來可能發生的成本，才能預先制定各項決策，俾能掌握先機。此外，當一項計劃有各種不同的替代方案時，如果管理者能利用各種成本預估方法，預計未來可能發生的成本，必能從中慎選最有利的營業方案。

　　通常在下列情況之下，管理者必須預估成本：

　　第一，擴充營業時，總成本究竟會增加若干？

　　第二，購置特定設備以節省人力或能源時，成本會發生何種變化？

　　第三，對外投標時，須耗用成本若干？

　　第四，本年度營業量達到某一特定水準時，能獲利若干？

　　第五，生產新產品、採用新生產方法或僱用新員工時，人工成本究竟有何變化？

　　本章將分別探討各種成本預估的方法，以配合上列各項需要。

16–1 成本預估的各種方法

成本預估 (cost estimation)的方法，乃在於根據過去業已發生的成本，觀察或尋找它與某特定因素的關係，據以預估未來在某特定情況下即將發生的成本。吾人於本章內所探討的焦點，集中於總成本隨**營運水準** (activity levels)不同而改變的變動成本；其計算公式如下：

$$y = a + b(x) \qquad\qquad （公式16–1）$$

y：總成本

a：固定成本

b：每單位變動成本

x：營運水準（通常以產量、人工時數、或機器操作時數等為衡量單位）

在實務上，吾人僅知悉在各種不同營運水準下的總成本，而不知固定成本及變動成本的數字；然而，吾人可透過各種估計方法，進一步確定那些成本係屬於固定成本，不隨營運水準的改變而變動，那些成本則為變動成本，將隨營運水準的改變而變動。

在本章內，吾人將分別說明下列一般常用的五種成本估計方法：

(1)帳戶分析法

(2)工程估計法

(3)散佈圖法

(4)高低點法

(5)迴歸分析法

(6)學習曲線分析法

上列每一種方法的分析結果，可能不盡相同；因此，在會計實務上，應同時採用二種以上的方法，俾能相互比較，才不致於發生偏差的現象，

導致不正確的判斷。蓋各部門主管對於所屬人員轉報上來的所有各項成本估計數字，負責督導及審查的最後責任，他們必須瞭解各種成本估計方法的優點及弱點，才能獲得最佳的預估效果。

16–2　帳戶分析法

帳戶分析法(accounts analysis)乃詳細檢查每一個成本帳戶的性質，辨認它究竟是固定成本？或者是變動成本？如果一個成本帳戶，同時具有固定及變動的雙重因素，也應予劃分。分辨固定或變動成本的重要關鍵，在於一項成本是否隨營運水準的變動而改變；如果答案為肯定的，則屬於變動成本，否則即為固定成本。例如在現階段的產能範圍內，吾人擬預估在某特定營運水準下的製造成本時，直接原料及直接人工，係隨產量的增減而變動，故屬於變動成本性質；至於廠房租金，則不隨產量的增減而變動，故屬於固定成本性質。茲假設元培公司 19A 年度帳戶分析如下：

表 16–1

元培公司 19A 年度帳戶分析

	生產數量：　920 單位 (直接人工時數：　230)		
成本帳戶	總成本	變動成本	固定成本
間接材料	$ 8,440	$ 6,140	$ 2,300
間接人工	6,420	2,060	4,360
廠房租金	12,300	–	12,300
財產稅及保險費	1,020	800	220
水電費	11,780	10,700	1,080
修理及維護費	4,360	2,380	1,980
資料處理費	2,260	1,760	500
品質檢驗費	3,740	3,740	–
顧問費	2,300	940	1,360
合　計	$52,620	$28,520	$24,100

根據表 16-1 顯示，直接人工每小時生產 4 單位 (920 ÷ 230)；變動製造費用可按每直接人工小時(DLH) 計算如下：

$$DLH = \$28,520 \div 230$$

$$= \$124$$

如變動製造費用，改按每單位產品表示時，其計算如下：

$$每單位產品變動製造費用 = \$28,520 \div 920$$

$$= \$31$$

根據上列資料，吾人可估計元培公司生產 1,000 單位產品的製造費用總額如下：

$$y = a + b(x)$$

$$= \$24,100 + \$31 \times 1,000$$

$$= \$55,100$$

吾人已知該公司直接人工每小時可生產 4 單位，生產 1,000 單位共須 250 小時 (1,000 ÷ 4)，則生產 1,000 單位的製造費用總額如下：

$$y = a + b(x)$$

$$= \$24,100 + \$124 \times 250$$

$$= \$55,100$$

倘若從事於帳戶分析的人員，具有豐富的經驗及判斷能力，又能熟悉公司的作業程序，並瞭解各項成本與營運水準的關係時，採用此法必能獲得正確旳分析效果，則帳戶分析法，不失為一項方便而又有用的成本估計法。然而，由於此項方法過份倚重分析者個人的主觀判斷，容易

受個人的偏見而導致偏差; 因此, 為避免上項缺點, 分析者個人在觀念上, 應揚棄先入為主的個人主觀態度, 站在完全客觀的立場來分析。此外, 除採用帳戶分析法之外, 尤應同時進行多項成本估計法, 才能收到相輔相成的效果。

16–3　工程估計法

工程估計法(engineering estimates)通常從所要進行的工作中, 加以衡量, 並據以估計所須耗用的成本。一般係根據產品製造過程中的每一環節, 一步一步地分析每個環節所需要的工作時間及成本; 因此, 有時還必須涉及時間研究及動作分析。

當預計每一節段所須耗用的直接工作時數, 必須預留工人因機器停頓、材料損壞、或工作休閒等無法避免的未生產時間。至於所須的直接原料, 則由工程人員按製造程序, 加以預計。

除直接原料及直接人工以外的其他成本, 也比照辦理。例如作業場地大小或興建廠房所須成本的多寡, 則根據建地面積大小及建築成本, 為估計的基礎; 監工或其他服務人員的薪資, 可按直接人工時數比例預估之。

工程估計法的優點, 在於按照作業程序的每個環節所須成本, 詳細加以估計, 使得某公司的作業成本, 可與同行的其他公司, 互相比較, 藉以審查公司本身的作業能力, 瞭解自己的長處與短處。此外, 工程估計法不需要應用過去的成本資料, 使公司根據全新的營運計劃, 以預計其成本。

工程估計法係以一般工程標準來估計成本, 可能要求過高, 會導致成本昂貴的情形。另外, 工程估計法往往基於過份樂觀的假設, 來估計可能發生的成本, 作為對外招標、績效評估、或計劃成本的基礎; 惟實際執行的結果, 可能不如事先預計那麼令人滿意。

16–4 散佈圖法

克服帳戶分析法及工程估計法各項缺點的最佳方法之一，即為散佈圖法。**散佈圖法** (scattergraph estimates)，乃將各種不同生產水準的成本觀察值，繪製於圖紙上，經由視覺觀察每一組成本與數量的分佈情形，找出成本與數量的互動關係，俾將一項混合成本，劃分為固定成本及變動成本的不同因素，藉以估計未來的成本數字。

為說明以散佈圖法來劃分一項混合成本為固定及變動因素，吾人茲假定下列六組產量與成本的觀察值如下：

表 16–2

月份	產量	生產成本
1	20	$200
2	30	300
3	40	400
4	20	300
5	30	400
6	40	500

繪製散佈圖時，首先以 X（橫）軸代表產量，以 Y（縱）軸代表成本，以觀察法配合每一組資料，相互對應地將其繪製於圖紙上，再繪出其趨勢線（或稱迴歸線），使各觀察值與趨勢線間的差異最小。根據表16–2資料繪製其趨勢線與成本軸的交點為$50，即為固定成本。吾人於求出固定成本後，即可據以求出單位變動成本如下：

總成本	$500
減：固定成本	50
變動因素	$450
除：產量	÷ 45
單位變動成本	$ 10

　　當求得單位變動成本後，即可根據下列公式，求出在不同生產水準下的變動成本及總成本：

$$y = a + b(x)$$

例如產量 35 單位的總成本為$400，計算如下：

$$y = \$50 + \$10(35)$$

$$= \$400$$

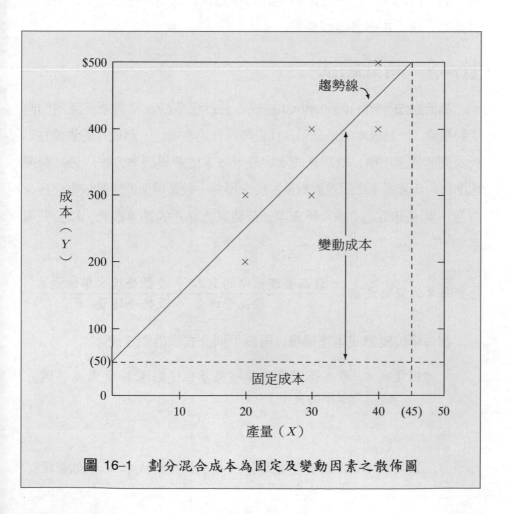

圖 16-1　劃分混合成本為固定及變動因素之散佈圖

表 16-2,由於各組觀察值的相關性,頗有規則,使圖 16-1 的趨勢線與各組觀察值之間,能密切配合。惟在會計實務上,由於不規則的資料,使趨勢線無法如此明顯,故於繪製趨勢線時,也比較困難。

散佈圖法的優點,在於應用上極為簡單,無須繁複的計算工作。又散佈圖法頗為可靠,如遇有一項缺乏相關性的觀察值,或含有不規則成本習性時,可自動顯現出來。

然而,散佈圖法的最大缺點,在於以視覺的觀察法,繪製趨勢線,個人的主觀因素,往往會影響估計的準確性;因此,在應用上,必須配合其他方法,才不會造成偏差。

16-5　高低點法

高低點法 (high-low method)指成本估計係基於正常營運範圍內的兩項觀察值,一為成本的最高點,代表最高營運水準;一為成本的最低點,代表最低營運水準;以最高成本與最低成本的差異成本,除以最高營運水準與最低營運水準的差異數量,於求得每一數量單位的變動成本之後,再進一步求出固定成本及總成本。茲將高低點法的基本觀念,以公式表示如下:

$$每單位變動成本 = \frac{最高營運水準的成本 - 最低營運水準的成本}{最高營運量 - 最低營運量}$$

當每單位變動成本求得後,再按下列公式求得固定成本:

$$固定成本 = 最高營運總成本 - (每單位變動成本 \times 最高營運水準的產量)$$

或

$$固定成本 = 最低營運總成本 - (每單位變動成本 \times 最低營運水準的產量)$$

　　設某公司預算期間正常營運的機器工作時數，介於 350 小時與 550 小時之間，在高低點營運水準的半變動間接人工成本，可預計如下：

	機器工作時數	半變動間接人工成本
最高點	550	$84,000
最低點	350	64,000
差　異	200	$20,000

　　間接人工成本總額，隨營運水準的不同而改變的原因，完全由於變動因素的關係（固定成本不隨營運水準而改變）。因此，每一機器工作時數的間接人工變動成本，可予計算如下：

$$每單位間接人工變動成本 = \frac{間接人工成本總額增加}{機器工作時數增加}$$

$$= \frac{\$20,000}{200}$$

$$= \$100$$

　　間接人工成本的固定因素，則可按照最高營運水準或最低營運水準，如同下列所示，任選一項計算之：

$$固定成本 = \$84,000 - (\$100 \times 550)$$

$$= \$29,000$$

或

$$固定成本 = \$64,000 - (\$100 \times 350)$$

$$= \$29,000$$

　　於此吾人必須特別強調者，即固定成本於正常營運範圍內，雖然不會改變，但是，如果企業的實際營運水準超過正常營運範圍時，有若干固定成本可能會發生變化。例如上述實例，假定經過一段時間後，該公

司的實際營運提高為機器工作時數 750 小時，超過原來最高營運水準
（機器工作時數 550 小時），該公司管理者可能要考慮另增聘一位內部
監工人員，則將促使間接人工固定成本增加。

當每單位間接人工變動成本及間接人工固定成本已分別求出後，即
可預計在正常營運範圍內，任何一項營運水準的間接人工總成本。例如，
吾人擬預計營運水準 500 機器工作時數的間接人工總成本時，可按下列
公式計算：

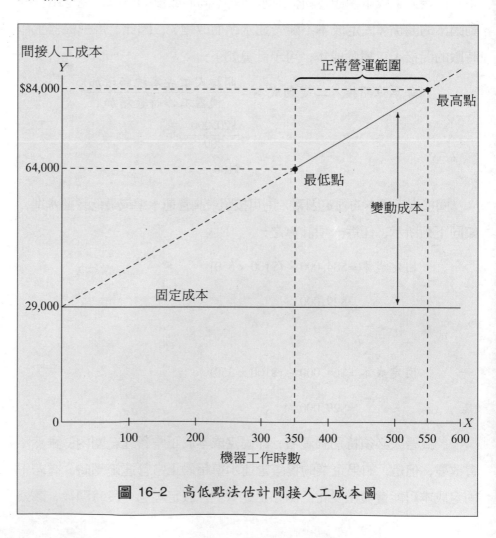

圖 16-2　高低點法估計間接人工成本圖

$y=a + b(x)$

$=\$29,000 + \$100 \times 500$

$=\$79,000$

圖16-2 顯示高低點法的基本結構，由最高與最低兩個觀察值，繪出具有線型的成本線，向左下方延伸而與 Y 軸相交，此一交點即為固定成本 \$29,000；各種不同營運水準的總成本 (y)，均假定沿此一高低點間的成本線而散佈。

高低點法的優點，在於既簡單而又易於應用。然而，高低點法係假定所有代表各項不同營運水準的觀察值，均沿著高低點間的成本線而散佈，此項假定往往與事實不符，使此法成為具有危險性的不科學方法；因此，必須與其他方法同時併用，才不致於發生偏差。

16-6　迴歸分析法——最小平方法

迴歸分析法(regression analysis)係一項應用統計技術，以某一組自變數或稱**獨立變數**(independent variable)，來預測另一組**非獨立變數**(dependent variable)或稱**因變數** (response variable)的分析方法；例如以某一既定價格（自變數），來預測銷貨（因變數）；又如以產量（自變數）來預測生產成本（因變數）等。**最小平方法** (least square method)乃確定預測直線時廣泛被採用的一種方法；它以統計技術繪製迴歸線，俾正確表達觀察值的資料，並用數學方法計算，使預測差異的平方和為最小，成為最適當的趨勢線。

迴歸線 (regression line)乃一項通稱，為一組成對的觀察值配合而成的預測直線。因此，一般乃將最小平方直線會意為迴歸直線；兩者雖有不同，惟在實務上則被交互使用。

迴歸分析法可用於確定各變數間的函數關係，藉以預計未來成本，

並提供各項有用的統計資料；茲分別討論於次。

一、預計成本

迴歸分析法係以統計的方法，繪製獨立變數各觀察值的趨勢線，使各觀察值至趨勢線之估計誤差的平方和最小，藉以正確預計另一非獨立變數之值。

設旺旺公司採用迴歸分析法，擬建立直接人工時數（獨立變數）與製造費用（非獨立變數）函數關係的迴歸方程模式，搜集過去19A 年度12 個月份作業期間，直接人工時數與製造費用的觀察值如下：

月份	直接人工時數	製造費用
1	2,000	$6,500
2	2,500	7,200
3	1,800	5,000
4	2,000	6,200
5	2,300	6,920
6	2,400	7,000
7	2,400	8,400
8	2,700	7,000
9	2,100	6,000
10	2,500	7,700
11	2,300	6,400
12	2,600	8,000

茲根據上列資料，列示迴歸分析的計算方法如下：

(1)計算每月份的平均值：

每月份平均直接人工時數：$27,600 \div 12 = 2,300$

每月份平均製造費用：$\$82,320 \div 12 = \$6,860$

(2)計算每月份實際數與平均值之差、平方、及相乘積如表 16–1。

表 16-3

月份	(x) 直接人工 時　　數	(X) x與平均 值之差	(y) 製造費用	(Y) y與平均 值之差	(X²)	(Y²)	(XY)
1	2,000	−300	6,500	−360	90,000	129,600	108,000
2	2,500	200	7,200	340	40,000	115,600	68,000
3	1,800	−500	5,000	−1,860	250,000	3,459,600	930,000
4	2,000	−300	6,200	−660	90,000	435,600	198,000
5	2,300	−0−	6,920	60	−0−	3,600	−0−
6	2,400	100	7,000	140	10,000	19,600	14,000
7	2,400	100	8,400	1,540	10,000	2,371,600	154,000
8	2,700	400	7,000	140	160,000	19,600	56,000
9	2,100	−200	6,000	−860	40,000	739,600	172,000
10	2,500	200	7,700	840	40,000	705,600	168,000
11	2,300	−0−	6,400	−460	−0−	211,600	−0−
12	2,600	300	8,000	1,140	90,000	1,299,600	342,000
合計	27,600	−0−	82,320	−0−	820,000	9,511,200	2,210,000
平均值	2,300 ($\bar{x}$)		6,860 ($\bar{y}$)				

(3)計算製造費用的變動率 (b) 公式如下：

$$b = \frac{\sum XY}{\sum X^2}$$ （公式16-2）

　　代入上列數字如下：

$$b = \frac{\$2,210,000}{820,000}$$

$$= \$2.70$$

(4)代入公式 16-1 以預計每月份的固定製造費用(a) 如下：

$$y = a + b(x)$$

$$x = 2,300; \ y = \$6,860$$

$$\$6,860 = a + \$2.70 \times 2,300$$

$$a = \$650$$

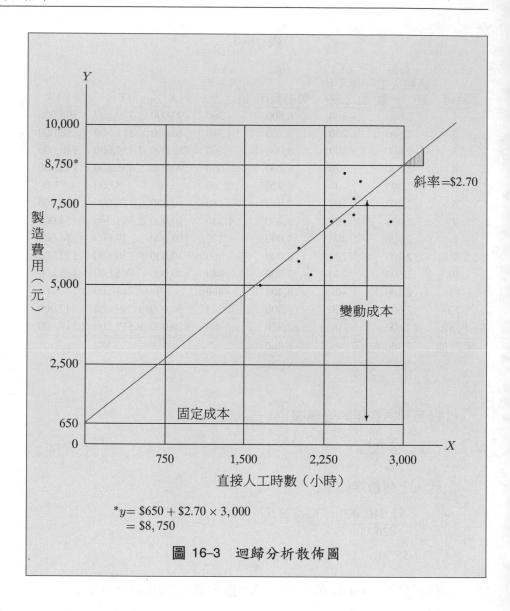

$$*y = \$650 + \$2.70 \times 3,000$$
$$= \$8,750$$

圖 16-3　迴歸分析散佈圖

二、標準誤差

　　迴歸分析法雖然以數學的方法，提供較為客觀而又精確的資料；然而，由於資料的搜集者與使用者，往往不同一人，或由於資料本身不盡

正確，或由於方程式以及複雜的計算過程，使計算的結果，可能發生若
干誤差，勢所難免。

例如上述旺旺公司的實例，以最小平方法的統計技術，預計固定製
造費用為 $650，直接人工每小時的變動製造費用為$2.70；然而，根據平
均值所求得的預計製造費用，與實際製造費用，可能發生若干誤差。此
項預計的**標準誤差** (standard error)，可藉下列公式求得：

$$s_e = \sqrt{\frac{\sum(y - y_e)^2}{n - 2}}$$ （公式16–3）

根據圖 16–1 所列示的資料，計算預計製造費用的標準誤差如下：

月份	(x) 直接人工時數	(y) 製造費用	(y_e) 預計製造費用	$(y - y_e)$ 誤差	$(y - y_e)^2$ 誤差平方
1	2,000	$ 6,500	$ 6,050*	$ 450	$ 202,500
2	2,500	7,200	7,400	−200	40,000
3	1,800	5,000	5,510	−510	260,100
4	2,000	6,200	6,050	150	22,500
5	2,300	6,920	6,860	60	3,600
6	2,400	7,000	7,130	−130	16,900
7	2,400	8,400	7,130	1,270	1,612,900
8	2,700	7,000	7,940	−940	883,600
9	2,100	6,000	6,320	−320	102,400
10	2,500	7,700	7,400	300	90,000
11	2,300	6,400	6,860	−460	211,600
12	2,600	8,000	7,670	330	108,900
合計	27,600	$82,320	$82,320	–0–	$3,555,000

*$650 + $2.70 × 2,000 = $6,050

餘類推

代入公式 16–3，計算標準誤差如下：

$$s_e = \sqrt{\frac{\$3,555,000}{12 - 2}}$$

$$= \$596.28$$

根據統計學的**常態分配率** (normal curve distribution probabilities)，**資料點** (data point)散佈於迴歸線的準確度如下：

加減標準誤差個數	準確度機率
1	68.27%
2	95.45%
3	99.73%

企業管理者可根據所欲達到的準確度，將所預計的製造費用，加減標準誤差個數。例如上述旺旺公司的管理者，預期 19B 年 1 月份的直接人工時數為 2,200 小時，並欲獲得 95.45% 的準確度，可預計該月份的製造費用上下限如下：

	預計 19B 年 1 月份製造費用（準確度95.45%）	
	上　限	下　限
調整前預計製造費用		
$650 + $2.70 × 2,200	$6,590.00	$ 6,590.00
加（減）：　2個標準誤差：		
$596.28 × 2	1,192.48	(1,192.48)
調整後預計製造費用	$7,782.48	$ 5,397.52

三、相關係數及測定係數

迴歸分析法除能依據各變數間的相關性，以預計成本外，另可提供各項有用的統計資料，協助企業管理者決定營業決策；例如相關係數及測定係數兩項，即為明顯的實例。所謂**相關係數** (correlation coefficient) r 乃衡量二個變數（其一為獨立變數，另一為非獨立變數）間相關性大小的標準，其數值介於$(+1)$ 與 (-1) 之間；　r的絕對值，表示其相關性

大小; 當 r 的絕對值越接近於 1, 表示其相關程度越大; 當 r 的絕對值越接近於零, 表示其相關程度越小。 r 的正負號, 分別表示正相關或負相關, 正相關表示兩個變數成同方向的變動, 負相關表示兩個變數成反方向的變動; 換言之, 當 $r = (+1)$ 時, 表示**完全正相關** (perfect postive correlation); 當 $r = (-1)$ 時, 表示**完全負相關** (perfect negative correlation); 當 $r = 0$ 時, 表示零相關。

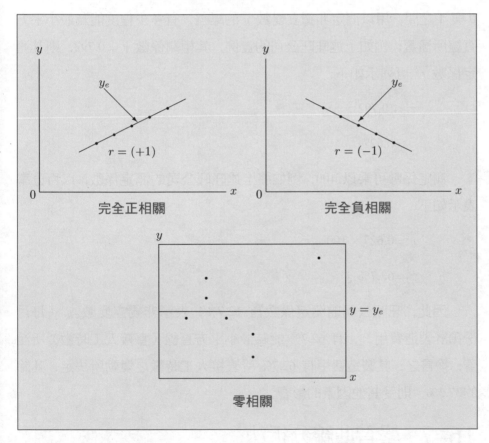

計算相關係數的公式如下:

$$r = b\sqrt{\frac{\sum X^2}{\sum Y^2}}$$

　　　　　　　　　　　　　　　　　　　　　　（公式16-4）

茲將表 16-3的資料, 代入公式 16-4, 計算相關係數如下:

$$r = (2.70) \sqrt{\frac{820,000}{9,511,200}}$$

$$= 0.792$$

上項計算結果，顯示製造費用（非獨立變數）與直接人工時數（獨立變數）的相關性程度為 0.792，距離完全直線配合的程度，尚差 0.208。

測定係數 (coefficient of determination)為相關係數的平方 (r^2)，介於 0 與 1 之間，用以測定非獨立變數 y 的離差，有多少程度能為最小平方直線所涵蓋；例如上述旺旺公司的實例，其相關係數 $r = 0.792$，則其測定係數 r^2 可列示如下：

$$r^2 = (0.792)^2$$

$$= 0.627$$

測定係數可乘以 100；例如將上述旺旺公司的測定係數，以百分率表示如下：

$$r^2 = 0.627 \times 100$$

$$= 62.7\%$$

因此，旺旺公司的測定係數為 62.7%，表示非獨立變數 y（每月份預計製造費用），有 62.7% 能為最小平方直線（直接人工時數）所涵蓋；換言之，其製造費用有 62.7% 受直接人工時數之變動所決定，其餘的37.3%，則受其他因素的影響。

16–7 學習曲線分析法

一、學習曲線的緣由

當工人反覆從事於同一項工作後，由於熟能生巧，不但可提高工作

效率，提早完工時間，而且能減少工作上的錯誤。此一事實，係由飛機製造業者於第二次世界大戰期間，分析大量生產製造過程中，發現工人對於生產效率與其經驗程度，呈現規則性的變化，人工時數隨工人熟悉工作程度的增進而遞減，此乃工人具有學習工作的能力與經驗累積的結果，故以**學習曲線** (learning curve) 或**經驗曲線** (experience curve)稱之。

企業於生產新產品、提供新服務項目，採用新生產方法、或僱用新員工時，學習曲線的現象，特別顯著。

二、學習曲線模式

學習曲線在於顯示每單位產量的人工時數，隨生產數量增加而減少的函數關係；此項函數關係，具有下列二種不同的表達模式：

1.累積平均時間學習模式

在累積平均時間學習模式 (cumulative average-time learning model)之下，當產量累積數加倍時，每單位產量之人工累積平均時間，將按固定的百分率而減少。

學習曲線通常以人工時數減少百分率的補數 (complement) 來命名；例如當人工時數減少 20%時，稱為 80% 學習曲線。

在 80% 學習曲線的情況下，當產量累積數加倍時，每單位產量之人工累積平均時間，將為產量加倍前每單位產量之人工累積平均時間的 80%；茲列示其關係如下：

產量累積數 (x)	每單位產量之人工累積平均時間(y)
x	$y_1(a)$
$2x$	$y_2 = 80\%y_1$
$4x$	$y_4 = 80\%y_2$

設環球電子公司，擬設計一套專為太空船、飛機、及潛水艇應用的

導航系統；直接人工符合 80% 學習曲線模式。製造第一單位所需直接人工為 1,250 小時；如產量加倍時，則二單位產品的累積平均直接人工為 1,000 小時，計算如下：

$$y_1 = 1,250$$

$$y_2 = 1,250 \times 80\% = 1,000$$

$$t_2 = 1,000 \times 2 = 2,000$$

換言之，生產第二單位的直接人工僅為 750 小時，計算如下：

$$m_2 = t_2 - t_1$$

$$= 2,000 - 1,250$$

$$= 750$$

當產量累積增加為 4 單位時，有關數字計算如下：

$$y_4 = 80\% \times 1,000 = 800$$

$$t_4 = 800 \times 4 = 3,200$$

$$m_3 + m_4 = 1,200(3,200 - 2,000; \text{或} 634 + 566)$$

茲以數學方式列示累積平均時間學習模式的計算如下：

$$y = aX^b$$

y ＝ 生產 x 單位每單位產量所需人工累積平均時間

a ＝ 生產第一單位所需人工時間

x ＝ 產量累積數

b ＝ 學習曲線指數；80% 學習曲線指數為 $-.322$，係根據下列對數計算求得：

$$\log y = \log a + b \log x$$

茲將上述環球電子公司有關人工時數，予以列表如下：

累積平均時間學習模式

產量累積數 (x) (1)	每單位產量之人工累積平均時間 (y) (2)	人工時間累積數 (t) (3)=(1)×(2)	邊際時間 (m) (4)
1	$y_1 = 1,250$	$t_1 = 1,250$	$m_1 = 1,250$
2	$y_2 = 1,000(1,250 \times 80\%)$	$t_2 = 2,000$	$m_2 = 750$
3	$y_3 = 878$	$t_3 = 2,634$	$m_3 = 634$
4	$y_4 = 800(1000 \times 80\%)$	$t_4 = 3,200$	$m_4 = 566$
5	$y_5 = 745$	$t_5 = 3,725$	$m_5 = 525$
6	$y_6 = 702$	$t_6 = 4,212$	$m_6 = 487$
7	$y_7 = 668$	$t_7 = 4,676$	$m_7 = 464$
8	$y_8 = 640(800 \times 80\%)$	$t_8 = 5,120$	$m_8 = 444$

根據上列資料，環球電子公司人工累積平均時間學習模式之圖形，可予列示如下：

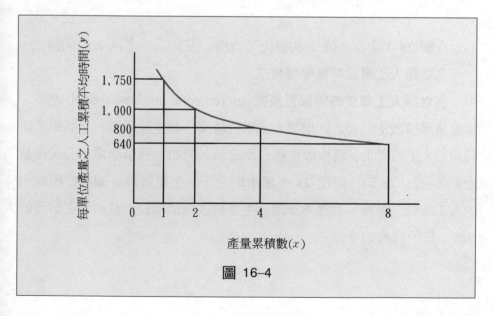

圖 16–4

　　在圖 16–4中，　y 隨 x 的變化而改變；因此，　y 為 x 的函數。又 t 隨 x 而改變的情形，以圖形列示如下：

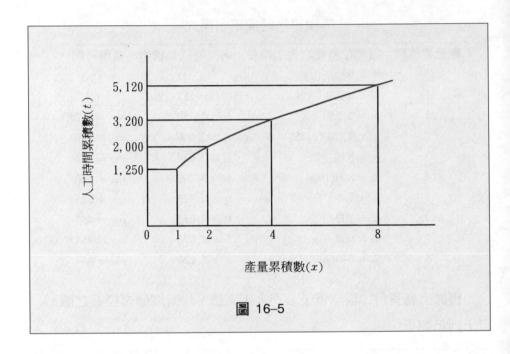

圖 16–5

　　在圖 16–5 中，　t 隨 x 的變化而改變；因此，　t 亦為 x 的函數。

　2.增額人工單位時間學習模式

　　在**增額人工單位時間學習模式** (incremental unit-time model) 之下，當產量累積數加倍時，則增額人工單位時間（即生產最後一產品單位所耗用的人工時間），將按固定百分率遞減。例如上述環球電子公司產量由 x 加倍為 $2x$ 時，則在 $2x$ 生產水準之下，生產最後一個單位所耗用的人工時間，將為 x 生產水準時，生產最後一個單位所耗用人工時間的80%。茲予列表如下：

增額人工單位時間學習模式

產量累積數 (x) (1)	生產第 x 單位之人工時間 (y) (2)	人工時間累積數 (t) (3)	人工時間累積平均數 (A) (4)=(3)÷(1)
1	$y_1 = 1,250$	$t_1 = 1,250$	$A_1 = 1,250$
2	$y_2 = 1,000(1,250 \times 80\%)$	$t_2 = 2,250$	$A_2 = 1,125$
3	$y_3 = 878$	$t_3 = 3,128$	$A_3 = 1,043$
4	$y_4 = 800(1,000 \times 80\%)$	$t_4 = 3,928$	$A_4 = 982$
5	$y_5 = 745$	$t_5 = 4,673$	$A_5 = 935$
6	$y_6 = 702$	$t_6 = 5,375$	$A_6 = 896$
7	$y_7 = 668$	$t_7 = 6,043$	$A_7 = 863$
8	$y_8 = 640(800 \times 80\%)$	$t_8 = 6,683$	$A_8 = 835$

　　根據上列資料，環球電子公司增額人工單位時間學習模式的圖形，予以列示如下：

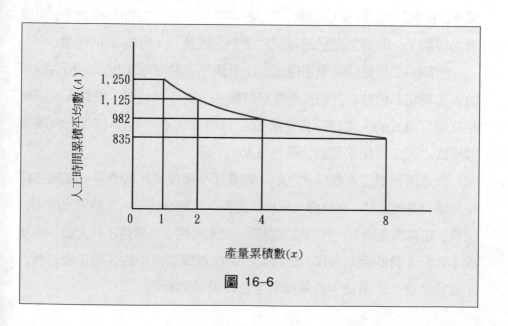

圖 16-6

　　圖16-6 顯示人工時間累積平均數 (A)，隨產量累積數 (x) 的增加而

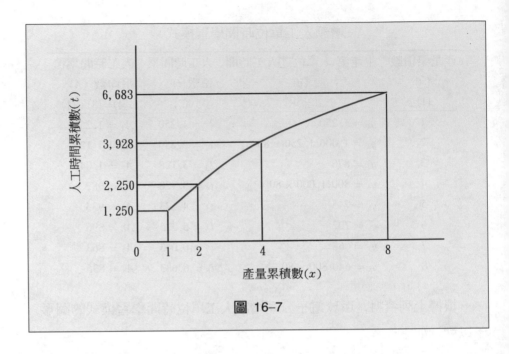

圖 16-7

減少; 因此, A 為 x 的函數。又圖 16-7 中, 人工時間累積數 (t) 隨產量累積數 (x) 的增加而呈遞減式的增加; 因此, t 亦為 x 的函數。

增額人工單位時間學習模式, 比累積平均時間學習模式, 預估較多的人工時間累積數; 例如當產量累積數 (x) 為 4 單位時, 增額人工單位時間學習模式的人工時間累積數 (t_4) 為3,928 小時, 而累積平均時間學習模式之人工時間累積數, 僅為 3,200 小時。

上述兩種學習曲線模式之中, 究竟那一種模式比較合理? 要回答此一問題的主要關鍵, 在於那一種模式能預估比較準確的人工時間及成本。況且, 在實際應用上, 有賴於工程師、工廠經理、各單位工作人員、以及成本會計人員的通力合作, 記錄並提供在實際工作中的各項正確資料, 才能協助會計人員決定對兩種學習曲線模式的取捨。

三、學習曲線的應用

在一項產品的產銷過程中，時間因素常居於重要地位。學習現象發生於具有時間因素的場合中；因此，任何一項受時間因素影響的成本（包括人工成本及隨人工時數呈正比例變化的各項人工成本），都會受學習現象的影響。

一般言之，由於學習曲線具有預測成本的基本功能，使它可應用於下列各方面：

1.成本估計與規劃

成本估計與規劃，為學習曲線最重要的功能之一，使它成為一項極有價值的管理工具。管理者可根據學習曲線，估計或規劃有關人工或人工相關成本的預算，或制定各項成本標準，提供成本控制的依據。

設上述環球電子公司每設計一套導航系統時，預計各項變動成本如下：

直接原料：每單位$20,000，於開工時一次領用。

直接人工：每小時$20。

製造費用：每單位產品於開工時即一次耗用$5,000外，另按直接人工成本的 60% 計算。

產品單位 (1)	直接原料 (2)	直接人工 (3)	製造費用 (4)	變動成本合計 (5)=(2)+(3)+(4)
#1	$20,000	$20 × 1,250 = $25,000	$5,000 +(3)×60%= $20,000	$ 65,000
#2	20,000	20 × 750 = 15,000	5,000 +(3)×60%= 14,000	49,000
#3	20,000	20 × 634 = 12,680	5,000 +(3)×60%= 12,608	45,288
#4	20,000	20 × 566 = 11,320	5,000 +(3)×60%= 11,792	43,112
合計	$80,000	$64,000	$58,400	$202,400

此外，學習曲線也可預估兩項產量累積數之間的人工時數，進而預計最後一批產品的變動成本。

茲假定上述環球電子公司，於剛完成第一批四套導航系統後，另接到一項 4 單位相同產品的訂單；此項訂單所須直接人工時數，可予預計如下：

產量累積數 (x)	人工時間累積數 (t)
8	5,120
4	3,200
4	1,920

於求得上項新訂單 4 單位所須耗用的直接人工 1,920 小時後，可進一步預計其變動成本合計數如下：

產品單位 (1)	直接原料 (2)	直接人工 (3)	製造費用 (4)	變動成本合計 (5)=(2)+(3)+(4)
4	$80,000	$20 × 1,920 = $38,400	$20,000*+(3)×60%=$43,040	$161,440

*$5,000 \times 4 = \$20,000$

2.評估存貨價值

設上述環球電子公司於期末時，第四單位產品僅完工 50%，其存貨價值，可予評估如下：

	存貨價值
直接原料	$20,000
直接人工： $20 × 566 × 50%	5,660
製造費用： $5,000 + $5,660 × 60%	8,396
存貨價值合計	$34,056

3.決定營業決策

企業擬生產一項新產品或承接新訂單時，往往僅考慮其變動成本

（攸關成本），不計及固定成本（無關成本）。因此，當管理者於決定是否生產新產品，或承接新訂單時，如其售價小於變動成本，通常是無法接受的；然而，由於學習現象的存在，將使變動成本隨產量的增加而遞減；一旦變動成本小於售價時，使企業生產新產品或承接新訂單的營業決策，由不利變成有利的現象。

設上述環球電子公司之例，剛開始設計第一套導航系統的總變動成本為 $65,000，當時每套售價$55,000；乍見之下，變動成本大於售價$10,000，是一項不利的交易行為。然而，當生產擴大之後，由於學習曲線的影響，使變動成本一路遞減，至生產最後一批新訂單四單位的總變動成本為$161,440，每單位平均變動成本降為$40,360，如果每套售價仍為$55,000時，則承接該項新訂單成為極有利的交易。

4.考核工作績效

企業管理人員，可經由學習曲線，而預先制定各項人工時間及成本標準，並於事後定期提出工作績效報告，俾與預定的目標互相比較，發現差異的存在，進一步分析差異的原因，尋求改進的方法，藉以考核員工的工作績效，以達成控制成本的目標。

本章摘要

企業管理者於經營管理的過程中，經常面臨下列各項決策的抉擇：(1)擴充營業，(2)購置特定設備，(3)對外投標，(4)利潤規劃，(5)生產新產品、採用新的生產方法、或僱用新進人員等。為達成最佳的抉擇，企業管理者往往需要預估成本；成本預估的方法，通常有下列六種：(1)帳戶分析法，(2)工程估計法，(3)散佈圖法，(4)高低點法，(5)迴歸分析法，(6)學習曲線分析法。

帳戶分析法乃個別辨認會計記錄中的每一個成本帳戶，究竟屬於固定成本或變動成本？採用帳戶分析法時，成本會計人員必須洞悉各項決策的內容與過程，尤其是對於各項成本與成本標的之關係，更要深切瞭解。一旦獲悉固定及變動成本的因素後，即可據以預估未來在某一營運水準下的總成本。採用帳戶分析法的最大優點，在於應用時極為簡單；惟能否獲得正確的預估效果，則端賴會計人員的經驗及判斷；因此，採用此法時，要極力避免個人主觀的判斷而導致偏差。

工程估計法乃秉持謹慎的態度，透過時間研究及動作分析的方法，仔細衡量工作中各個環節所需要的工作時間及成本，基於這些特定的觀察與分析，使工程人員可預估未來各種特定情況下應有的成本。工程估計法的優點，在於能將完成一項作業所需要的詳細步驟，逐一臚列，對於公司的作業內容及程序，提供事後檢討與改進的作用。工程估計法的劣點，在於耗費往往過大，而其所根據的營運計劃，未必能完全符合未來的實際情況。

散佈圖法及高低點法，均以過去的成本習性，及它與營運活動的相互關係，來估計未來在某特定營運水準之下，可能發生的成本；此項以過去的資料來預計未來的成本，在應用上，實具有一定的極限。

　　散佈圖法將過去的成本觀察值，沿著縱軸而繪製，而將代表各種營運水準的生產單位，沿著橫軸而繪製；藉著成本觀察值的散佈圖，繪出其趨勢線，延伸趨勢線交點於縱軸，求得固定成本，再進而求得變動成本。

　　高低點法係以最高與最低營運水準的成本差異，除以最高與最低營運水準的數量差異，求得每一單位變動成本率；此項變動成本率，可藉著連接高低點線間的斜率而顯示之。固定成本則由最高點或最低點營運水準的總成本，扣除其變動成本後而求得之。高低點法的最大優點，在於應用上既簡單又方便，而且能避免主觀上的判斷；其劣點則在於高低點往往無法代表實際的作業情況，而導致偏差。

　　迴歸分析法或稱最小平方法，也如同散佈圖法一樣，根據過去的資料來估計未來的成本；但它與高低點法不同；蓋後者僅根據最高點與最低點而已，至於迴歸分析法，則係根據所有的資料點，以估計未來某特定營運水準下的成本數額。在迴歸分析法之下，首先將各項觀察值資料，繪製於散佈圖上，然後以數學方法，求出最適當的趨勢線，使此一線段至各觀察值間之差異的平方和最小。在迴歸分析法之下，最重要者，必須深切瞭解獨立變數（自變數），如何影響非獨立變數（因變數），俾應用兩者之間的關係，以預計未來的成本。預計成本難免發生若干誤差，企業管理者可根據所欲達成的準確度，將業已預計的成本數字，加減若干個標準誤差。

　　學習曲線為一項非線型的成本函數；蓋人工時間並不能很準確地隨營運水準高低，始終維持一定的函數關係。在累積平均時間學習曲線之下，當產量累積數加倍時，每單位產量之人工累積平均時間，將按固定的百分率而減少；在增額人工單位時間學習曲線之下，當產量累積數加倍時，則增額人工單位時間（即生產最後一個產品單位所耗用的人工時間），將按固定百分率遞減。總而言之，由於學習曲線現象的存在，使產品的人工單位成本，將隨產量的增加（有一定的極限）而逐漸減少；因

此，企業管理者於預計未來成本時，必須將學習曲線的因素。予以考慮在內。

本章編排流程

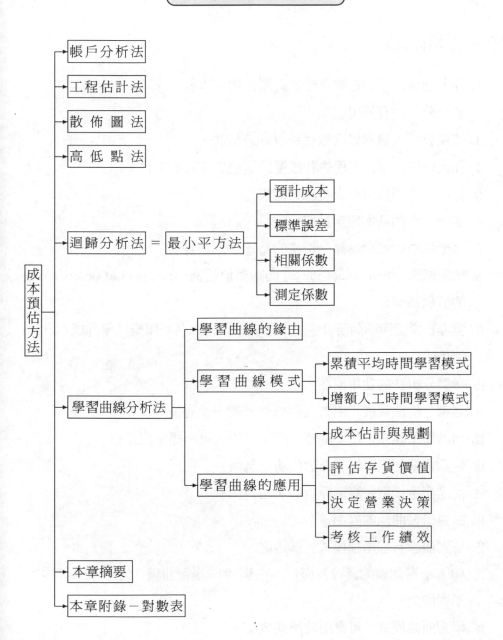

習 題

一、問答題

1. 在何種情況下，企業管理者必須預估成本？

2. 會計分析法有何優劣點？

3. 資深會計人員何以喜歡採用會計分析法？

4. 在何種情況下，工程估計法優於其他成本預計方法？

5. 何以散佈圖法常令人有因人而異之感？

6. 高低點法的基本假定為何？

7. 高低點法與簡單迴歸分析法的基本不同何在？

8. 營運範圍 (the relevant range) 與觀察值範圍 (the range of observation) 的關係為何？

9. 當非正常營運期間所發生之成本資料，何以必須摒棄於預計成本之範圍內？

10. 迴歸分析法的功用何在？

11. 迴歸分析法與最小平方法何以被一般人交替使用？

12. 何謂標準誤差？為正確預計成本，如何應用標準誤差？

13. 何謂相關係數？相關係數的功用為何？

14. 何謂測定係數？測定係數的功用為何？

15. 試述學習曲線的緣由。

16. 學習曲線有那兩種模式？試述之。

17. 80% 學習曲線的涵義為何？ 80%與 90%學習曲線，何者顯示較佳之學習能力？

18. 學習曲線模式，可應用於那些成本？

19. 學習曲線具有何種功能?

二、選擇題

16.1　簡單迴歸分析涉及下列那些變數:

	非獨立變數	獨立變數
(a)	一個	無
(b)	一個	一個
(c)	一個	二個
(d)	無	二個

16.2　下列那一種方法, 可用於預估存貨的收儲費用, 同時會受搬運次數
　　　及材料處理重量多寡的雙重影響?

(a)經濟訂購量分析。

(b)或然率分析。

(c)相關分析。

(d)複迴歸分析。

16.3　F公司採用迴歸分析法, 並繪製下列圖形, 以顯示其低級 (最便宜)
　　　產品銷貨收入與客戶所得水準的關係:

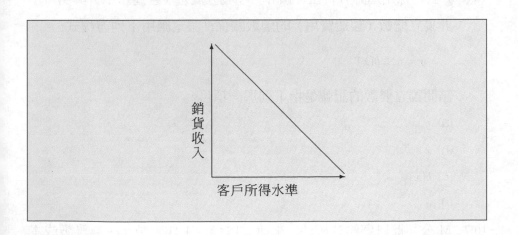

假定低級產品銷貨收入與客戶所得水準之間，存在著極為強烈的相關性，下列那一項相關係數最能顯示上述兩者之間的關係?

(a) −9.00

(b) −0.93

(c) +0.93

(d) +9.00

16.4 複迴歸分析涉及下列那些變數:

	非獨立變數	獨立變數
(a)	一個	多於一個
(b)	多於一個	多於一個
(c)	多於一個	一個
(d)	一個	一個

16.5 複迴歸分析:

(a)建立一項因果關係。

(b)非為一項樣本技術。

(c)僅涉及使用獨立變數而已。

(d)能衡量可能發生的誤差。

16.6 P 公司採用迴歸分析法，預計一項獨立變數（營運水準）與另一項非獨立變數（製造費用）的函數關係; 假定應用下列方程式:

$$y = a + b(x)$$

請問獨立變數的記號是指下列那一項目?

(a) y

(b) x

(c) $b(x)$

(d) a

16.7 M 公司擬以迴歸分析法，來建立以機器工作時數 (x) 為維護成本

(y) 函數關係的迴歸方程式。下列方程式，係經由 30 個月觀察值及一個測定係數決定值 0.90 所建立而成：

$$y = \$6,000 + \$10.50x$$

假定某月份機器工作時數為 1,000 小時，請預估其維護成本總額應為若干?

(a)$16,500

(b)$14,850

(c)$10,500

(d)$9,450

16.8　J 公司編製 1997 年度的彈性預算時，必須將廠內過去幾個月份的成本，予以劃分為固定及變動的因素。已知 1996 年後半年各月份成本及其直接人工時數的資料如下：

月份	成本	直接人工時數
7	$ 31,700	1,500
8	26,800	1,025
9	32,740	1,450
10	39,600	1,825
11	35,200	1,335
12	37,000	1,325
合計	$203,040	8,460

假定 J 公司採用高低點法分析固定及變動成本；預計變動成本應為若干?

(a)$16.00

(b)$21.68

(c)$23.28

(d)$24.00

16.9 S 公司採用迴歸分析法, 擬建立預計製造費用的數學方程模式; 該公司考慮選擇機器工作時數或直接原料重量, 作為衡量營運水準的基礎。透過電腦計算後的有關資料如下:

	機器工作時數	直接原料重量
固定成本/Y 軸交點: a	$2,500	$4,600
變動成本率: b	5.00	2.60
測定係數: r^2	0.70	0.50

請問 S 公司應採用下列那一項迴歸方程式較為適當?

(a) $y = \$2,500 + \$5.00x$

(b) $y = \$2,500 + \$3.50x$

(c) $y = \$4,600 + \$2.60x$

(d) $y = \$4,600 + \$1.30x$

下列資料用於解答第 16.10 題至第16.14 題的根據:

T 公司擬生產新產品, 每單位售價$6; 第一年度生產100,000 單位的預計製造成本如下:

直接原料	$50,000
直接人工	$40,000 (10,000 小時@$4.00)

新產品的製造費用尚未預計, 惟過去 24 個月份有關總產量及製造費用, 已經按簡單迴歸分析法, 加以研究。下列各項資料係經由簡單迴歸分析的結果, 可提供為預計新產品製造費用的根據:

> 非獨立變數: 製造費用
> 獨立變數: 直接人工時數
> Y 軸交點: $40,000
> 變動率 (每一直接人工時數): $2.10
> 相關係數 (r): 0.953
> 相關係數平方 (r^2): 0.908

16.10 用於測定非獨立變數 y (製造費用) 能為最小平方直線所涵蓋的百分率, 究竟為若干?

(a) 90.8%

(b) 42%

(c) 48.8%

(d) 95.3%

16.11 假定直接人工時數為 20,000 小時，預計製造費用應為若干？

(a)$42,000

(b)$82,000

(c)$122,000

(d)$222,000

16.12 第一年生產新產品 100,000 單位，每單位產品的預期邊際貢獻應為若干？（假定銷管費用均為固定成本）。

(a)$4.49

(b)$4.89

(c)$3.00

(d)$5.10

16.13 採用迴歸分析法以預計變動製造費用，新產品每單位變動製造成本應為若干？（假定直接原料及其直接人工均為變動成本）。

(a)$0.90

(b)$1.11

(c)$1.50

(d)$3.00

16.14 假定以 x 代表產量，則預計製造成本的方程式為何？

(a) $y = \$40,000 + \$1.11x$

(b) $y = \$40,000 + \$3.00x$

(c) $y = \$130,000 + \$2.10x$

(d)以上皆非

（美國管理會計師考試試題）

三、計算題

16.1 大智公司每月份正常生產能量，在 1,600 至 2,400標準生產小時之間；標準生產能量為 2,000 標準生產小時；在兩極限生產水準下之製造費用如下：

	每月標準生產小時	
	1,600 小時	2,400 小時
間接人工	$18,000	$22,000
工廠物料	1,600	2,400
機器修理及維持費	1,300	1,700
熱力與燈光	1,000	1,000
動力	8,000	12,000
廠房租金及維持費	2,000	2,000
折舊—機器	6,500	6,500
小工具	1,600	2,400
合　計	$40,000	$50,000

試求： 請用高低點法劃分間接人工、機器修理及維持費二項半變動成本，並分別列示 1,600小時、 1,800小時、 2,000小時、及 2,400小時之下，該二項半變動成本之總額。

16.2 下列為大仁公司 19A 年前 8 個月份的產量及其製造成本：

月份	產量（千單位）	製造成本（千元）
1	60	$ 70
2	70	80
3	80	70
4	80	80
5	80	90
6	90	80
7	80	80

8	100	90
合計	640	$640

試求:

(a)將成本按最小平方法劃分為固定及變動的因素。

(b)按(a)所求得的資料，預計產量在 90,000 單位之製造成本。

16.3 大勇公司 19A 年 1 至10 月份，有關銷貨收入及其半變動銷售費用的資料如下:

月份	銷貨收入（千元）	銷售費用（千元）
1	$ 52	$ 10
2	55	11
3	60	12
4	68	13
5	70	14
6	68	13
7	70	13
8	82	14
9	85	14
10	90	16
	$700	$130

試用最小平方法計算銷售費用的固定及變動因素。

16.4 大文公司 19A 年 1 至4 月份直接人工時數及生產成本資料如下:

月份	直接人工時數	製造成本
1	2,500	$ 20,000
2	3,500	25,000
3	4,500	30,000
4	3,500	25,000
合計	14,000	$100,000

試求:

(a)按下列方法劃分每月份固定及變動成本的因素:

⑴高低兩點法, ⑵最小平方法。

(b)以(a)所求得的資料, 預計在下列各種情況下的製造成本:

⑴ 3,000 直接人工小時, ⑵ 4,000 直接人工小時。

16.5 大武公司 19A 年及 19B 年度依實際成本所編製之簡明損益表如下:

	19A 年度	19B 年度
銷貨收入: 每單位$20	$200,000	$160,000
銷貨成本	140,000	118,000
銷貨毛利	$ 60,000	$ 42,000
銷管費用	42,000	46,000
淨利（損）	$ 18,000	$ (4,000)

另悉下列資料:

1.19B 年的售價未變動。

2.19B 年的成本結構（製造與銷管費用）、投入因素的價格均維持不變, 固定成本及費用, 亦未因數量減少而降低。

3.銷管費用除按銷貨收入之5% 付給銷貨員外, 其餘均屬固定成本。

4.19B 年之製造成本, 均未超出預算限額, 此項預算限額係根據 19A 年加以估計而得。

5.19B 年之存貨並無重大改變。

試求:

(a)每單位產品的變動成本。

(b)每年固定製造成本。

(c)每單位產品的銷管費用。

⑷ 19B 年固定銷管費用的限額。

16.6 大華飯店管理當局，對於旅客居住日數與電費關係，以及分析電費為固定與變動的因素，頗感興趣。下列資料係摘自該飯店 19A 年度帳上的記錄:

月份	旅客居住日數*	電　費
1	1,000	$　400
2	1,500	500
3	2,500	500
4	3,000	700
5	2,500	600
6	4,500	800
7	6,500	1,000
8	6,000	900
9	5,500	900
10	3,000	700
11	2,500	600
12	3,500	800
合計	42,000	$8,400

*旅客居住人數 × 居住日數

試求: 請按下列(a)、(b)、(c)三種方法，劃分電費為固定及變動的因素

(a)高低點法。

(b)散佈圖法（附觀察趨勢線）。

(c)最小平方法。

(d)估計標準誤差。

16.7 大剛公司為計劃 19B 年度之利潤，搜集各項資料，以預計其維護費; 會計主任建議採用迴歸分析法，俾建立維護費的方程模式如下:

$$y = a + b(x)$$

19A 年度機器工作時數及維護費之資料如下:

月份	機器工作時數	維護費
1	480	$4,200
2	320	3,000
3	400	3,600
4	300	2,820
5	500	4,350
6	310	2,960
7	320	3,030
8	520	4,470
9	490	4,260
10	470	4,050
11	350	3,300
12	340	3,160

試求:

(a)假定大剛公司採用高低點法, 則請列示預計維護費的方程模式。

(b)假定大剛公司採用迴歸分析法, 請計算下列各項:

(1) b (維護費之變動率)

(2) a (固定維護費)

(3) s_e (標準誤差)

(4) r (相關係數)

(5) r^2 (測定係數)

(美國管理會計師考試試題)

16.8 大安公司製造電器零件, 製造部經理經常面臨每月份製造費用起伏波動的問題; 企業管理者為準確預計其製造費用, 俾配合營業計劃及財務需要。公司財務經理建議採用迴歸分析法, 以建立製造費用習性之基本方程模式, 乃搜集過去一年期間機器工作時數與製

造費用之觀察值如下：

月份	機器工作時數	製造費用
1	20,000	$84,000
2	25,000	99,000
3	22,000	89,500
4	23,000	90,000
5	20,000	81,500
6	18,000	75,000
7	14,000	70,500
8	10,000	64,500
9	12,000	69,000
10	17,000	75,000
11	16,000	72,000
12	19,000	78,000

試求：

　(a)請用高低點法建立製造費用之成本預計方程模式。

　(b)如改採用迴歸分析法，請計算下列各項：

　　(1) b （製造費用變動率）

　　(2) a （固定製造費用）

　　(3) s_e （標準誤差）

　　(4) r （相關係數）

　　(5) r^2 （測定係數）

　(c)請列示機器工作時數 22,500 小時製造費用的成本預計方程模式。

（美國會計師考試試題）

16.9 大高雄造船公司從事遠洋漁船的製造事業，接受客戶第一批訂單八艘漁船；裝配工作可用偏重人工或偏重機器兩種方法，其有關資料如下：

	偏重人工方法	偏重機器方法
1.每單位直接原料	$600,000	$540,000
2.每單位直接人工	第一單位耗用直接人工 8,000 小時；產量累積數加倍時，每單位產量人工累積平均時間，為產量加倍前每單位產量人工累積平均時間之 85%（學習曲線指數為 −0.2345）；直接人工每小時$450。	第一單位耗用直接人工 3,200小時；產量累積數加倍時，增額人工單位時間將按90%遞減（學習曲線指數為 −0.1520）；直接人工每小時$450。

3.製造費用包括:

 (Ⅰ)設備相關的製造費用: 每直接人工　　　　　每直接人工小時$680。
 　　小時$180。

 (Ⅱ)原料相關的製造費用: 按直接原料　　　　　按直接原料50% 計算。
 　　50% 計算。

試求:

　(a)請計算第一批訂單八艘漁船所耗用的直接人工時數:

　　⑴偏重人工方法。

　　⑵偏重機器方法。

　(b)請計算第一批訂單八艘漁船的製造成本:

　　⑴偏重人工方法。

　　⑵偏重機器方法。

附 錄

對數表(1)

N	0	1	2	3	4	5	6	7	8	9
10	0000	0043	0086	0128	0170	0212	0253	0294	0334	0374
11	0414	0453	0492	0531	0569	0607	0645	0682	0719	0755
12	0792	0828	0864	0899	0934	0969	1004	1038	1072	1106
13	1139	1173	1206	1239	1271	1303	1335	1367	1399	1430
14	1461	1492	1523	1553	1584	1614	1644	1673	1703	1732
15	1761	1790	1818	1847	1875	1903	1931	1959	1987	2014
16	2041	2068	2095	2122	2148	2175	2201	2227	2253	2279
17	2304	2330	2355	2380	2405	2430	2455	2480	2504	2529
18	2553	2577	2601	2625	2648	2672	2695	2718	2742	2765
19	2788	2810	2833	2856	2878	2900	2923	2945	2967	2989
20	3010	3032	3054	3075	3096	3118	3139	3160	3181	3201
21	3222	3243	3263	3284	3304	3324	3345	3365	3385	3404
22	3424	3444	3464	3483	3502	3522	3541	3560	3579	3598
23	3617	3636	3655	3674	3692	3711	3729	3747	3766	3784
24	3802	3820	3838	3856	3874	3892	3909	3927	3945	3962
25	3979	3997	4014	4031	4048	4065	4082	4099	4116	4133
26	4150	4166	4183	4200	4216	4232	4249	4265	4281	4298
27	4314	4330	4346	4362	4378	4393	4409	4425	4440	4456
28	4472	4487	4502	4518	4533	4548	4564	4579	4594	4609
29	4624	4639	4654	4669	4683	4698	4713	4728	4742	4757
30	4771	4786	4800	4814	4829	4843	4857	4871	4886	4900
31	4914	4928	4942	4955	4969	4983	4997	5011	5024	5038
32	5051	5065	5079	5092	5105	5119	5132	5145	5159	5172
33	5185	5198	5211	5224	5237	5250	5263	5276	5289	5302
34	5315	5328	5340	5353	5366	5378	5391	5403	5416	5428
35	5441	5453	5465	5478	5490	5502	5514	5527	5539	5551
36	5563	5575	5587	5599	5611	5623	5635	5647	5658	5670
37	5682	5694	5705	5717	5729	5740	5752	5763	5775	5786
38	5798	5809	5821	5832	5843	5855	5866	5877	5888	5899
39	5911	5922	5933	5944	5955	5966	5977	5988	5999	6010
40	6021	6031	6042	6053	6064	6076	6085	6096	6107	6117
41	6128	6138	6149	6160	6170	6180	6191	6201	6212	6222
42	6232	6243	6253	6263	6274	6284	6294	6304	6314	6325
43	6336	6345	6355	6365	6375	6385	6395	6405	6415	6425
44	6435	6444	6454	6464	6474	6484	6493	6503	6513	6522
45	6532	6542	6551	6561	6571	6580	6590	6599	6609	6618
46	6628	6637	6646	6656	6665	6675	6684	6693	6702	6712
47	6721	6730	6739	6749	6758	6767	6776	6785	6794	6803
48	6812	6821	6830	6839	6848	6857	6866	6875	6884	6893
49	6902	6911	6920	6928	6937	6946	6955	6964	6972	6981
50	6990	6998	7007	7016	7024	7033	7042	7050	7059	7067
51	7076	7084	7093	7101	7110	7118	7126	7135	7143	7152
52	7160	7168	7177	7185	7193	7202	7210	7218	7226	7235
53	7243	7251	7259	7267	7275	7284	7292	7300	7308	7316
54	7324	7332	7340	7348	7356	7364	7372	7380	7388	7396

對數表(2)

N	0	1	2	3	4	5	6	7	8	9
55	7404	7412	7419	7427	7543	7443	7451	7459	7466	7474
56	7482	7490	7497	7505	7513	7520	7528	7536	7543	7551
57	7559	7566	7574	7582	7589	7597	7604	7612	7619	7627
58	7634	7642	7649	7657	7664	7672	7679	7686	7694	7701
59	7709	7716	7723	7731	7738	7745	7752	7760	7767	7774
60	7782	7789	7796	7803	7810	7818	7825	7832	7839	7846
61	7853	7860	7868	7875	7882	7889	7896	7903	7910	7917
62	7924	7931	7938	7945	7952	7959	7966	7973	7980	7987
63	7993	8000	8007	8014	8021	8028	8035	8041	8048	8055
64	8062	8069	8075	8082	8089	8096	8102	8109	8116	8122
65	8129	8136	8142	8149	8156	8162	8169	8176	8182	8189
66	8195	8202	8209	8215	8222	8228	8235	8241	8248	8254
67	8261	8267	8274	8280	8287	8293	8299	8306	8312	8319
68	8325	8331	8338	8344	8351	8357	8363	8370	8376	8382
69	8388	8395	8401	8407	8414	8420	8426	8432	8439	8445
70	8451	8457	8463	8470	8476	8482	8488	8494	8500	8506
71	8513	8519	8525	8531	8537	8543	8549	8555	8561	8567
72	8573	8579	8585	8591	8597	8603	8609	8615	8621	8627
73	8633	8639	8645	8651	8657	8663	8669	8675	8681	8686
74	8692	8698	8704	8710	8716	8722	8727	8733	8739	8745
75	8751	8756	8762	8768	8774	8779	8785	8791	8797	8802
76	8808	8814	8820	8825	8831	8837	8842	8848	8854	8859
77	8865	8871	8876	8882	8887	8893	8899	8904	8910	8915
78	8921	8927	8932	8938	8943	8949	8954	8960	8965	8971
79	8976	8982	8987	8993	8998	9004	9009	9015	9020	9025
80	9031	9036	9042	9047	9053	9058	9063	9069	9074	9079
81	9085	9090	9096	9101	9106	9112	9117	9122	9128	9133
82	9138	9143	9149	9154	9165	9165	9170	9175	9180	9186
83	9191	9196	9201	9206	9212	9217	9222	9227	9232	9238
84	9243	9248	9253	9258	9263	9269	9274	9279	9284	9289
85	9294	9299	9304	9309	9315	9320	9325	9330	9335	9340
86	9345	9350	9355	9360	9365	9370	9375	9380	9385	9390
87	9395	9400	9405	9410	9415	9420	9425	9430	9435	9440
88	9445	9450	9455	9460	9465	9469	9474	9479	9484	9489
89	9494	9499	9504	9509	9513	9518	9523	9528	9533	9538
90	9542	9547	9552	9557	9562	9566	9571	9576	9581	9586
91	9590	9595	9600	9605	9609	9614	9619	9624	9628	9633
92	9638	9643	9647	9652	9657	9661	9666	9671	9675	9680
93	9685	9689	9694	9699	9703	9708	9713	9717	9722	9727
94	9731	9736	9741	9745	9750	9754	9759	9763	9768	9773
95	9777	9782	9786	9791	9795	9800	9805	9809	9814	9818
96	9823	9827	9832	9836	9841	9845	9850	9854	9859	9863
97	9868	9872	9877	9881	9886	9890	9894	9899	9903	9908
98	9912	9917	9921	9926	9930	9934	9939	9943	9948	9952
99	9956	9961	9965	9969	9974	9978	9983	9987	9991	9996

第十七章　成本—數量—利潤分析(上)

● 前　言 ●

　　每一個企業的管理者及會計人員，對於該企業的產品成本、售價、數量、及利潤間的關係，必須要深切瞭解；蓋任何一項因素的改變，會連帶影響到其他因素。例如某公司於增加一項廣告費支出之前，必須先要瞭解耗用該項廣告費後，銷貨量會增加若干？是否能產生足夠的邊際貢獻（售價超過變動成本的部份）？此項邊際貢獻於收回固定成本後，是否尚有剩餘？剩餘若干？

　　規劃與控制為企業管理上兩項重要功能；規劃著重於未來的目標，因具有不確定性，故必須根據各項既存的資訊及其相互間關係，加以推測，以減少風險。控制則將執行後的實際結果，與原來的規劃互相比較，俾達成其預定的規劃目標。

　　本章在於闡明成本、數量、及利潤的關係；蓋任何一項因素的改變，將引起其他因素的改變。瞭解各項因素相互間的關係，必有助於預測未來的情況，以完成管理上規劃未來的任務；此外，對於實際執行的結果，必須與原來的計劃互相比較，進而解釋並評估其執行效果，而達到管理上控制成本的目標。

17–1   傳統損益表的缺點及其改進方法

一、傳統損益表的缺點

　　傳統損益表的基本功能，在於明確顯示一企業過去的經營成果；此項經營成果，係以銷貨收入減去所負擔的總成本後的餘額，表示某一特定期間的損益。就股東及稅捐機關的立場而言，傳統損益表確能提供正確而可靠的歷史資料，以滿足投資人及稅捐機關的需要。

　　惟就管理者的立場而言，其所關心的，不只是企業過去的事實而已，更重要的是未來的發展；蓋在未來期間，凡由於銷貨的增減變化，必將引起成本與利潤之間的關係；惟傳統損益表，卻無法提供即使是最簡略的預計資料；故吾人實有進一步探討**成本—數量—利潤分析** (Cost-Volume–profit analysis, **簡稱 CVP 分析**)的必要。茲假定有下列各項資料：

明明公司
傳統損益表
（正常年度）

銷貨收入：$1.00×200,000	$200,000	100%
銷貨成本：		
直接原料	$ 50,000	25%
直接人工	40,000	20%
製造費用	60,000	30%
	$150,000	75%
銷貨毛利	$ 50,000	25%
銷管費用	30,000	15%
淨利（稅前）	$ 20,000	10%

　　由上表可知，當銷貨收入為$200,000 時，其淨利為 10%；在未來期

間，如銷貨收入增加為\$250,000，其淨利是否保持10%？又設銷貨收入減
為 \$160,000，其淨利又將如何？很顯然地，傳統損益表無法解答上述的
問題；此乃傳統式損益表最嚴重的缺點。

二、傳統損益表的改進方法

　　邊際損益表(marginal income statement)的應用，可以改進傳統損益
表的缺點。蓋邊際損益表，係將成本分為固定與變動兩類；以銷貨收入
減去變動成本後，即為**邊際利益** (marginal income)或**邊際貢獻** (marginal
contribution)；邊際利益係用以收回固定成本，如有剩餘，即為淨利。由
於變動成本，係隨銷貨能量的增減而成比例變化，故可預計在各種不同
銷貨能量下的邊際利益；又固定成本在特定的營運範圍內，是固定不變
的，不隨銷貨能量的變動而有所改變；故從邊際利益減去固定成本後，
即可預計在各種不同銷貨能量下的淨利。茲列示明明公司不同銷貨能量
下的邊際損益表如下：

明明公司
邊際損益表
（正常年度）

銷貨收入	\$160,000	\$200,000	\$250,000
變動成本 60%	96,000	120,000	150,000
邊際利益 40%	\$ 64,000	\$ 80,000	\$100,000
固定成本	60,000	60,000	60,000
淨利	\$ 4,000	\$ 20,000	\$ 40,000
淨利與銷貨的比率	2.5%	10%	16%

　　由上表可預計，在各種銷貨量下的淨利為若干？此外，並可顯示以
下事實：

			增　　加	
	變動前	變動後	金　額	百分比
銷貨能量	\$200,000	\$250,000	\$50,000	25%
邊際利益	80,000	100,000	20,000	25%
淨利	20,000	40,000	20,000	100%

　　當銷貨能量增加 25% 時，淨利却增加 100%，此係固定成本在兩種銷貨能量下均保持不變；故於銷貨收入超過損益平衡點後所增加的邊際利益，全部都增加到淨利上去。其增減變動情形有如下示：

邊際利益	邊際利益增加	淨　　利	淨利增加
64,000	－	4,000	－
80,000	16,000	20,000	16,000
100,000	20,000	40,000	20,000

　　由此可知，邊際損益表能預計在各種不同銷貨能量下的淨利，對於利潤分析與規劃、營業決策、績效評估、及成本控制等，均具有莫大的裨益。

17–2　損益平衡點

一、損益平衡點的意義

　　損益平衡點 (break-even point)係指企業的經營活動（銷貨），在到達某一點時，總收入與總成本相等，既無盈餘，亦無虧損。

　　成本依其特性，最後可歸納為固定成本與變動成本兩項因素；固定成本如就總成本而言，是固定不變的；然而，如就單位成本而言，則隨銷貨量的增加而減少；因而使利益的增加，在比率上必然超過銷貨量的增加。當邊際利益增加至足以收回全部固定成本時，在此一點上，收入適等於變動成本加固定成本之和，此時收支相抵，既無利益，亦無損失，故又稱為**零收益或零損失**(zero profit or zero loss)。

二、損益平衡點的計算方法

　　損益平衡點，通常隨成本結構的變化，而有所不同。其計算公式如下：

$$損益平衡點銷貨收入 = 變動成本 + \overbrace{固定成本 + 零損益}^{邊際利益}$$

在上列公式中，固定成本保持固定不變，變動成本對銷貨收入則保持一定的百分比關係；將銷貨收入的一部份，用於收回變動成本，其剩餘部份，即稱為邊際利益，可用於收回固定成本，並產生淨利。惟在損益平衡點時，於收回全部固定成本後，既無損失，亦無利益。

設：S_b ＝ 損益平衡點的銷貨收入

F ＝ 固定成本

V ＝ 變動成本

S ＝ 銷貨收入

則損益平衡點時的銷貨收入，等於固定成本加變動成本之和；以方程式表示如下：

$$S_b = F + V$$

$$S_b - V = F$$

$$S_b \left(1 - \frac{V}{S_b} \right) = F$$

$$\therefore S_b = \frac{F}{1 - \dfrac{V}{S_b}} \qquad （公式17-1）$$

就上節明明公司之例，代入上列公式如下：

$$S_b = \frac{\$60,000}{1 - \dfrac{\$120,000}{\$200,000}} = \frac{\$60,000}{0.4} = \$150,000$$

在銷貨收入$150,000 下之收支情形：

銷貨收入	$150,000
變動成本 $150,000 × 60%	90,000
邊際利益	$ 60,000
固定成本	60,000
淨利	$　–0–

三、利量率

邊際利益率(marginal income ratio)，或稱**邊際貢獻率** (marginal contribution ratio)，亦稱為邊際利量率，一般簡稱為**利量率**(P/V ratio)。利量率係指銷貨收入到達損益平衡點（即收回全部固定成本）後，利潤對銷貨收入的百分比關係，可列示其計算如下：

$$P/V = 1 - \frac{V}{S}$$

或

$$P/V = \frac{MI^*}{S}$$

$$*MI = 邊際利潤（邊際貢獻）$$

四、損益平衡圖

變動成本與固定成本的畫法，有下列兩種不同方式：

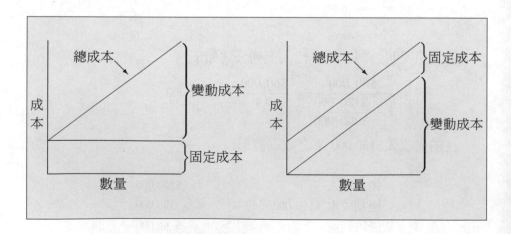

損益平衡圖的畫法，因而也有下列二種不同方式：

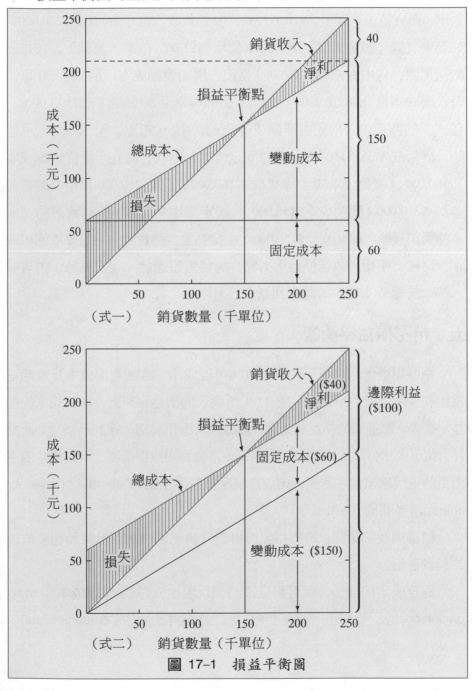

圖 17-1　損益平衡圖

　　圖17–1 所列示的損益平衡圖，雖有兩種不同方式，實則一樣，並無區別。銷貨量由 0 起至 250,000 單位，其銷貨收入線亦由0 起至$250,000，成為一直線（假定售價不變，每單位均為$1.00，故成一直線）。在式一的圖形內，先由固定成本$60,000 畫起，再加變動成本；至 250,000 單位時，總成本合計 $210,000 （固定成本$60,000 ＋ 變動成本 $150,000）。在式二的圖形內，則先由變動成本畫起，由 0 起點，至 250,000 單位時，變動成本為 $150,000，再加固定成本$60,000；故在0 單位的總成本為$60,000 （變動成本$0 ＋ 固定成本$60,000），至 250,000 單位時的總成本為 $210,000（變動成本$150,000 ＋ 固定成本$60,000）。兩圖形的總成本線與銷貨收入線相交於$150,000；在此點上，銷貨收入適足以收回總成本，使收支平衡，故稱損益平衡點；銷貨量超過此一平衡點時，銷貨收入線大於總成本線，即產生利益。

五、精密損益平衡圖

　　損益平衡圖，亦可用於分析收回付現成本、收回全部成本及收回正常股利等所應有的平衡點。圖 17–1 所列示的損益平衡圖，稱為簡單的損益平衡圖。將簡單的損益平衡圖，經擴大其應用範圍，除表示損益平衡點外，復可顯示付現成本收回平衡點、正常股利發放平衡點、及其他各項平衡點的更精密損益平衡圖，總稱為**精密損益平衡圖** (Elaborate break-even charts)請參閱圖 17–2。

　　精密損益平衡圖，將利益部份再劃分為正常股利部份及股利發放後的利潤部份。

　　固定成本的部份，復可劃分為必須以現金支付的 **付現成本** (out-of-pocket cost)及不須支付現金的折舊、折耗及攤銷等**沉沒成本** (sunk costs)。

　　至於變動成本，亦可劃分為直接原料、直接人工、變動製造費用、及變動銷管費用等，此項成本一般均屬於付現成本。

　　茲設明明公司正常年度的損益表列示如下：

明明公司
損益表
（正常年度）

	變動成本	固定成本	
銷貨收入：　200,000 @ $1.00			$200,000
製造成本:			
直接原料—付現成本	$ 50,000		
直接人工—付現成本	40,000		
製造費用:			
付現成本	20,000	30,000	
折舊		10,000	
	$110,000	$40,000	150,000
銷貨毛利			$ 50,000
銷管費用:			
付現成本	$ 10,000	$20,000	30,000
	$120,000	$60,000	
淨利			$ 20,000

　　又知該公司已發行股票 10,000 股，每年每股發放股利至少 $1.00，而且該公司最大產銷量為 250,000 單位。

　　茲根據上述資料，分別列示其計算及圖形如下：

	變動成本	固定成本	合　　計
付現成本:			
直接原料	$ 50,000	–	$ 50,000
直接人工	40,000	–	40,000
製造費用	20,000	$30,000	50,000
銷管費用	10,000	20,000	30,000
	$120,000	$50,000	$170,000
折舊:			
製造費用	–	10,000	10,000
合　　計	$120,000	$60,000	$180,000
銷貨收入	$200,000	100%	
變動成本	120,000	60%	
邊際利益	$ 80,000	40%	

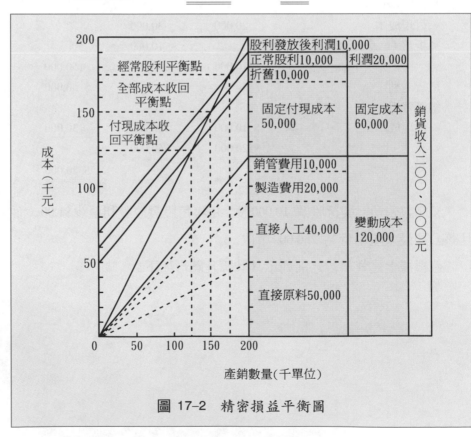

圖 17-2　精密損益平衡圖

　　圖 17-2 的成本數字，係以銷貨能量$200,000 為基礎；如銷貨能量發生變動，圖表上的數字，亦隨而發生變化。

　　圖 17-2 有三個交叉點，表示三個不同意義的平衡點，茲分別說明如下：

　1.付現成本收回平衡點：

　　係指總付現成本（固定付現成本加變動付現成本）與銷貨收入線的交點。其計算公式如下：

$$付現成本收回平衡點 = \frac{固定付現成本}{利量率}$$

$$= \frac{\$50,000}{40\%}$$

$$= \$125,000$$

　　此一交點，就短期間而言，企業雖不能收回沉沒成本（折舊、折耗及攤銷等），但卻能收回全部付現成本，不致於產生財務上的困難。

　2.全部成本收回平衡點：

　　係指總成本（固定成本加變動成本）線與銷貨收入線的交點。其計算公式如下：

$$全部成本收回平衡點 = \frac{固定成本}{利量率}$$

$$= \frac{\$60,000}{40\%}$$

$$= \$150,000$$

　　全部成本收回平衡點，亦即損益平衡點，已如上節所述，此處不再贅述。

　3.正常股利發放平衡點：

　　係指總成本加正常股利之和，與銷貨收入線的交點。

其計算公式如下:

$$正常股利發放平衡點 = \frac{固定成本 + 正常股利}{利量率}$$

$$= \frac{\$60,000 + \$10,000}{40\%}$$

$$= \$175,000$$

此一交點,表示企業欲賺回分配給股東正常股利與收回全部成本所需的銷貨收入。

17–3 成本結構與營運槓桿作用

一、營運槓桿作用的意義

由於固定成本的存在,當銷貨收入增加某一百分率時,其利益增加的百分率,將大於銷貨收入增加的百分率;反之,當銷貨收入減少某一百分率時,其利益減少的百分率,將大於銷貨收入減少的百分率。此項銷貨收入變動的百分率,而引起利益變動的百分率,往往成為倍數的關係,故一般稱其為**營運槓桿作用** (operating leverage)。

設如上述明明公司之例,銷貨收入增減變動與利益增減變動的情形,列示如下:

	−20%		+20%
銷貨收入	$160,000	$200,000	$240,000
減: 變動成本: 60%	96,000	120,000	144,000
邊際利益	$ 64,000	$ 80,000	$ 96,000
減: 固定成本	60,000	60,000	60,000
稅前淨利	$ 4,000	$ 20,000	$ 36,000
	−80%		+80%

由上列分析可知,當銷貨收入增加 20%時,淨利卻增加 80%,淨利

增加的百分率，為銷貨收入增加百分率的 4 倍；反之，當銷貨收入減少 20%，淨利卻減少 80%，淨利減少的百分率，為銷貨收入減少百分率的 4 倍。此項淨利變動與銷貨收入變動的關係，可由**營運槓桿程度** (degree of operating leverage，**簡稱 DOL**)衡量之；營運槓桿程度的計算公式，係由下列計算過程所導出：

$$DOL = \frac{淨利變動百分率}{銷貨收入變動百分率}$$

設：

$OI =$ 營業利益，　　$\Delta OI =$ 營業利益增加，$NI =$ 稅前淨利

$X =$ 銷貨量，　　　$\Delta X =$ 銷貨量增加，　　$MI =$ 邊際利益

$P =$ 單位售價，　　$V =$ 單位變動成本，　$F =$ 固定成本

$\Delta P =$ 單位售價增加

則：

$$DOL = \frac{\dfrac{\Delta OI}{OI}}{\dfrac{\Delta X \cdot P}{P \cdot X}} = \frac{\dfrac{\Delta X(P-V)}{X(P-V)-F}}{\dfrac{\Delta X \cdot P}{P \cdot X}}$$

$$= \frac{X(P-V)}{X(P-V)-F}$$

$$\because \ X(P-V) = MI, X(P-V)-F = NI$$

$$\therefore \ DOL = \frac{MI}{NI} \qquad\qquad\qquad （公式17-2）$$

茲將上述明明公司之例，代入公式 17-2，計算銷貨收入在$200,000時，其營運槓桿為 4；其計算如下：

$$DOL = \frac{\$80,000}{\$20,000}$$

$$= 4(倍)$$

此外，營運槓桿 (DOL) 亦可按下列公式求得：

$$DOL = \frac{1}{安全邊際率}$$ （公式17–3）

上述明明公司安全邊際率為 25%（請參閱第十八章 18–1），代入上式得：

$$DOL = \frac{1}{25\%} = 4(倍)$$

在物理學上，槓桿作用乃以一項很小的力，去推動一項笨重物體的能力；同理，營運槓桿作用，係企業管理者，藉著成本結構（低變動成本率、高邊際貢獻率），經由增加極小百分率的銷貨收入，以增加極大百分率之淨利。

二、成本結構與營運槓桿作用

設甲、乙、丙三家公司之成本結構如下：

	甲公司		乙公司		丙公司	
	金　額	%	金　額	%	金　額	%
銷貨收入	$200,000	100	$200,000	100	$200,000	100
變動成本	100,000	50	160,000	80	40,000	20
邊際貢獻	$100,000	50	$ 40,000	20	$160,000	80
固定成本	80,000	40	20,000	10	140,000	70
稅前淨利	$ 20,000	10	$ 20,000	10	$ 20,000	10

上列甲、乙、丙三家公司之銷貨收入及淨利，雖然相同，但是，三家公司的成本結構，卻有很大的差別；其中乙公司的變動成本率最高，使邊際貢獻率降為最低；丙公司的固定成本率最高，邊際貢獻率也維持相當高的水準；甲公司的成本結構，則介於乙、丙公司之間。

1.邊際貢獻率較高的公司，其營運槓桿作用也較大。

	（邊際貢獻）	÷	（稅前淨利）	=	（營運槓桿作用）
甲公司:	$100,000	÷	$20,000	=	5
乙公司:	$ 40,000	÷	$20,000	=	2
丙公司:	$160,000	÷	$20,000	=	8

2.營運槓桿作用較大的公司，銷貨收入變動對淨利的影響也較大。

設甲、乙、丙三家公司的銷貨收入，均增加 10%，其結果如下：

	甲公司		乙公司		丙公司	
	金　額	%	金　額	%	金　額	%
銷貨收入	$220,000	100.0	$220,000	100.0	$220,000	100.0
變動成本	110,000	50.0	176,000	80.0	44,000	20.0
邊際貢獻	$110,000	50.0	$ 44,000	20.0	$176,000	80.0
固定成本	80,000	36.4	20,000	9.1	140,000	63.6
稅前淨利	$ 30,000	13.6	$ 24,000	10.9	$ 36,000	16.4
利益增加	$ 10,000	—	$ 4,000	—	$ 16,000	—
利益增加百分率	50%		20%		80%	

上列淨利增加百分率，亦可經由下列方式求得：

	（銷貨收入增加百分率）	×	（營運槓桿）	=	（淨利增加百分率）
甲公司:	10%	×	5	=	50%
乙公司:	10%	×	2	=	20%
丙公司:	10%	×	8	=	80%

3.營運槓桿作用較大的公司，其損益平衡點也較高。

一企業的營運槓桿作用，也會影響其損益平衡點的高低；蓋具有較高營運槓桿作用的公司，其固定成本率也較高，故其損益平衡點也較高；此一事實，可由下列計算顯示之：

	（固定成本）÷（邊際貢獻率）＝（損益平衡點）				
甲公司：	$ 80,000	÷	50%	＝	$160,000
乙公司：	$ 20,000	÷	20%	＝	$100,000
丙公司：	$140,000	÷	80%	＝	$175,000

三、營運槓桿作用如刀的兩面

　　一企業的成本結構，對「成本—數量—利潤」分析，具有舉足輕重的影響；凡具有較高固定成本率的公司，其營運槓桿作用也相對提高；當一企業的營運槓桿作用提高之後，企業管理者可藉著增加很少的銷貨收入百分率，以增加較大百分率的淨利。惟一企業的營運槓桿，如刀的兩面；刀固然有利於人，刀亦可傷人；蓋具有較高營運槓桿作用的企業，其損益平衡點也相對提高，該企業的風險也較大。

　　因此，企業管理者必須要深謀遠慮，以決定最理想的成本結構，俾一方面能應用營運槓桿作用，以增加其利益，另一方面又能避免因高固定成本率及高損益平衡點所帶來的高風險率。

17–4　成本—數量—利潤分析的應用

　　成本—數量—利潤分析的應用，範圍至為廣泛。茲分別討論如下：

一、在利潤規劃上的應用

　　1.已知銷貨，欲求其淨利的公式如下：

$$淨利 ＝ 銷貨收入 \times 利量率 － 固定成本$$

以下之說明，均以前節明明公司的資料為例。

銷貨收入	$180,000	$240,000
利量率	40%	40%
邊際利益	$ 72,000	$ 96,000
減：固定成本	60,000	60,000
淨利	$ 12,000	$ 36,000

如直接代入上列公式時：

$$\$180,000 \times 40\% - \$60,000 = \$12,000$$

$$\$240,000 \times 40\% - \$60,000 = \$36,000$$

2.銷貨收入改變對淨利的影響，可應用下列公式求得之：

淨利增減數＝銷貨收入增減數×利量率

預期銷貨收入（預計）	$240,000
目前銷貨收入（實際）	180,000
銷貨收入增加	$ 60,000
利量率	40%
淨利增加	$ 24,000

3.預期利潤所需之銷貨收入，可應用下列公式計算之：

$$銷貨收入 = \frac{固定成本 + 預期利潤}{利量率}$$

設預期利潤為$36,000，代入上式得：

$$銷貨收入 = \frac{\$60,000 + \$36,000}{40\%} = \$240,000$$

上例並未考慮所得稅的問題；然而所得稅因素，在利潤規劃上，亦為一項應考慮的因素之一。當考慮所得稅因素後，預期利潤所需之銷貨收入，應按下列公式求得：

$$銷貨收入 = \frac{固定成本 + \dfrac{預期稅後利潤}{1 - 所得稅率}}{利量率}$$

設如上述明明公司之例，假定所得稅率為 20%，預期稅後利潤為 $28,800，則銷貨收入應為$240,000；其計算如下：

$$銷貨收入 = \frac{\$60,000 + \dfrac{\$28,800}{1 - 20\%}}{40\%}$$

$$= \$240,000$$

如預期利潤非以固定金額表示，而係以銷貨的百分比表示時，亦可按下列公式計算：

$$銷貨收入 = \frac{固定成本}{利量率 - \dfrac{預期稅後利潤百分比}{1 - 所得稅率}}$$

設如上述明明公司之例，假定所得稅率為 20%，預期稅後利潤為銷貨收入的 12%，則銷貨收入應為$240,000；其計算如下：

$$銷貨收入 = \frac{\$60,000}{40\% - \dfrac{12\%}{1 - 20\%}}$$

$$= \$240,000$$

上述考慮所得稅因素後的預期利潤，其所需要的銷貨收入，可予驗證如下：

	金　　額	百分率
銷貨收入	$240,000	100%
減：變動成本：　60%	144,000	60
邊際利益	$ 96,000	40%
減：固定成本	60,000	25
稅前淨利	$ 36,000	15%
減：所得稅　20%	7,200	3*
稅後淨利	$ 28,800	12%

*$28,800 \div \$240,000 = 12\%$

二、在營業決策上的應用

成本—數量—利潤分析，可提供企業管理者作為營業決策的重要根據。例如企業欲更新生產設備、或改變成本結構時，其對利潤的影響及所承擔損失風險大小等，經由損益平衡點的分析，使企業管理者獲得最有利的選擇。如企業的組織龐大，各部門的權責已明確劃分，則此項分析作用，特別顯著。設某公司的利量率為 40% [(1- 變動成本)/銷貨]，則每一部門主管人員，必須瞭解每增加$1.00的固定成本，銷貨收入至少要增加$2.50 ($1.00 \div 40\% = \$2.50)，才能維持目前的利潤水準。

由此可知，固定成本增加，將使原有損益平衡點發生變化，產生新的損益平衡點；其新平衡點如下：

$$新損益平衡點 = \frac{固定成本 + 固定成本增加數}{利量率}$$

設如上例，明明公司的利量率為 40%，原有固定成本為$60,000，其最大銷貨能量如為$250,000；該公司擬擴充生產設備，須增加固定成本$20,000，設變動成本不變，則擴充生產設備後的新損益平衡點如下：

$$新損益平衡點 = \frac{\$60,000 + \$20,000}{40\%}$$

$$= \$200,000$$

　　經擴充生產設備後，該公司如欲維持目前$20,000的利潤水準時，其銷貨收入應增加為$250,000，其計算如下：

$$銷貨收入 = \frac{\$60,000 + \$20,000 + \$20,000}{40\%}$$

$$= \$250,000$$

三、在評估利潤績效上的應用

　　企業可藉成本─數量─利潤的分析，以評估其利潤績效；當銷貨能量超過損益平衡點後，淨利將隨銷貨收入的增加而增加；假使其他因素不變，淨利增加的比率，必按邊際利量率的同一比例增加；如發現前者的增加比率小於後者時，則執行利潤績效必定不夠理想。茲設下例：

| | | 增加前 | 增加後 | 增　加　數 | |
				金　額	佔銷貨百分比
銷貨收入		$200,000	$240,000	$40,000	100%
變動成本：	60%	120,000	144,000	24,000	60%
邊際利益：	40%	$ 80,000	$ 96,000	$16,000	40%
固定成本		60,000	60,000	—	—
淨利		$ 20,000	$ 36,000	$16,000	40%

　　由上表所示，如銷貨收入增加，於超過損益平衡點 ($150,000) 後，假設其他因素不變，淨利增加的比率，必按利量率 (40%) 比例而增加。例如銷貨收入由$200,000增至$240,000時，淨利應增加$16,000 ($40,000× 40%)；假設僅增加$12,000時，其增加率為 30% ($12,000 ÷$40,000)，則執行利潤績效的工作，不夠理想可斷言矣!

四、在成本控制上的應用

　　企業一旦建立「成本—數量—利潤」分析制度後，可作為成本控制的基礎；此項功能，可透過彈性預算的方式達成之。

　　設某公司生產單一產品，每月份的固定成本為$45,000，變動成本每單位$8,000；19A年11月份，生產20單位，實際總成本為$220,000。

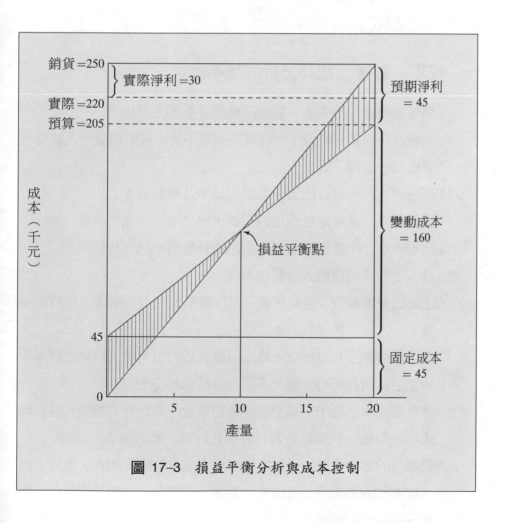

圖 17-3　損益平衡分析與成本控制

　　根據上列資料顯示，該公司 19A年 11月份的預算總成本應為$205,000 ($45,000 + $8,000 × 20)；故實際成本超過預算成本$15,000 ($220,000 − $205,000)，使實際淨利降低為$30,000 ($45,000 − $15,000)，應加以追查；因此，企業管理者於進行「成本─數量─利潤」分析時，具有控制成本的功能。

17-5　成本─數量─利潤分析的基本假定及其缺陷

一、成本─數量─利潤分析的基本假定

　　下列各項假定，為成本─數量─利潤分析的主要根據：

⑴不論在任何銷貨能量下，售價均假定不變，否則銷貨收入線將不能成為一直線。

⑵任何成本，均假設能區分為固定成本及變動成本。

⑶固定成本，係假定在特定的產銷水準之下，均保持不變。

⑷變動成本，均假定按同一比率，隨數量的增加而比例增加。

⑸投入各因素的價格，均假定不變。

⑹企業的管理政策、生產技術、工作效率及成本控制等，均假定不變。

⑺假設產銷產品有二種以上時，各種產品的銷售量，均假定與原來的預定比例相配合，故其邊際利益將保持不變。

⑻在全部成本法之下，必須假定產銷數量一致，否則帳列利益，與成本─數量─利潤分析的利益相比較時，其結論必然錯誤。

⑼最顯著的基本假定，係以數量為決定成本的唯一因素。事實上決定成本的因素很多，而成本─數量─利潤分析，均予單純化，不加考慮。

二、成本—數量—利潤分析的缺陷

　　成本—數量—利潤分析，係基於上述各項假定；此等假定，有一部份不能與事實相符，另一部份則祇能適合於短暫的期間，或特定的情況及營業範圍，就長期間而言，不可能存在。例如，就投入因素及產出的價格而言，在短期內，物價可能不會發生變化；但就長期而論，往往受供需因素及各種市場情況的不同而發生變化。就各項成本的分類來說，有很多成本因素，確實無法區分，即使應用各種統計方法，亦無法正確地區分為固定成本及變動成本。又成本的習性，每隨各種因素而發生變化。假定固定成本，在各種產銷水準之下，均保持不變，固然不切實際，假定變動成本均按同一比率，隨產銷量的增加而比例增加，同樣是不切實際的。至於企業的管理政策、生產技術、工作效率及成本控制等，隨時隨地均可能發生變化。

17–6　會計人員與經濟學者的不同損益平衡圖

　　會計人員及經濟學者，對於損益平衡圖，在基本上有下列各點不同的畫法：

　　1.會計人員通常係假定單位變動成本是固定不變的；經濟學者則認為單位變動成本隨生產量的改變而發生變化。因此會計人員以直線表示變動成本；經濟學者則以曲線表示之。

　　2.會計人員假定銷貨價格不隨產銷能量的增減而發生變化，故其銷貨收入線成為一條直線。經濟學者認為銷貨價格將受產銷數量變動的影響而發生變化，故其銷貨收入線並非直線（請參閱圖 17–4）。

　　經濟學者的假定，無疑地較為正確；而會計人員的假定，純出於欲將複雜的情形加以簡化。事實上，經濟情況不斷發生變化；因此，會計

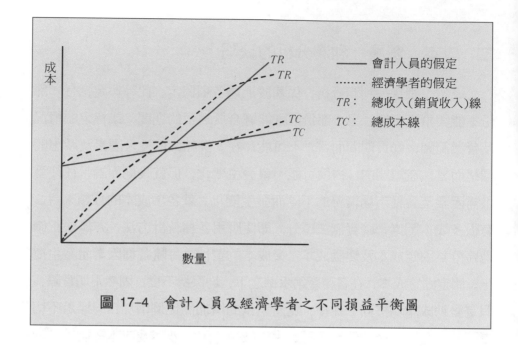

圖 17-4 會計人員及經濟學者之不同損益平衡圖

人員的各項假定，均有其缺點。企業管理者及會計人員，已覺察其缺點的存在，故在處理成本─數量─利潤的分析工作時，必須謹慎地加以分析，並體認各種假定係整體分析的一部份，如果某項假定發生變化時，必須重新修訂，以資調整，俾能發揮分析的功能，才能獲得正確的判斷。

17-7 正常營運範圍的損益平衡圖

企業的營運範圍，有其一定的界限；蓋企業的產銷能量，受各種因素的影響，在短期間內，無法隨意調整；因此，傳統的損益平衡圖，應予修正如下：

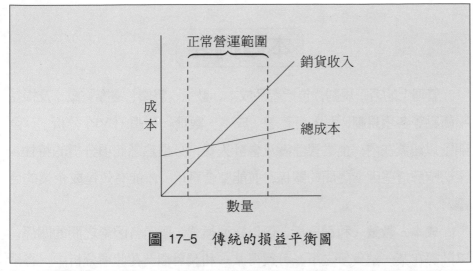

圖 17–5　傳統的損益平衡圖

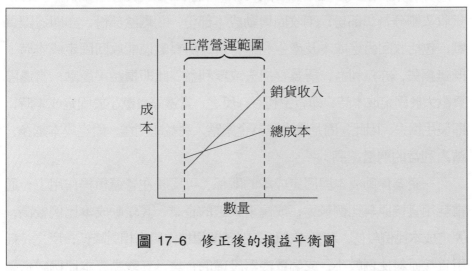

圖 17–6　修正後的損益平衡圖

　　由圖 17–5，可明顯指出，以各種因素不變的靜止狀態，為成本─數量─利潤分析的根據，固有其缺陷，惟就短期間而言，企業可於正常的**營運範圍內** (relevant range)，有效地控制其產銷能量及成本型態，使銷貨收入與總成本之間，具有準確的比例關係，並可分別以直線表示總收入與總成本的關係，以求得正確的損益平衡點；經修正後的損益平衡圖有如圖 17–6。

本章摘要

　　管理上的若干規劃，包括產品成本、數量、售價、邊際貢獻，及損益平衡點等各項規劃，吾人可藉著「成本—數量—利潤 (CVP) 分析」，全部予以涵蓋在內；企業管理者及會計人員，必須熟悉此項分析的特性，深切瞭解這些因素之間的關係，並能整合應用，才能有效達成企業的目標。

　　成本—數量—利潤分析，係以線型模式，顯示各因素之間的關係，以計算在某一銷貨量之下，可獲得某一利潤目標。在此項分析中，將銷貨收入劃分為二部份：(1)收回變動成本部份，(2)剩餘部份，亦即邊際貢獻，包括收回固定成本及產生利益；當邊際貢獻僅能收回固定成本時，既無損失，亦無利益，稱為零損失或零利益，此即損益平衡點；當邊際貢獻大於固定成本時，即產生利益；反之，當邊際貢獻小於固定成本時，即發生損失；因此，固定成本成為企業踏入利益的門檻，固定成本越多，踏入利益的門檻越高。

　　一企業變動成本與固定成本的關係，可反映在營運槓桿作用上；通常耗用直接原料比例較大，或偏重人工的企業，其變動成本比例較高，固定成本比例較低，利量率亦低，則營運槓桿作用也相對降低；反之，耗用直接原料比例較小，或偏重機器設備的企業，其變動成本比例較低，固定成本比例較高，利量率亦高，則營運槓桿作用也相對提高。營運槓桿作用如刀的兩面；蓋具有較高營運槓桿作用的公司，其銷貨收入一旦超過損益平衡點後，淨利增加的比率，將按營運槓桿的倍數而增加；反之，其銷貨收入一旦低於損益平衡點後，淨損增加的比率，將按營運槓桿的倍數而增加。因此，凡具有較高營運槓桿作用的企業，必須奠定相當數量的銷貨收入，以期早日到達損益平衡點；一旦超過損益平衡點後，

則銷貨收入小量的增加，淨利將按營運槓桿倍數而增加。

　　成本—數量—利潤分析，能幫助企業管理者，以目前的營運情形，有效地推測將來的營運狀況，俾減少未來不確定的風險；然而，此項分析係基於若干假定，這些假定往往與事實不盡相符，無形中減低此項分析的可信度。

本章編排流程

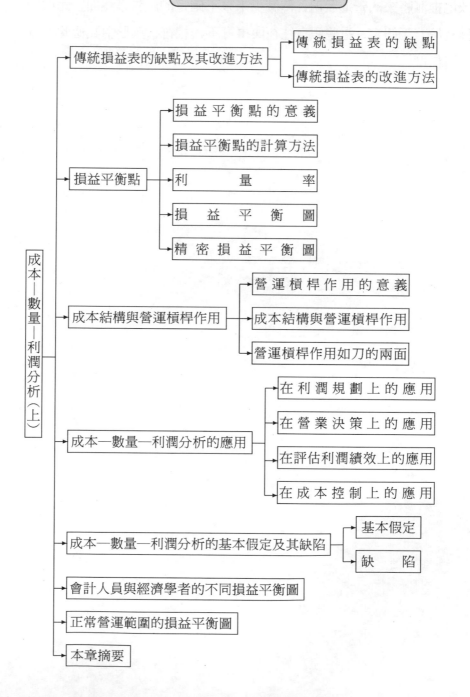

- 成本—數量—利潤分析（上）
  - 傳統損益表的缺點及其改進方法
    - 傳統損益表的缺點
    - 傳統損益表的改進方法
  - 損益平衡點
    - 損益平衡點的意義
    - 損益平衡點的計算方法
    - 利　　量　　率
    - 損　益　平　衡　圖
    - 精　密　損　益　平　衡　圖
  - 成本結構與營運槓桿作用
    - 營運槓桿作用的意義
    - 成本結構與營運槓桿作用
    - 營運槓桿作用如刀的兩面
  - 成本—數量—利潤分析的應用
    - 在利潤規劃上的應用
    - 在營業決策上的應用
    - 在評估利潤績效上的應用
    - 在成本控制上的應用
  - 成本—數量—利潤分析的基本假定及其缺陷
    - 基本假定
    - 缺　陷
  - 會計人員與經濟學者的不同損益平衡圖
  - 正常營運範圍的損益平衡圖
  - 本章摘要

習　題

一、問答題

1. 傳統損益表對利潤的分析與規劃，有何缺點？

2. 邊際損益表何以能改進傳統損益表的缺點？

3. 在「成本—數量—利潤」分析時，請分別說明下列各項名詞的意義：

   (1)損益平衡點。

   (2)邊際貢獻（邊際利益）。

   (3)利量率。

   (4)營業槓桿作用。

   (5)正常營業範圍。

4. 成本—數量—利潤分析，係基於何種假定？

5. 損益平衡圖的畫法，有那兩種不同的方式？

6. 何謂精密損益平衡圖？

7. 試述利量率在利潤規劃上的應用。

8. 利量率在營業決策上具有何種作用？

9. 利量率對利潤績效的評估的作用為何？

10. 根據「成本—數量—利潤」分析所編製的損益表，如何改變為歸納成
    本法（傳統式）下的損益表？

11. 營業槓桿作用如何計算？試說明之。

12. 營業槓桿作用何以如刀的兩面？

13. 試用圖形說明損益平衡分析對成本控制的功能。

14. 「成本—數量—利潤」分析具有何種缺點？

15. 會計人員與經濟學者對於損益平衡圖的畫法有何不同？

16. 假定有二家公司的銷貨數量相同, 並列報相同的損益, 則其利潤型態亦復相同?

二、選擇題

17.1 損益平衡分析係假定銷貨收入於超過正常營運範圍時, 其總:
(a)收入為線型的。
(b)成本是不變的。
(c)變動成本為非線型的。
(d)固定成本為非線型的。

17.2 損益平衡分析係假定銷貨收入於超過正常營運範圍時:
(a)單位變動成本是不變的。
(b)總固定成本為非線型的。
(c)單位收入為非線型的。
(d)總成本是不變的。

17.3 以銷貨收入金額為計算損益平衡點時,總固定成本被下列那一項除之:
(a)單位變動成本。
(b)單位變動成本÷單位銷貨收入。
(c)（單位銷貨收入－單位變動成本)÷單位銷貨收入。
(d)單位固定成本。

17.4 降低損益平衡點的最佳策略為:
(a)增加固定成本及邊際貢獻。
(b)減少固定成本及邊際貢獻。
(c)減少固定成本及增加邊際貢獻。
(d)增加固定成本及減少邊際貢獻。

17.5 邊際貢獻率將因下列那一項而增加:

(a)變動成本率提高。

(b)變動成本率降低。

(c)損益平衡點提高。

(d)損益平衡點降低。

17.6 應用「成本—數量—利潤分析」，以計算預計銷貨量時，下列那一
項應由分子的固定成本扣除：

(a)預期營運損失。

(b)預期營運利益。

(c)單位邊際貢獻。

(d)變動成本。

17.7 當採用彈性預算時，在正常營運範圍內，如預計產量會再繼續增加
的情況下，下列二項成本預測將發生何種影響？

	單位固定成本	單位變動成本
(a)	減少	減少
(b)	不變	不變
(c)	不變	減少
(d)	減少	不變

17.8 在損益平衡點上，邊際貢獻等於：

(a)總變動成本。

(b)總銷貨收入。

(c)銷管費用。

(d)總固定成本。

第 17.9 題及第 17.10 題係以下列資料（成本—數量—利潤分析圖）為解
答根據：

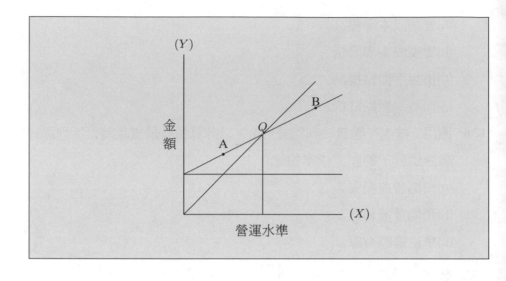

17.9 請按銷貨收入百分率計算，並比較 A 點及 B 點:

	變動成本	固定成本
(a)	較大	較大
(b)	較大	相同
(c)	相同	相同
(d)	相同	較大

17.10 如銷貨收入用於衡量營運水準高低時，則總成本及總收入可按下
     列那一種情形，從 *X* 軸及 *Y* 軸查知:

	總　成　本	總　收　入
(a)	*X* 軸或 *Y* 軸	*X* 軸或 *Y* 軸
(b)	*X* 軸或 *Y* 軸	*X* 軸
(c)	*Y* 軸	*X* 軸或 *Y* 軸
(d)	*Y* 軸	*X* 軸

17.11 假設 A 公司的邊際貢獻為負數，為達到損益平衡點，必須採取下
     列那一項最有效的措施?

(a)增加變動成本。

(b)減少銷貨量。

(c)減少固定成本。

(d)增加固定成本。

17.12 假設 B 公司的邊際貢獻減少某一特定金額，其營業利益將發生何種變化？

(a)減少相同的金額。

(b)減少的金額大於該特定金額。

(c)增加相同的金額。

(d)維持不變。

17.13 C 公司每單位產品售價從$10提高為$12，固定成本由$400,000增加為$480,000，單位變動成本則維持不變；此項改變對損益平衡點有何影響？

(a)損益平衡點提高。

(b)損益平衡點降低。

(c)損益平衡點不變。

(d)無法確定。

17.14 S公司的各項成本資料如下：

銷貨收入（ 15,000單位）	$300,000
直接原料及直接人工	90,000
製造費用：	
變動	12,000
固定	21,000
銷管費用：	
變動	3,000
固定	18,000

S公司的損益平衡點（數量單位）應為若干？

(a) 3,000 單位。

(b) 3,250單位。

(c) 3,500單位。

(d) 4,000單位。

17.15 K 公司 1997年度有關營業利益的各項百分率如下:

銷貨收入		100%
銷貨成本:		
變動	40%	
固定	20	60
毛利		40%
營業費用		
變動	20%	
固定	10	30
營業利益		10%

假定 K公司 1997年銷貨收入為$1,000,000，則其損益平衡點應為若干？

(a)$250,000

(b)$500,000

(c)$750,000

(d)$800,000

17.16 R公司的固定成本為$100,000，損益平衡點$800,000；請問銷貨收入 $1,200,000 的預期利潤應為若干？

(a)$50,000

(b)$150,000

(c)$200,000

(d)$400,000

17.17 T公司有關「成本—數量—利潤分析」的各項資料如下:

損益平衡點（數量單位）	1,000
每單位變動成本	$ 500
總固定成本	$150,000

請問該公司出售第 1,001 單位的稅前淨利應為若干？

(a) $650

(b) $500

(c) $150

(d) –0–

17.18 N公司的銷貨收入為$100,000，變動成本$75,000，固定成本$30,000，發生營業損失$5,000， N公司擬使營業利益為銷貨收入的 10%，則銷貨收入應為若干？

(a) $200,000

(b) $125,500

(c) $115,500

(d) $100,000

17.19 L公司利潤規劃的有關資料如下：

	目前銷貨收入	銷貨收入增加 20%
銷貨收入	$150,000	$180,000
變動成本	90,000	108,000
邊際貢獻	$ 60,000	$ 72,000
固定成本	40,000	40,000
稅前利益	$ 20,000	$ 32,000

請問 L公司的營運槓桿為若干？

(a) 1

(b) 2

(c) 3

(d) 4

三、計算題

17.1　捷東公司的利量率為 40%，固定成本為$800,000。

試回答下列各問題：

(a)損益平衡點的銷貨金額。

(b)銷貨$2,400,000 下之淨利若干？

(c)欲獲得淨利$200,000 時之銷貨應為若干？

(d)增加銷貨員的固定薪金$20,000，應增加若干銷貨收入以資彌補？

(e)該公司欲增加生產設備，致增加固定成本$100,000；新損益平衡點應為若干？

17.2　捷西公司 19A 年 12 月 31 日的損益計算表如下：

銷貨：　100,000 單位@$10			$1,000,000
銷貨成本：			

	固定成本	變動成本	
直接原料	－	$200,000	
直接人工	－	150,000	
製造費用	$120,000	60,000	
銷售費用	100,000	60,000	
管理費用	100,000	30,000	
	$320,000	$500,000	820,000
淨利			$ 180,000

假定該公司每年最高生產能量為 150,000 單位；正常生產能量為最高生產能量的 75%。 19B 年預計生產能量為最高生產能量的 70%；存貨無甚大變動。

試求：

(a)繪製當年度的損益平衡圖。

(b)最高生產能量下之預計淨利。

(c)正常生產能量下之預計淨利。

(d) 19B 年度預計淨利。

17.3 捷南公司 19A 年每單位產品售價$10，出售 180,000 單位，每單位變動成本$7，其中變動製造成本$5.50，銷管成本$1.50。固定成本總額$396,000，其中固定製造成本$250,000，固定銷管成本$146,000。又知標準生產能量每年 100,000 單位。

試求：

(a)19A 年度淨利。

(b)損益平衡點之銷貨量。

(c)如欲獲得淨利$90,000，需銷貨若干數量？

(d)假定稅率為 20%，如欲獲得稅後淨利$90,000，需銷貨若干數量？

(e)假定變動及固定人工成本，分別為變動及固定成本之50%及20%；茲因人工成本提高 10%，則新損益平衡點應為若干？

17.4 捷中公司生產單一產品，每年的正常營業量按下列預計：

單位	800,000	1,000,000
銷貨	$800,000	$1,000,000
銷貨成本	720,000	840,000
淨利	$ 80,000	$ 160,000

試求：

(a)每單位銷貨之邊際貢獻。

(b)損益平衡點之銷貨量。

(c)銷貨 900,000 單位的預計淨利為若干？

17.5 捷美公司生產甲、乙、丙三種產品，有關成本資料如下：

	甲產品	乙產品	丙產品	合　　計
銷貨	$500,000	$600,000	$720,000	$1,820,000
變動成本	250,000	400,000	240,000	890,000
邊際貢獻	$250,000	$200,000	$480,000	$ 930,000
固定成本（未分配）				600,000
淨利				$ 330,000

試求:

(a)將固定成本分配於三種產品中，並使三種產品的損益平衡點數字完全相同。

(b)證明(a)之答案。

17.6 捷文公司的成本資料顯示其全年度固定成本為$712,600，變動成本為銷貨收入的 81.2%。如 19A 年度仍按過去之產品售價每單位$2 出售，估計可獲得純益 $697,400; 茲經市場調查結果，發覺如將售價降低，銷貨量可提高，惟總固定成本及單位變動成本仍然維持不變。

售價降低率	銷貨量增加率
3%	10%
6%	15%
10%	20%

試問該公司售價應如何釐訂? 請以數字計算並說明之。

（高考試題）

17.7 捷武公司本期損益情形如下:

銷貨（甲種產品 10,000 件每件$10）		$100,000
減: 變動成本（每件$6）	$60,000	
固定成本	30,000	90,000
淨利		$ 10,000

試就上列損益情形推算:

(a)利量率

(b)損益平衡點

(c)安全邊際

(d)如該公司擬於下期改變營業方針:

　(1)售價減低 10%。

　(2)擬擴充業務, 將增加固定成本$10,000。

　(3)計劃增加淨利 100%。

按照此項計劃實施, 需銷貨收入若干?

17.8　捷昌公司 19A 年底的損益平衡點為$2,000,000, 現悉:

　1.銷貨收入增至 2,400,000 時, 則該公司的利潤將為$100,000。

　2.變動成本中, 製造成本佔 80%, 銷管成本佔 20%。

　3.固定成本中, 製造成本佔 60%, 銷管成本佔 40%。

　4.每件產品售價為$10。

試就上述資料, 按下列二種方法, 分別計算產銷數量在 200,000 單

位時之單位製造成本。

　(a)直接成本法。

　(b)歸納成本法。

17.9　捷運公司正常年度之損益表如下:

銷貨收入: $100 × 100		$10,000
銷貨成本:		
直接原料	$1,400	
直接人工	1,500	
變動製造費用	1,000	
固定製造費用	500	4,400
毛利		$ 5,600
銷管費用:		
變動	$1,100	
固定	2,000	3,100
淨利		$ 2,500

試求:

　　(a)按銷貨數量表示之損益平衡點。

　　(b)假定銷貨收入增加 25% 時，淨利應為若干?

　　(c)假定固定製造費用增加$1,700，新損益平衡點應為若干?

（美國會計師考試試題）

17.10 捷永公司製造單一產品，每單位售價$5。目前該公司每年產銷 50,000 單位；每單位變動製造成本及變動銷管費用分別為$2.50 及 $0.50；固定製造成本 $70,000，固定銷管費用為$30,000。

銷貨部經理建議每單位售價提高為$6。惟為維持目前之銷售量，必須增加廣告費。該公司之利潤目標為銷貨收入之 10%。

試求:

　　(a)倘若按銷貨部經理之建議提高售價，惟為維持目前的銷貨水準，該公司所能承擔額外廣告費的最高限額。

　　(b)根據(a)所求得的廣告費，以及每單位售價$6，試分別按金額及數量，計算新損益平衡點。

（加拿大會計師考試試題）

17.11 捷克公司經營糖果的批發業務。下列資料係目前為獲得稅後淨利 $110,400 的營運計劃:

每盒平均售價	$ 4.00
每盒平均變動成本:	
糖果成本	$ 2.00
銷售費用	0.40
合　　計	$ 2.40
每年固定成本:	
銷售費用	$ 160,000
管理費用	280,000
合　　計	$ 440,000
預期全年銷貨能量（ 390,000 盒）	$1,560,000
所得稅率為 40%	

頃接獲製造商之通知，次年糖果購價平均將提高 15%；該公司預計次年度所有其他成本將維持目前的同一比例。

試求：

(a)當年度按糖果盒數表示的損益平衡點。

(b)為彌補購入糖果之成本上漲 15%，該公司每盒糖果的售價應為若干，才能維持目前的利量率。

(c)倘若次年度每盒糖果的售價仍然為$4，且購入成本上漲 15%；該公司如欲獲得目前之稅後淨利水準，必須銷貨若干？

（美國管理會計師考試試題）

17.12 捷米公司生產單一產品，每單位售價為$12，正常營業範圍的製造成本如下：

	4,000 單位	6,000 單位
直接原料	$ 8,000	$12,000
直接人工	12,000	18,000
製造費用	14,000	16,000
	$34,000	$46,000

每期標準產能為 5,000 單位，銷管費用每期皆固定為$8,000。

試求：

(a)每單位變動成本。

(b)每期固定成本。

(c)每單位標準成本。

(d)損益平衡點之銷貨量。

(e)如某期間生產 6,000 單位，銷貨 5,000 單位，試分別依(1)成本—數量—利潤分析及(2)歸納成本法計算其預期淨利。

17.13 捷利公司生產單一產品，19A 年度之預算資料如下：

	單　位
期初存貨	30,000
產量	120,000
可供銷售數量	150,000
銷貨量	110,000
期末存貨	40,000

	每單位
售價	$　5.00
變動製造成本	1.00
變動銷售費用	2.00
固定製造成本（按 100,000 單位計算）	0.25
固定銷售費用（按 100,000 單位計算）	0.65

產能在 25,000 單位與 160,000 單位的範圍內，固定成本皆維持不變。

試求：

(a)計算(1)預計每年損益平衡點之銷貨量；(2)按直接成本法計算該年度預計淨利；(3)如全部差異皆轉入銷貨成本，試按歸納成本法計算該年度之預計淨利。

(b)該公司接獲 10,000 單位的特別訂單；為使淨利增加$5,000 時，則該訂單的價格應為若干？

(c)有關上列資料，假設售價提高 20%；變動製造成本增加 10%；變動銷售費用維持不變；固定成本總額增為$104,400。為使利潤等於邊際貢獻之 10% 時，銷貨量應為若干？

（美國會計師考試試題）

17.14 捷福公司產銷單一產品，每單位售價$60，各項單位成本如下：

變動成本：

直接原料	$16
直接人工	12
製造費用	7
	$35
銷管費用	5
合　計	$40

全年固定成本$880,000, 所得稅率 25%。

試求：

(a)每月份如產銷 4,000 單位時, 其全年度之稅後淨利為若干？

(b)每年需產銷若干單位, 才能達到損益平衡？

(c)欲獲得全年度稅後淨利$225,000, 銷貨收入應為若干？

(d)如主要成本增加20%, 其他各項成本維持不變, 則邊際貢獻率將為若干？

17.15 捷輝公司 19A 年度產銷單一產品, 每單位售價$15, 變動製造成本每單位$4.50; 損益平衡點的銷貨量為 20,000 單位; 19A 年度淨利$10,080。

19B 年度（下年度）將發生下列各項變化：

1.每單位售價提高為$18。

2.變動製造成本增加三分之一。

3.固定成本增加 10%。

4.所得稅率 40%。

試求： 19B 年度的下列各項：

(a)為維持與 19A 年度相同的邊際貢獻, 每單位產品售價應為若干？

(b)損益平衡點的銷貨量為若干？

(c)假定銷貨量將比19A 年度超出 1,000 單位, 則次年度的銷貨量

應為若干？

(d)假定該公司欲獲得稅後淨利 $45,000，則次年度的銷貨收入應
為若干？

（美國管理會計師考試試題）

第十八章　成本—數量—利潤
　　　　　分析(下)

● 前　　言 ●

　　銷貨收入依其收回成本及產生利益的因素，可區分為兩部份；其一為變動成本，其二為邊際貢獻（邊際利益）；邊際貢獻又包括固定成本及利潤二項因素。銷貨收入首先用於收回變動成本後，其餘額即為邊際貢獻；如邊際貢獻僅能用於收回全部固定成本，而無剩餘，此時之銷貨收入，等於變動成本加邊際貢獻（等於固定成本），既無利潤，亦無損失，稱為損益平衡點；如邊際貢獻於收回全部固定成本後，尚有剩餘時，則開始產生利潤；反之，如邊際貢獻無法收回全部固定成本時，即發生損失。

　　由上述分析可知，利益之多寡，決定於邊際貢獻（售價減變動成本）、固定成本、利量率、及售價高低等；本章將逐項探討之。

18-1 數量與利潤分析的關係

一、利量圖 (profit-volume chart)

利量圖係損益平衡圖的另一種畫法, 用以表示銷貨能量大小、收回固定成本、及產生利潤相互間的數量關係。茲設明明公司下列各項資料:

每年固定成本		$60,000
單位售價	$1.00	100%
變動成本	0.60	60%
邊際貢獻	$0.40	40%

銷貨收入			固定成本		
合　計	收　回變動成本	邊際貢獻	已收回	未收回（損失）	利　潤
0	0	0	0	$(60,000)	－
$ 50,000	$ 30,000	$ 20,000	$20,000	(40,000)	－
100,000	60,000	40,000	40,000	(20,000)	－
150,000*	90,000	60,000	60,000	－	－
200,000	120,000	80,000	60,000	－	$20,000
250,000	150,000	100,000	60,000	－	40,000

*損益平衡點銷貨收入

根據上列資料, 可畫成損益平衡圖與利量圖如圖 18-1。

為使讀者對於損益平衡圖與利量圖, 獲得一貫性的觀念, 並了解其相互間關係, 特將兩種圖表連貫在一起, 如圖 18-1 所列示者。

圖 18-1 (下) 的基本線, 亦即損益平衡線; 在基本線以上, 代表利益; 在基本線以下, 代表損失。固定成本收回線的斜率, 即為利量率, 用以表示在各種不同的銷貨水準之下, 收回固定成本及產生利潤的快慢速度。該線係由固定成本$60,000 為起點; 其終點, 則決定於現階段最高

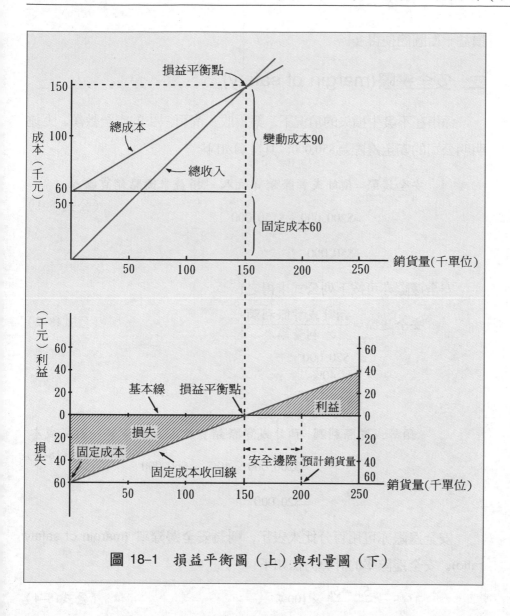

圖 18-1　損益平衡圖（上）與利量圖（下）

銷貨能量下的淨利$40,000。固定成本收回線與基本線相交之點，即為損益平衡點，決定於$150,000。

　　利量圖的優點，在於提供迅速而簡明的比較關係，以表示當售價、變動成本、及固定成本發生變動時，對於利潤的影響；在分析上，已較

損益平衡圖簡便得多。

二、安全邊際(margin of safety)

係指在不發生損失的情況下，銷貨收入尚可減少的安全數額。上述明明公司的安全邊際為$50,000；其計算如下：

$$安全邊際＝預計或實際銷貨收入 － 損益平衡點銷貨收入 \qquad (公式18-1)$$

$$=\$200,000 - \$150,000$$

$$=\$50,000$$

安全邊際亦可按下列公式求得之：

$$安全邊際＝\frac{預計或實際利潤}{利量率} \qquad (公式18-2)$$

$$=\frac{\$20,000^*}{40\%}$$

$$=\$50,000$$

$$*預計或實際利潤＝預計或實際銷貨收入 \times 利量率 － 固定成本 \qquad (公式18-3)$$

$$=\$200,000 \times 40\% - \$60,000$$

$$=\$20,000$$

安全邊際亦可用百分比來表示，稱為**安全邊際率** (margin of safety ratio)。安全邊際率的計算方法如下：

$$M/S = \frac{S_a - S_b}{S_a} \times 100\% \qquad (公式18-4)$$

$$S_a = 預計或實際銷貨收入$$

$$S_b = 損益平衡點銷貨收入$$

上述明明公司的安全邊際率可予計算如下：

$$M/S = \frac{\$200,000 - \$150,000}{\$200,000} \times 100\%$$

$$= 25\%$$

安全邊際率亦可按下列公式計算之：

$$M/S = \frac{P}{M/C} \times 100\% \qquad\qquad （公式18-5）$$

$P =$ 利潤（預計）

$M/C =$ 邊際貢獻（邊際利益）

茲將明明公司的資料代入上列公式：

$$M/S = \frac{\$20,000}{\$80,000} \times 100\%$$

$$= 25\%$$

　安全邊際率愈大，利潤愈多，遭受損失的風險愈小。安全邊際率愈小，利潤愈少，遭受損失的風險愈大。安全邊際率的大小，決定於預期（或實際）銷貨收入及損益平衡點銷貨收入。欲提高安全邊際率，必須增加銷貨收入，或降低損益平衡點。降低損益平衡點的方法，不外乎減少固定成本，或增加利量率（包括提高售價、降低變動成本及銷貨組合的適當配合）。一般計算利潤的公式如下：

利潤（淨利）＝（銷貨－損益平衡點的銷貨）×利量率

　　　　　　　　　　　　　　　　　　　　　（公式18-6）

又知：

$$利潤率 = \frac{利潤（淨利）}{銷貨}$$

茲以圖 18-1 的資料代入，則利潤率 $= \dfrac{\$20,000}{\$200,000} = 10\%$

如以 $P =$ 利潤 (profit), $P_r =$ 利潤率 (profit ratio); $P/V =$ 利量率，

則可求得下列公式:

$$P_r = \frac{P}{S_a}$$ （公式18-7）

移項:

$$P = S_a \times P_r$$

將上式代入公式 18-6, 得:

$$S_a \times P_r = (S_a - S_b) \times P/V$$

$$P_r = \left(\frac{S_a - S_b}{S_a} \right) \times P/V$$

將公式 18-4 代入上式, 得:

$$P_r = M/S \times P/V$$

所以可得安全邊際率的另一解法如下:

$$M/S = \frac{P_r}{P/V}$$ （公式18-8）

茲以圖 18-1 的資料代入, 得:

$$M/S = \frac{10\%}{40\%} = 25\%$$

此外, 安全邊際率, 亦可由下列公式求得:

$$安全邊際率(\%) = \frac{1}{DOL}$$ （公式18-9）

上述明明公司之營運槓桿作用為 4, 代入公式 18-9:

$$安全邊際率(\%) = \frac{1}{4} = 25\%$$

三、不同公司間利益型態的差別

固定成本與利量率的大小, 為決定利益的重要因素; 各公司之間,

如具有不同的固定成本及利量率，其利益型態亦各有不同。凡利量率高，固定成本高的公司，其損益平衡點亦較高，只有在銷貨量大的情形之下，才能獲利；當銷貨能量趨低時，將遭受重大的損失。反之，凡利量率低，固定成本也低的公司，其損益平衡點亦較低；即使有較高的銷貨量，其所獲得的利益亦不高，而當銷貨能量較低時，其所遭受的損失亦不多。茲設下列各項資料：

	甲 公 司		乙 公 司		丙 公 司	
	金　額	%	金　額	%	金　額	%
銷貨收入	$200,000	100	$200,000	100	$200,000	100
變動成本	160,000	80	120,000	60	80,000	40
邊際貢獻─利量率	$ 40,000	20	$ 80,000	40	$120,000	60
固定成本	20,000		60,000		100,000	
淨利	$ 20,000	10%	$ 20,000	10%	$ 20,000	10%

由上表觀之，雖然各公司的淨利均相同，實則其固定成本及利量率的高低均各殊，如銷貨收入發生變化，對淨利具有不同的影響。茲分別說明如下：

1.利量率高，固定成本也高的公司，其損益平衡點亦高。利量率低，固定成本也低的公司，其損益平衡點亦低。

$$\$20,000 \div 20\% = \$100,000 \qquad 甲公司$$
$$60,000 \div 40\% = 150,000 \qquad 乙公司$$
$$100,000 \div 60\% = 166,667 \qquad 丙公司$$

2.銷貨收入增加時，利量率較高的公司，於超過損益平衡點後，其淨利的增加速度較快。反之，利量率低的公司，於超過損益平衡點後，其淨利的增加速度較慢。設如上例，各公司的銷貨收入各增加 25%，有如下示：

	甲 公 司		乙 公 司		丙 公 司	
	金 額	%	金 額	%	金 額	%
銷貨收入	$250,000	100	$250,000	100	$250,000	100
變動成本	200,000	80	150,000	60	100,000	40
邊際貢獻—利量率	$ 50,000	20	$100,000	40	$150,000	60
固定成本	20,000		60,000		100,000	
淨利	$ 30,000	12	$ 40,000	16	$ 50,000	20

茲將銷貨收入變化後，對淨利的影響，以百分比列示如下：

			淨利增加	
公司別	銷貨收入增加	利量率	金 額	%
甲	$50,000	20%	$10,000	50
乙	50,000	40%	20,000	100
丙	50,000	60%	30,000	150

3.銷貨收入減少時，利量率較高的公司，於銷貨收入低於損益平衡點後，其損失的增加速度較快。反之，利量率低的公司，於銷貨收入低於損益平衡點後，其損失的增加速度較慢。設如上例，各公司銷貨收入各減少 60%，其情形如下所示：

	甲 公 司		乙 公 司		丙 公 司	
	金 額	%	金 額	%	金 額	%
銷貨收入	$ 80,000	100	$ 80,000	100	$ 80,000	100
變動成本	64,000	80	48,000	60	32,000	40
邊際貢獻—利量率	$ 16,000	20	$ 32,000	40	$ 48,000	60
固定成本	20,000		60,000		100,000	
淨利（損）	$ (4,000)	(5)	$(28,000)	(35)	$(52,000)	(65)

茲將上列資料，以圖形表示如下：

甲、乙、丙公司銷貨收入各為$250,000。

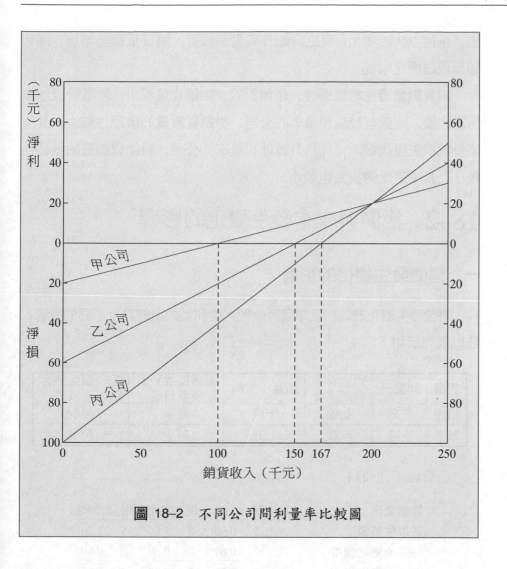

圖 18-2　不同公司間利量率比較圖

四、數量變化的敏感性(sensitivity to volume changes)

　　淨利升降的快慢速度，決定於每一元銷貨收入，減去變動成本後餘額的多寡而定；如其餘額大，表示當銷貨收入超過損益平衡點之後，均作為淨利的增加；使淨利增加迅速。換言之，銷貨數量變動所產生的反應敏感程度，係決定於一公司之利量率高低；當利量率較高，銷貨量增

加，淨利亦快速增加；反之，如其利量率較低，銷貨量雖然增加，淨利卻呈現緩慢之增加。

　　銷貨數量變化的敏感性，是相對的；如銷貨量減少，於低於損益平衡點之後，凡具有較高利量率的公司，對銷貨數量的敏感性較大，其所蒙受的損失也比較大；凡具有較低利量率的公司，對銷貨數量的敏感性較小，其所蒙受的損失也較小。

18–2　售價與成本發生變化的影響

一、售價發生變化的影響

　　售價發生變化時，利量率隨而改變，使利益的型態發生不同的影響。茲以表列示如下：

售價	利量率	固定成本收回速度	損益平衡點	超過損益平衡點所獲利益	低於損益平衡點所生損失
增加	升高	加速	下降	較多	較少
減少	下降	減緩	上升	較少	較多

　　茲假設下列資料：

售價變化	減少 20%	現在售價	增加 20%
每單位售價	$ 0.80	$ 1.00	$ 1.20
每單位變動成本	0.60	0.60	0.60
邊際貢獻	$ 0.20	$ 0.40	$ 0.60
利量率	25%	40%	50%
固定成本	$ 60,000	$ 60,000	$ 60,000
損益平衡點（金額）	$240,000	$150,000	$120,000
損益平衡點（單位）	300,000	150,000	100,000

　　超過損益平衡點所獲利益的情形如下（設銷貨量均為 350,000 單位時）：

	售價減少 20%	現在售價	售價增加 20%
每單位售價	$ 0.80	$ 1.00	$ 1.20
銷貨量	350,000	350,000	350,000
銷貨收入	$280,000	$350,000	$420,000
變動成本@$0.60	210,000	210,000	210,000
邊際貢獻	$ 70,000	$140,000	$210,000
固定成本	60,000	60,000	60,000
淨利	$ 10,000	$ 80,000	$150,000

低於損益平衡點所生的損失，其情形如下（設銷貨量均為 80,000 單位時）：

	售價減少 20%	現在售價	售價增加 20%
每單位售價	$ 0.80	$ 1.00	$ 1.20
銷貨量	80,000	80,000	80,000
銷貨收入	$ 64,000	$ 80,000	$ 96,000
變動成本@$0.60	48,000	48,000	48,000
邊際貢獻	$ 16,000	$ 32,000	$ 48,000
固定成本	60,000	60,000	60,000
淨利（損）	$(44,000)	$(28,000)	$(12,000)

售價增減對利量率的影響，可用圖 18–3 表示。

圖 18–3 中，固定成本收回線的起點為固定成本總額$60,000，至於其終點，可予計算如下：

	$ 0.80	$ 1.00	$ 1.20
單位售價	$ 0.80	$ 1.00	$ 1.20
銷貨量	350,000	350,000	350,000
銷貨收入	$280,000	$350,000	$420,000
變動成本—每單位$0.60	210,000	210,000	210,000
邊際貢獻	$ 70,000	$140,000	$210,000
固定成本	60,000	60,000	60,000
淨利	$ 10,000	$ 80,000	$150,000

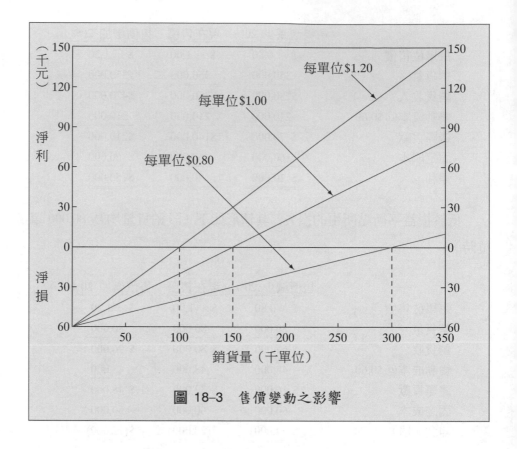

圖 18-3　售價變動之影響

二、變動成本發生變化的影響

變動成本發生增減變化時，利量率亦隨而改變，並使利潤型態發生不同的影響。茲以表列示如下：

變動成本	利量率	固定成本收回速度	損益平衡點	超過損益平衡點所獲利益	低於損益平衡點所生損失
增加	下降	減緩	上升	較少	較多
減少	升高	加速	下降	較多	較少

由此可知，變動成本增加所發生的影響與售價減少所發生的影響是相同的；反之，變動成本減少所發生的影響與售價增加所發生的影響也

是相同的。

茲假設下列資料：

變動成本的增減	減少 25%	現在變動成本	增加25%
每單位售價	$1.00	$1.00	$1.00
每單位變動成本	0.45	0.60	0.75
邊際貢獻	$0.55	$0.40	$0.25
利量率	55%	40%	25%
固定成本	$ 60,000	$ 60,000	$ 60,000
損益平衡點（金額）	$109,091	$150,000	$240,000
損益平衡點（單位）	109,091	150,000	240,000

變動成本發生增減變化的影響，可用圖 18–4 表示如下：

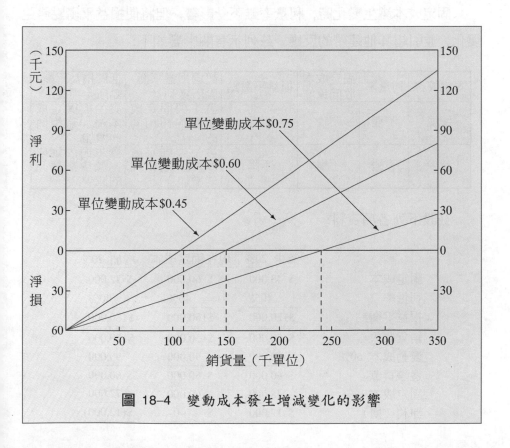

圖 18–4　變動成本發生增減變化的影響

圖 18-4 中，起點為固定成本的總額$60,000，至於其終點，可予計算如下：

單位售價	$ 1.00	$ 1.00	$ 1.00
變動成本	0.45	0.60	0.75
	$ 0.55	$ 0.40	$ 0.25
銷貨量	350,000	350,000	350,000
邊際貢獻	$192,500	$140,000	$ 87,500
固定成本	60,000	60,000	60,000
淨利	$132,500	$ 80,000	$ 27,500

三、固定成本發生變化的影響

固定成本發生變化時，利量率雖不受影響，但將使損益平衡點發生變化，並引起其他連帶的反應。茲列示有關影響如下：

固定成本	利量率	固定成本收回速度	損益平衡點	超過損益平衡點所獲利益	低於損益平衡點所生損失
增加	不變	不變	上升	發生與固定成本增加額相同的減少。	發生與固定成本增加額相同的增加。
減少	不變	不變	下降	發生與固定成本減少額相同的增加。	發生與固定成本減少額相同的減少。

茲設下列各項資料：

	減少 20%	現在固定成本	增加 20%
固定成本	$ 48,000	$ 60,000	$ 72,000
利量率	40%	40%	40%
損益平衡點	$120,000	$150,000	$180,000
銷貨收入	$150,000	$150,000	$150,000
變動成本 60%	90,000	90,000	90,000
邊際貢獻	$ 60,000	$ 60,000	$ 60,000
固定成本	48,000	60,000	72,000
淨利（損）	$ 12,000	$ −0−	$(12,000)

超過損益平衡點所獲利益的情形如下：

	固定成本減少 20%	現在固定成本	固定成本增加 20%
銷貨收入	$200,000	$200,000	$200,000
變動成本 60%	120,000	120,000	120,000
邊際貢獻	$ 80,000	$ 80,000	$ 80,000
固定成本	48,000	60,000	72,000
淨利	$ 32,000	$ 20,000	$ 8,000
淨利增加（減少）	$ 12,000	$ ─0─	$(12,000)

淨利增加額$12,000（$32,000-$20,000），適等於固定成本的減少額$12,000（$60,000-$48,000）。又淨利之減少額$12,000（$20,000-$8,000），適等於固定成本的增加額$12,000（$72,000-$60,000）。

低於損益平衡點所生損失的情形如下：

	固定成本減少 20%	現在固定成本	固定成本增加20%
銷貨收入	$100,000	$100,000	$100,000
變動成本 60%	60,000	60,000	60,000
邊際貢獻	$ 40,000	$ 40,000	$ 40,000
固定成本	48,000	60,000	72,000
淨損	$ 8,000	$ 20,000	$ 32,000
淨損增加（減少）	$(12,000)	$ ─0─	$ 12,000

淨損減少額$12,000（$20,000-$8,000），適等於固定成本的減少額$12,000。又淨損的增加額$12,000（$32,000-$20,000），適等於固定成本的增加額$12,000。

固定成本發生增減變動所產生的影響，可用圖 18-5 列示。

圖 18-5 中，其起點為固定成本，至於其終點，則計算如下：

銷貨收入	$250,000	$250,000	$250,000
變動成本 60%	150,000	150,000	150,000
邊際貢獻	$100,000	$100,000	$100,000
固定成本	48,000	60,000	72,000
淨利	$ 52,000	$ 40,000	$ 28,000

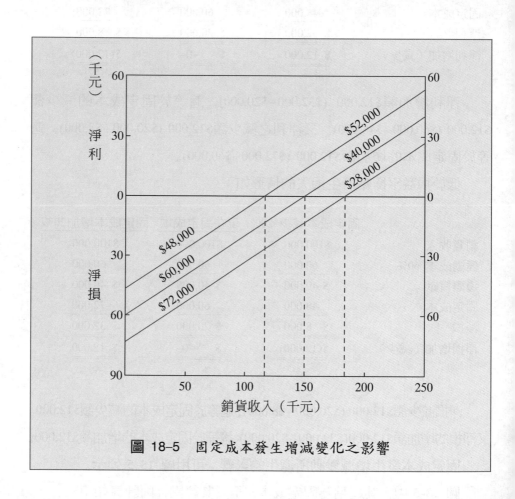

圖 18-5　固定成本發生增減變化之影響

18-3　增減售價與銷貨量的關係

一、彌補減價所需增加的銷貨量

企業常考慮減低售價，以增加銷貨量，期能獲得最大的利潤目標。採取此項決策之前，必須詳細分析售價的減少，對銷貨量可能發生的影響，否則貿然從事，結果將得不償失。蓋售價降低，利量率下降，固定成本收回率緩慢，損益平衡點上升。如欲保持原來的利益水準，則需要更多的銷貨量，以資彌補；所需增加銷貨量之多寡，完全決定於利量率的高低；如利量率高，則所需彌補的銷貨量較小；反之，如利量率低，則所需彌補的銷貨量較多。

茲設甲、乙兩公司的利量率，分別為 55% 及 30%；茲列示其詳細內容如下：

	甲公司	乙公司
單位售價	$1.00	$1.00
單位變動成本	0.45	0.70
邊際貢獻	$0.55	$0.30
利量率	55%	30%

又設甲、乙兩公司考慮減低售價，以增加銷貨量。茲分別以減價 5%、10% 及 15% 之情形，計算兩公司所應增加的銷貨量，才能維持原有的利潤水準。

	甲公司之商品售價			
	現在售價	減少 5%	減少 10%	減少15%
單位售價	$1.00	$0.95	$0.90	$0.85
單位變動成本	0.45	0.45	0.45	0.45
邊際貢獻	$0.55	$0.50	$0.45	$0.40
邊際貢獻減少	－	0.05	0.10	0.15
彌補減價所需 增加之銷貨量*		10%	22.2%	37.5%

*減價 5% 者：　$0.05 ÷ $0.50 = 10%

　減價 10% 者：　$0.10 ÷ $0.45 = 22.2%

　減價 15% 者：　$0.15 ÷ $0.40 = 37.5%

上列彌補減價所需增加之銷貨量，亦可按下列公式直接求得之：

$$\frac{彌補減價所需}{增加之銷貨量} \text{（百分比）} = \frac{原有邊際貢獻 - 減價後邊際貢獻}{減價後邊際貢獻} \times 100\%$$

（公式18–10）

$$= \frac{\$0.55 - \$0.50}{\$0.50} \times 100\%$$

$$= 10\%$$

	乙公司之商品售價			
	現在售價	減少 5%	減少 10%	減少15%
單位售價	$1.00	$0.95	$0.90	$0.85
單位變動成本	0.70	0.70	0.70	0.70
邊際貢獻	$0.30	$0.25	$0.20	$0.15
邊際貢獻減少	－	0.05	0.10	0.15
彌補減價所需 增加之銷貨量*	－	20%	50%	100%

*減價 5% 者：　$0.05 ÷ $0.25 = 20%

　減價 10% 者：　$0.10 ÷ $0.20 = 50%

　減價 15% 者：　$0.15 ÷ $0.15 = 100%

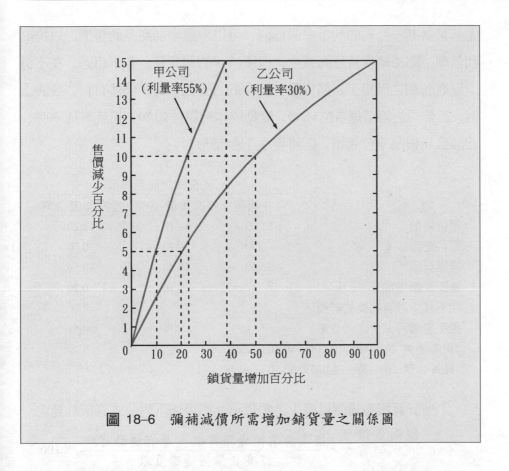

圖 18-6　彌補減價所需增加銷貨量之關係圖

由圖 18-6 觀之，甲公司必須謹慎考慮減價以增加銷貨量的決策，除非減價能增加相當數量的銷貨收入。至於乙公司，顯然利量率偏低，更不能考慮減低售價以增加銷貨量，其所應考慮者，乃為如何降低變動成本，藉以提高利量率，才是正確的途徑。

二、提高售價可減少的銷貨量

銷貨量多寡，與售價的高低，具有密切的反比關係；假定其他因素不變，銷貨量隨售價之提高而減少，隨售價之降低而增加。

企業管理者為增加利潤，常應用售價與銷貨量的關係，以資調節。

尤其是當某一公司的利量率偏低時，可以考慮增加商品的售價，以提高利量率，即使銷貨量急劇減少，但所減少的銷貨量，若未超過「在不減少原有利潤之前提下，銷貨量可減少的百分比」時，仍然有利。茲設上例，乙公司之售價每單位$1.00，變動成本每單位$0.70，利量率為 30%；若該公司提高單位售價，則將發生下列情形：

	乙公司之商品售價		
	現在售價	提高售價 10%	提高售價 20%
單位售價	$1.00	$1.10	$1.20
單位變動成本	0.70	0.70	0.70
邊際貢獻	$0.30	$0.40	$0.50
邊際貢獻增加	—	0.10	0.20
在不減少原有利潤的前提下，			
提高售價可減少之銷貨量*	—	25%	40%

*提高售價 10% 時：　$0.10 ÷ $0.40 ＝ 25%

　提高售價 20% 時：　$0.20 ÷ $0.50 ＝ 40%

上列計算提高售價可減少之銷貨量，亦可按下列公式直接計算之：

$$\text{提高售價可減少銷貨量（百分比）} = \frac{\text{提高售價後邊際貢獻} - \text{原有邊際貢獻}}{\text{提高售價後邊際貢獻}} \times 100\%$$

（公式18–11）

$$= \frac{\$0.40 - \$0.30}{\$0.40} \times 100\% = 25\%$$

由上述的分析得知，當售價提高 10% 時，若銷貨量減少的百分率，未達到 25% 時，仍然是有利的；同理，當商品的售價提高 20% 時，若銷貨量減少的百分比，未達到 40%，利潤將因提高售價而增加。

18–4　多種產品成本與利量分析

本章及前章所討論的成本與利量分析，均以產銷單一產品為討論的對象。事實上，很多公司都產銷二種以上的產品，則其分析將更為複雜。

由於各種產品的成本結構不同，其利量率自不相同，無法以一致的方法，進行其成本與利量的分析；因此，必須假設在各種情況下，俾採取實際可行的分析方法。

設大華公司產銷 A、B 兩種產品，每月份固定成本為$48,000，兩種產品的利量率如下：

	A 產品	B 產品
單位售價	$5,000	$8,000
變動成本	3,000	4,000
邊際貢獻	$2,000	$4,000
利量率	40%	50%

根據上列資料，另假設該公司每月份完工產品，均一律出售完了，沒有任何期末存貨；大華公司產銷 A、B 兩種產品的利潤方程式如下：

$$P = [(P_a - V_a)X_a] + [(P_b - V_b)X_b] - F \qquad （公式18–12）$$

$$= (\$5,000 - \$3,000)X_a + (\$8,000 - \$4,000)X_b - \$48,000$$

在損益平衡點之下，利潤 (P) 等於零，故上式應改為：

$$\$2,000X_a + \$4,000X_b = \$48,000$$

上列損益平衡方程式中，含有 X_a 與 X_b 兩個未知變數；因此，欲求得 A、B 兩種產品的損益平衡點，事實上，有很多可能的損益平衡點；茲將各種可能的損益平衡點，列示於表 18–1：

表 18-1　　A、B 兩種產品的各種可能損益平衡點

A 產品 (每單位邊際貢獻$2,000)		B 產品 (每單位邊際貢獻$4,000)		兩種產品 邊際貢獻合計
數量	邊際貢獻合計	數量	邊際貢獻合計	
24	$48,000	0	$ –0–	$48,000
22	44,000	1	4,000	48,000
20	40,000	2	8,000	48,000
18	36,000	3	12,000	48,000
16	32,000	4	16,000	48,000
14	28,000	5	20,000	48,000
12	24,000	6	24,000	48,000
10	20,000	7	28,000	48,000
8	16,000	8	32,000	48,000
6	12,000	9	36,000	48,000
4	8,000	10	40,000	48,000
2	4,000	11	44,000	48,000
0	–0–	12	48,000	48,000

　　A、 B 兩種產品的各種可能損益平衡點，事實上還不止表 18-1 所列示的部份。

　　茲再將上列 A、 B 兩種產品的各種可能損益平衡點，繪製其損益平衡圖如圖 18-7。

　　在圖 18-7 中，損益平衡線上的各點，均代表 A、 B 兩種產品各種可能的損益平衡點；假定在 n_1 點上， X_a 為 16 單位， X_b 為 4 單位，代入公式 18-12，得：

$$P = \$2,000 \times 16 + \$4,000 \times 4 - \$48,000$$

$$= 0$$

　　又假定在 n_2 點上， X_a 為 4 單位， X_b 為 11 單位，代入公式 18-12，得：

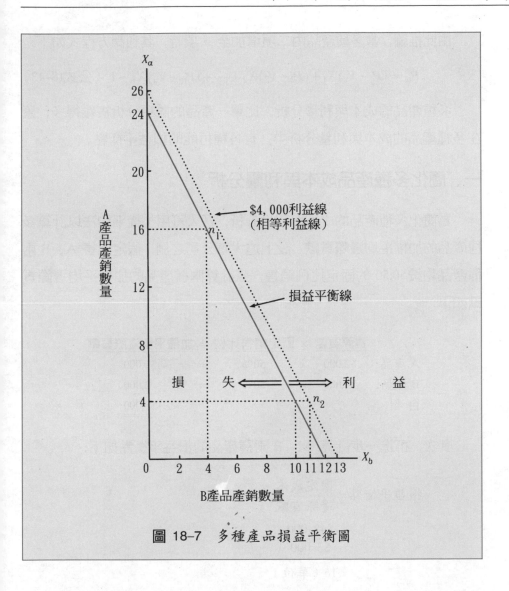

圖 18-7　多種產品損益平衡圖

$$P = \$2,000 \times 4 + \$4,000 \times 11 - \$48,000$$

$$= \$4,000$$

因此，凡銷貨組合落在$4,000 利益線上時，均可獲得$4,000 的利益，故又稱為相等利益線 (isoprofit lines)。

由此推論，當多種產品由二項增加至 n 項時，其利潤方程式如下：

$$P_n = (P_1 - V_1)X_1 + (P_2 - V_2)X_2 + \cdots + (P_n - V_n)X_n - F \text{（公式18–13）}$$

多種產品的成本與利量分析，比單一產品的該項分析複雜得多；蓋在多種產品的成本與利量分析中，有各種可能的損益平衡點。

一、簡化多種產品成本與利量分析

為簡化多種產品的成本與利量分析，吾人可用加權平均法以計算多種產品的加權平均邊際貢獻。設上述大華公司之例，假定出售 A、B 兩種產品均按50:50 的固定比例銷售，茲計算兩種產品的加權平均邊際貢獻如下：

	邊際貢獻	×	固定銷售比例	=	加權平均邊際貢獻
A 產品:	$2,000	×	50%	=	$1,000
B 產品:	4,000	×	50%	=	2,000
合　計					$3,000

其次，再進一步計算 A、 B 兩種產品的損益平衡點如下：

$$
\begin{aligned}
\text{損益平衡點} &= \frac{\text{固定成本}}{\text{邊際貢獻}} \\
&= \frac{\$48,000}{\$3,000} \\
&= 16 \text{（單位）}
\end{aligned}
$$

最後，計算 A、 B 兩種產品的單位數量均為 50%：50%，亦即 A、B 兩種產品均為 8 單位。

若干企業的會計人員，常以多種產品的售價，按固定的比例，予以加權平均，並根據下列公式，計算多種產品的損益平衡點：

$$損益平衡點 = \cfrac{固定成本}{\cfrac{邊際貢獻}{銷貨}}$$

設如上述大華公司之例，假定 A、B 兩種產品的售價，係按 50% 與 50% 的比例，予以加權平均；茲列示其計算如下：

	售　價 × 固定銷售比例 = 加權平均售價
A 產品:	$5,000 × 　50% 　=　 $2,500
B 產品:	$8,000 × 　50% 　=　 4,000
合　計	$6,500

其次再將加權平均的售價，以及加權平均的邊際貢獻，代入損益平衡點的公式如下：

$$損益平衡點 = \cfrac{\$48,000}{\cfrac{\$3,000}{\$6,500}}$$

$$= \$104,000$$

可予證明如下：

	A 產品	B 產品	合　計
每單位售價	$ 5,000	$ 8,000	
出售數量	8	8	
售價合計	$40,000	$64,000	$104,000
每單位邊際貢獻	$ 2,000	$ 4,000	
出售數量	8	8	
邊際貢獻合計	$16,000	$32,000	$ 48,000

二、多種產品的敏感性分析

所謂**敏感性分析** (sensitivity analysis)係指衡量某一變數，或某些組合變數的改變，而影響損益或其他決策因素的任何過程。由於多種產品的

損益平衡分析效果，會受產品組合若干假設條件的重大影響；因此，吾人必須應用敏感性分析，來強調其分析結果；敏感性分析，涵蓋所有在合理的範圍內，有關產品各項組合改變的一系列計算工作與分析過程。設上述大華公司A、B兩種產品的銷貨組合，改變為80：20，則兩種產品邊際貢獻的加權平均，改變如下：

	邊際貢獻	×	銷貨組合	=	加權平均邊際貢獻
A 產品：	$2,000	×	80%	=	$1,600
B 產品：	$4,000	×	20%	=	800
合　計					$2,400

其次，再計算銷貨組合 80：20 的損益平衡點如下：

$$損益平衡點 = \frac{\$48,000}{\$2,400}$$

$$= 20（單位）$$

最後計算 A、B 兩種產品的數量單位，A 產品為 16 單位，B 產品為 4 單位。如按金額表示的損益平衡點如下：

$$損益平衡點 = \$5,000 \times 16 + \$8,000 \times 4$$
$$= \$112,000$$

吾人如欲得知某一項銷貨組合，是否比另一項銷貨組合有利，只要比較那一項銷貨組合的損益平衡點比較低，就可確定。例如上述 A、B 兩種銷貨組合分別為 50:50 及 80:20；後者的損益平衡點為$112,000，高於前者的損益平衡點$104,000，表示前者的銷貨組合，提早獲利時間，是為比較有利的銷貨組合。

茲另假定上述大華公司之例，對於 A、B 兩種產品的銷貨組合，改按 40%：60% 的比例，兩種產品的加權平均邊際貢獻，計算如下：

$$
\begin{array}{lccccc}
& \text{邊際貢獻} & \times & \text{銷貨組合} & = & \text{加權平均邊際貢獻} \\
\text{A 產品:} & \$2,000 & \times & 40\% & = & \$\ 800 \\
\text{B 產品:} & 4,000 & \times & 60\% & = & \underline{2,400} \\
\text{合　計} & & & & & \underline{\$3,200}
\end{array}
$$

其次，再計算銷貨組合 40:60 的損益平衡點如下：

$$
\begin{aligned}
\text{損益平衡點} &= \frac{\$48,000}{\$3,200} \\
&= 15 \text{（單位）}
\end{aligned}
$$

最後計算 A、 B 兩種產品的數量單位， A 產品為 6 單位， B 產品為 9 單位。另以金額表示其損益平衡點如下：

$$
\begin{aligned}
\text{損益平衡點} &= \$5,000 \times 6 + \$8,000 \times 9 \\
&= \$102,000
\end{aligned}
$$

很顯然地，當 A、 B 兩種產品的銷貨組合為 40: 60 時，由於其損益平衡點，比前述兩種組合的損益平衡點為低，故為三種組合中的最有利者。茲將三種不同的銷貨組合，彙總比較如下：

	A （利量率 40%）	B （利量率 50%）	加權平均 邊際貢獻	加權平均 利量率	損益平衡點 金額	損益平衡點 數量
(1)	80%	20%	$2,400	42%	$112,000	20
(2)	50%	50%	3,000	45%	104,000	16
(3)	40%	60%	3,200	46%	102,000	15

由上述分析，吾人可獲得以下的結論：

1.當銷貨組合，由利量率較低的 A 產品，趨向於利量率較高的 B 產品時，加權平均貢獻增加，加權平均利量率提高，損益平衡點下降，如上述(3)的情形。

2.當銷貨組合由利量率較高的 B 產品，趨向於利量率較低的 A 產

品時，加權平均貢獻減少，加權平均利量率降低，損益平衡點上升，如上述(1)的情形。

　　茲以圖形列示於圖 18–8：

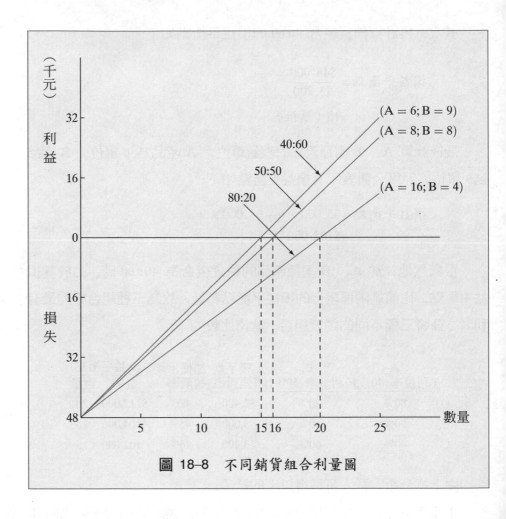

圖 18–8　不同銷貨組合利量圖

本章摘要

「成本—數量—利潤」分析，將銷貨收入分成兩部份；其一為變動成本，其二為邊際貢獻。邊際貢獻用於收回固定成本後，如仍有剩餘時，即屬利潤。邊際貢獻的大小，通常以邊際貢獻對銷貨收入的百分率表示之，稱為邊際貢獻率，又稱利量率 (P/V ratio)。

固定成本與利潤，誠如門檻與入室的關係，門檻愈高，入室愈不容易；當固定成本愈多，企業必於邊際貢獻足以收回固定成本後，始能踏入利潤的境界。

由上述分析可知，決定企業利潤多寡的因素有二: (1)利量率, (2)固定成本；利量率高低，決定於售價、變動成本、及多種產品的產銷組合等諸因素。各企業間成本結構及利量率大小，不盡相同，故其利益型態各殊。凡利量率較高，固定成本較低的企業，其損益平衡點較低，獲利潛力較大；反之，凡利量率較低，固定成本較高的企業，其損益平衡點較高，獲利潛力較小。

銷貨量增加，是否增加企業的利潤，須視其利量率高低而定；換言之，利潤對銷貨量變動的敏感性，主要決定於利量率的高低；凡利量率愈高，利潤對銷貨量變動的敏感性愈大；反之，凡利量率愈低，利潤對銷貨量變動的敏感性愈小。

售價與變動成本發生變化時，將影響利量率的高低，使損益平衡點及邊際貢獻發生變化；如固定成本發生變化時，雖不影響利量率及邊際貢獻，惟仍將促使損益平衡點及利潤數額發生變化。

企業如產銷多種產品時，對於其「成本—數量—利潤」分析，將更為複雜。蓋各種產品的利量率不同，獲利潛力各殊；產銷組合如有改變，其利潤型態隨而發生變化。一般言之，凡多種產品的產銷組合，由利量

率較低的產品，趨向於利量率較高的產品時，其加權平均利量率隨而提高，損益平衡點下降，利潤增加，是為有利的組合；反之，凡多種產品的產銷組合，由利量率較高的產品，趨向於利量率較低的產品時，其加權平均利量率隨而下降，損益平衡點上升，利潤減少，是為不利的組合。

「成本─數量─利潤」分析，在實際應用時，必須謹慎從事；蓋此項分析，係以靜態資料，說明動態事實，不得不基於各項基本假定；然而，有若干假定，係為簡化分析而設定，祇能在某特定期間內，或正常營運範圍內，始能有效；抑且甚之，若干假定往往與事實不盡相符；因此，當某項假定發生變化時，必須配合新的情況，重新修正或另行分析，才不會導致錯誤的分析效果，豈可不慎哉！

本章編排流程

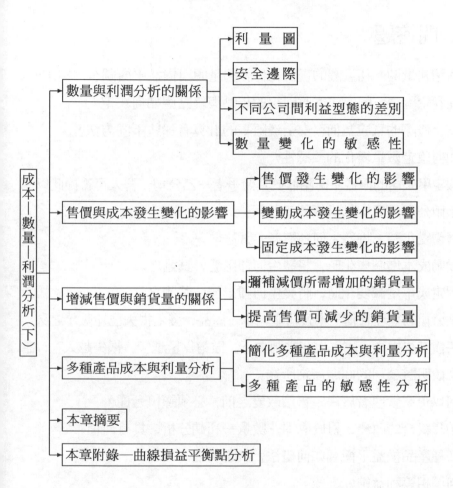

成本─數量─利潤分析（下）

- 數量與利潤分析的關係
  - 利 量 圖
  - 安 全 邊 際
  - 不同公司間利益型態的差別
  - 數 量 變 化 的 敏 感 性
- 售價與成本發生變化的影響
  - 售 價 發 生 變 化 的 影 響
  - 變動成本發生變化的影響
  - 固定成本發生變化的影響
- 增減售價與銷貨量的關係
  - 彌補減價所需增加的銷貨量
  - 提高售價可減少的銷貨量
- 多種產品成本與利量分析
  - 簡化多種產品成本與利量分析
  - 多 種 產 品 的 敏 感 性 分 析
- 本章摘要
- 本章附錄─曲線損益平衡點分析

習 題

一、問答題

1. 何謂利量圖？利量圖的畫法為何？利量圖與損益平衡圖有何區別？

2. 在利量圖中，固定成本收回線的起點與終點應如何決定？

3. 安全邊際的意義為何？安全邊際率的計算有那些不同方法？

4. 如何確定數量變化的敏感性？

5. 假定甲公司的損益平衡點低於其競爭者—乙公司，吾人可否據此以認定甲公司的成本結構優於乙公司？

6. 售價變化時，將發生何種影響？試述之。

7. 變動成本增減變化時，將發生何種影響？試述之。

8. 固定成本增減變化時，將發生何種影響？試述之。

9. 某公司的經理聲稱「本公司產銷單一產品，發生損失已達數年之久；售價無法提高，成本也在控制之下，惟銷貨量越多，損失越大」；請您說明該公司的問題癥結所在。

10. 何以企業管理者於決定售價改變之前，必須謹慎考慮？

11. 銷貨組合的改變，對於成本—數量—利潤分析，具有何種影響？

12. 多種產品損益平衡圖如何畫法？試說明之。

13. 何謂相等利益線？

14. 如何簡化多種產品的成本與利量分析？

15. 單一產品與多種產品的敏感性分析，基本上是否相同？

16. 何謂曲線損益平衡圖？曲線損益平衡圖如何畫法？

17. 何以曲線損益平衡點即為最大利潤點？試說明之。

二、選擇題

18.1　D 公司於 1998 年 1 月 1 日，提高直接人工工資率；其他各項預算
　　　成本及收入，均未變更。此項變更對損益平衡點及安全邊際有何影
　　　響？

	損益平衡點	安全邊際
(a)	提高	提高
(b)	提高	降低
(c)	降低	降低
(d)	降低	提高

18.2　A 公司生產單一產品，1996 年及 1997 年「成本－數量－利潤分
　　　析」的利量圖如下：

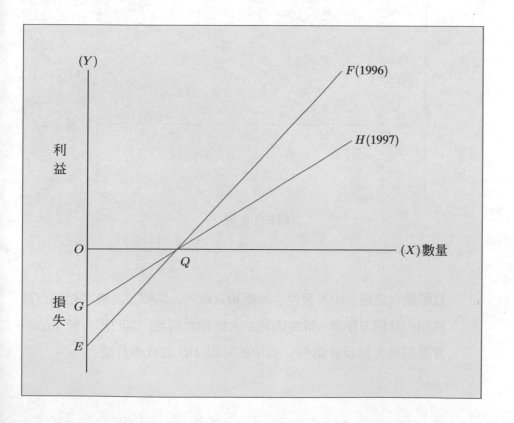

　　假定 1996 年及1997 年的單位售價相同，則比較兩年度總固定成本
及單位變動成本有何變化:

	1997 年總固定成本	1997 年單位變動成本
(a)	減少	增加
(b)	減少	減少
(c)	增加	增加
(d)	增加	減少

18.3　下列為某公司的預計利量圖， EG 代表該公司兩種產品的利益線;
　　　EH 線與 HG 線分別表示產品#1 與產品#2 的利益線。

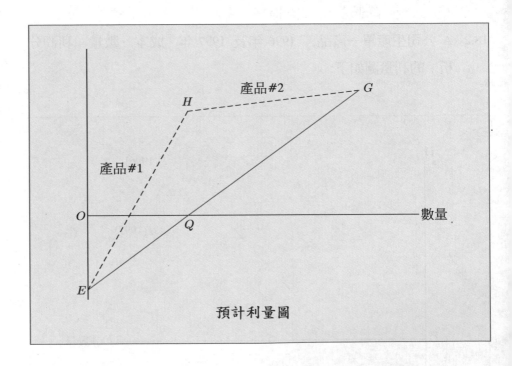

預計利量圖

　　實際銷貨價格、成本習性、及總銷貨收入，均與預計數字相同，且
無期初及期末存貨; 惟實際利益大於預計利益。請問那一種產品的
實際銷貨大於預計銷貨? OE 線除以 OQ 線代表什麼?

	實際銷貨大於預計銷貨	*OE/OQ*
(a)	產品#1	邊際貢獻
(b)	產品#1	銷貨毛利
(c)	產品#2	邊際貢獻
(d)	產品#2	銷貨毛利

18.4　在一個有利益的企業，如從其實際銷貨收入減去某項金額至最大
極限，仍然不會發生損失；此項金額的最大極限即為：

(a)銷貨量差異。

(b)邊際收入。

(c)變動銷貨收入。

(d)安全邊際。

第 18.5 題至第 18.9 題係以下列資料為解答的根據：

M 公司生產高級電子錶；　1998 年預計出售 30,000 只，每只售價$120；
其他各項預計成本如下：

　製造成本：

　　直接原料　　：每單位$40

　　直接人工　　：每單位$30

　　變動製造費用：每單位$20

　　固定成本　　：每年$200,000，包括非付現費用（例如折舊、攤銷
　　　　　　　　　　等）$60,000。

　銷管費用：

　　變動部份　　：每單位$10

　　固定部份　　：每年$200,000，包括非付現費用$40,000。

18.5　M 公司每單位邊際貢獻為若干?

　(a)$10

　(b)$20

(c)$30

(d)$40

18.6 M 公司的損益平衡點（數量）為若干？

(a) 10,000 單位。

(b) 20,000 單位。

(c) 30,000 單位。

(d) 40,000 單位。

18.7 M 公司的安全邊際（數量）為若干？

(a) 5,000 單位。

(b) 10,000 單位。

(c) 15,000 單位。

(d) 20,000 單位。

18.8 M 公司的付現成本收回平衡點（數量）為若干？

(a) 5,000 單位。

(b) 10,000 單位。

(c) 15,000 單位。

(d) 20,000 單位。

18.9 假定M 公司需要支付 20% 的所得稅，則第 18.8 題的付現成本收回平衡點（數量）為若干？

(a) 18,750 單位。

(b) 15,000 單位。

(c) 13,750 單位。

(d) 10,000 單位。

18.10 T 公司銷售 X、 Y、 Z 三種產品；銷售 X 三單位，必須銷售 Z 一單位，銷售Y 二單位，必須銷售 X 一單位。銷售每單位 X 的邊際貢獻為$1， Y 為$2， Z 為$4； T 公司的固定成本為$570,000。

T 公司銷售X 多少單位，才能達到損益平衡點？

(a) 20,000 單位。

(b) 25,000 單位。

(c) 30,000 單位。

(d) 40,000 單位。

下列資料用於解答第 18.11 題至第18.12 題的根據：

P 公司生產 X、 Y 兩種產品的有關資料如下：

產品別	每 單 位	
	銷貨收入	變動成本
X	$180	$105
Y	750	300

每年固定成本$450,000；預計產量：X 產品 60%；Y 產品 40%。

18.11 P 公司的損益平衡點（數量）為若干？

(a) 1,000

(b) 1,111

(c) 2,000

(d) 2,500

18.12 P 公司的損益平衡點（金額）為若干？

(a)$450,000

(b)$630,000

(c)$712,000

(d)$816,000

三、計算題

18.1 太子汽車零件公司所經銷的零件每單位$10，每年可出售 200,000 單位，淨利$260,000，固定成本$680,000。由於競爭激烈，銷貨部經理

主張降低售價 10%，預計可增加銷貨量 30%。假定製造及銷貨量的改變對成本結構並無影響。

試求：

(a)計算銷貨部經理所主張的淨利（或淨損）。

(b)如按銷貨部經理的主張，降低售價後，欲獲得淨利$319,000 之銷貨量。

（高考試題）

18.2 甲、乙兩公司生產相同產品；由於競爭激烈，甲公司擬降低售價，期能爭取乙公司的生意。已知甲公司每月固定成本為$16,000，利量率 40%。有關乙公司最近九個月份的成本資料如下：

月份	銷貨收入	淨利（損）
1	$30,000	$ (5,000)
2	45,000	2,500
3	50,000	5,000
4	50,000	6,000
5	55,000	7,500
6	50,000	4,000
7	60,000	11,000
8	60,000	9,000
9	35,000	(2,500)

試求：

(a)乙公司的利量率。

(b)乙公司的變動成本率及固定成本。

(c)比較甲、乙兩公司的利益型態。

18.3 太和公司 19A 年度的淨利如下：

銷貨	$1,200,000
變動成本	720,000
	$ 480,000
固定成本	300,000
淨利	$ 180,000

該公司目前最高生產能量為$1,500,000。經市場調查顯示銷貨量可增加至$2,000,000，故該公司考慮擴充生產設備，以配合銷貨增加$500,000 之需。擴充生產設備之有關成本如下：

所需投資		$300,000
投資報酬率		每年 10%
每年固定成本：		
折舊： 10%	$30,000	
其他	70,000	$100,000

假定擴充生產設備後的變動成本仍然保持不變。

試求：

(a)分別計算目前及擴充後的損益平衡點。

(b)欲收回擴充生產設備的預期投資報酬率，每年所需增加之銷貨額。

(c)擴充生產設備後，如欲維持目前$180,000 的淨利水準所需之銷貨額。

(d)設所得稅率為淨利的 25%，比較目前及擴充後在最高生產能量下的最大獲益能力。

18.4 太平公司經營甲、乙兩種產品。 19A 年度該公司二種產品的銷貨組合為 50%：50%，其邊際損益表如下：

	甲產品	乙產品	合 計
銷貨收入	$90,000	$90,000	$180,000
變動成本	36,000	72,000	108,000
邊際貢獻	$54,000	$18,000	$ 72,000
固定成本			48,000
淨利			$ 24,000

試求:

　(a)在下列各種組合下的損益平衡點:

　　(1)甲、乙兩種產品的銷貨組合為 50%:50%。

　　(2)甲、乙兩種產品的銷貨組合為 60%:40%。

　　(3)甲、乙兩種產品的銷貨組合為 40%:60%。

　(b)編製上述三種銷貨組合下的利量圖,以預計每年銷貨$200,000
　　下之淨利。

18.5　太古公司經銷甲、乙兩種產品,其單位售價及變動成本如下:

	甲產品	乙產品
售價	$1.00	$2.00
變動成本	0.60	0.80
邊際貢獻	$0.40	$1.20

假設兩種產品的銷貨收入相同;該公司會計主任經成本－數量－利
潤分析後,預計 19A 年銷貨收入在$400,000 下的淨利為$70,000。
19A 年 12 月 31 日損益表列示如下:

銷貨收入:		
甲產品	$240,000	
乙產品	160,000	$400,000
變動成本		205,000
邊際貢獻		$195,000
固定成本		130,000
淨利		$ 65,000

該公司經理認為「如淨利下降，顯然係由於成本上升的結果」，因
此計畫進行成本分析工作。

假設 19A 年售價不變，對於該公司經理之見解，台端應如何以對？

18.6　太上公司經銷A、 B、 C、 D 等四種產品，計有甲、乙兩個銷售
地區。有關資料如下：

	單位售價	甲地區 銷貨量	乙地區 銷貨量
A 產品	$0.50	100,000	10,000
B 產品	1.00	10,000	20,000
C 產品	1.50	60,000	30,000
D 產品	2.00	25,000	65,000

製造成本：

	變動成本	固定成本
A 產品	$0.30	$0.10
B 產品	0.55	0.20
C 產品	0.78	0.22
D 產品	0.72	0.28

銷管費用：

	甲地區 固定	變動	乙地區 固定	變動
銷售費用	$18,000	$6,000	$ 9,200	$6,000
管理費用	14,000	—	14,000	—
	$32,000	$6,000	$23,200	$6,000

試求：

　(a)編製甲、乙兩地區的損益表。

　(b)計算甲、乙兩地區的損益平衡點。

18.7　太平洋公司產銷 A、 B、 C 三種產品，過去二年期間，其銷貨量

及變動成本，波動幅度頗為驚人；因此，該公司總經理認為，應審慎從事成本—數量—利潤分析。 1998年度之預算如下：

	A 產品	B 產品	C 產品
銷貨量	50,000	50,000	100,000
單位售價	$28	$36	$48
單位變動製造成本	13	12	25
單位變動銷管費用	5	4	6

1998 年度預計固定製造費用為$2,000,000，預計固定銷管費用為$600,000，所得稅率40%。

試求：

(a)1998 年度之稅後淨利為若干？

(b)為達到損益平衡點， 1998 年度三種產品之銷貨量各為若干？

(c)為獲得稅後淨利$450,000， 1998 年度三種產品之銷貨收入共為若干？

(d)假定 1998 年度C 產品之變動製造費用增加 20%， B 產品之變動銷管費用每單位增加$1.00；另悉 C 產品之市場潛力雄厚，預計 C 產品之銷貨量，將分別為 A、 B 兩種產品之三倍。請問三種產品之銷貨量各為若干，才能損益平衡？

（美國管理會計師考試試題）

附　錄

曲線損益平衡點分析

　　本書第十七、十八章介紹成本─數量─利潤分析的基本假定時，曾指出售價及變動成本，均與數量呈現正比例的變動，故總收入線與總成本線皆為直線。然而，對於售價不變的基本假定，在現實的經濟社會中，殊少存在。根據經濟學上的需求法則認為：在一般情況下，倘若某物的價格下跌時，消費者的購買量將增加；反之，當某物的價格上漲時，消費者的購買量將減少。因此，經濟學者乃認為，欲使銷貨量增加，必須降低單位售價；在此一情況下，總收入線乃成為一條曲線，而非為直線。

　　在成本方面，經濟學者認為，在生產水準未達到**經濟規模** (economics of scale)之前，由於產品的單位成本，具有遞減的現象，遂使生產報酬率呈現遞增的趨勢；當生產水準達到經濟規模時，由於大規模生產的經濟利益，已達到高峰，產品的單位成本降到最低點，此時企業的利潤最大；惟一旦生產水準於超過經濟規模之後，由於大規模生產的經濟利益已不存在，產品的單位成本將因而遞增，將促使生產報酬率遞減。因之，總成本線實為一條曲線，並非直線。

　　依經濟學者的看法，總收入線與總成本線既非直線，故其交點亦不只一點，並認為企業利潤最大之點，乃落於**邊際收入**與**邊際成本** ($MR = MC$)相交之點，並非銷貨收入最大之時。

　　為說明曲線損益平衡點的分析方法，茲假設下列各項成本與收入的觀察值資料：

表一

數量 (x)	總收入 (y_r)	總成本 (y_c)
5	\$ 6	\$ 5
10	12	7
15	17	10
20	21	14
5	8	7
10	14	9
15	19	12
20	23	16

　　為分析曲線損益平衡點，吾人首先應求出總成本與總收入的方程式，此可應用統計學上的最小平方法求得。按拋物線之正常方程式為：

$$aN + b \sum_{i=1}^{n} x_i + c \sum_{i=1}^{n} x_i^2 = \sum_{i=1}^{n} y_i \tag{一}$$

$$a \sum_{i=1}^{n} x_i + b \sum_{i=1}^{n} x_i^2 + c \sum_{i=1}^{n} x_i^3 = \sum_{i=1}^{n} x_i y_i \tag{二}$$

$$a \sum_{i=1}^{n} x_i^2 + b \sum_{i=1}^{n} x_i^3 + c \sum_{i=1}^{n} x_i^4 = \sum_{i=1}^{n} x_i^2 y_i \tag{三}$$

$x = $ 任一數量觀察值

$y_r = $ 任一收入觀察值

$y_c = $ 任一成本觀察值

$N = $ 成本或收入觀察值之數目

　　將上列三個方程式予以求解後，可得下列之程式：

$$y = a + bx + cx^2 \tag{四}$$

　　茲將表一的成本觀察值 (y_c) 及有關資料，分別求算如下：

x	x^2	x^3	x^4	y_c	xy_c	$x^2 y_c$
5	25	125	625	5	25	125
10	100	1,000	10,000	7	70	700
15	225	3,375	50,625	10	150	2,250
20	400	8,000	160,000	14	280	5,600
5	25	125	625	7	35	175
10	100	1,000	10,000	9	90	900
15	225	3,375	50,625	12	180	2,700
20	400	8,000	160,000	16	320	6,400
$\sum x=100$	$\sum x^2=1,500$	$\sum x^3=25,000$	$\sum x^4=442,500$	$\sum y_c=80$	$\sum xy_c=1,150$	$\sum x^2 y_c=18,850$

將上列計算結果，分別代入方程式㈠、㈡、㈢，並予計算如下：

$$8a + 100b + 1,500c = 80 \tag{1}$$

$$100a + 1,500b + 25,000c = 1,150 \tag{2}$$

$$1,500a + 25,000b + 442,500c = 18,850 \tag{3}$$

(3) − (2) ×15，求得下式：

$$2,500b + 67,500c = 1,600 \tag{4}$$

(2) − (1) × 12.5 求得下式：

$$250b = 6,250c = 150 \tag{5}$$

(4) − (5) × 10，求得下式：

$$5,000c = 100$$

$$c = 0.02$$

(5) × 10.8 − (4)，求得下式：

$$200b = 20$$

$$b = 0.1$$

以 $b = 0.1$, $c = 0.02$ 代入(1)式:

$$8a + 10 + 30 = 80$$

$$8a = 40, \ a = 5$$

將 $a = 5$, $b = 0.1$, $c = 0.02$ 代入方程式(四)如下:

$$y_c = a + bx + cx^2$$

$$= 5 + 0.1x + 0.02x^2$$

同理,將表一之收入觀察值 (y_r) 及有關資料分別予以計算如下:

x	x^2	x^3	x^4	y_r	xy_r	x^2y_r
5	25	125	625	6	30	150
10	100	1,000	10,000	12	120	1,200
15	225	3,375	50,625	17	225	3,825
20	400	8,000	160,000	21	420	8,400
5	25	125	625	8	40	200
10	100	1,000	10,000	14	140	1,400
15	225	3,375	50,625	19	285	4,275
20	400	8,000	160,000	23	460	9,200
$\sum x = 100$	$\sum x^2 = 1,500$	$\sum x^3 = 25,000$	$\sum x^4 = 442,500$	$\sum y_r = 120$	$\sum xy_r = 1,750$	$\sum x^2y_r = 28,650$

將上列計算結果,分別代入方程式(一)、(二)、(三),並予計算如下:

$$8a + 100b + 1,500c = 120 \tag{6}$$

$$100a + 1,500b + 25,000c = 1,750 \tag{7}$$

$$1,500a + 25,000b + 442,500c = 28,650 \tag{8}$$

(7) $-$ (6) $\times$ 12.5,求得下式:

$$250b + 6,250c = 250 \tag{9}$$

(8) $-$ (7) $\times$ 15,求得下式:

$$2,500b + 67,500c = 2,400 \qquad \text{⑽}$$

⑽ − (9) × 10, 求得下式:

$$5,000c = -100$$

$$c = -\frac{100}{5,000}$$

$$= -0.02$$

(9) × 10.8 − ⑽, 求得下式:

$$200b = 300$$
$$b = 1.5$$

將 $b = 1.5$ 及 $c = -0.02$ 代入(6)式:

$$8a + 150 - 30 = 120$$
$$8a = 0$$
$$a = 0$$

再將 $a = 0$, $b = 1.5$ 及 $c = -0.02$ 代入方程式㈣如下:

$$y_r = 1.5x - 0.02x^2$$

在上列收入曲線的方程式中, 並無常數, 此乃因收入在座標圖上, 係由原點開始, 隨數量的增加而變動, 故常數為零。而在成本曲線的方程式中, 其常數乃表示固定成本的數額。

按損益平衡點, 乃總收入與總成本相等之點, 故令上列收入與成本二曲線相等, 並求解之, 即可求得曲線損益平衡點, 其計算如下:

$$1.5x - 0.02x^2 = 5 + 0.1x + 0.02x^2$$

移項得:

$$5 - 1.4x + 0.04x^2 = 0$$

$$125 - 35x + x^2 = 0$$

解之得:

$$x = 4.037 及 30.963 (單位)$$

由此可知, 本例之損益平衡點為 4.037 及 30.963 單位。茲將曲線損益圖, 予以列示如圖一:

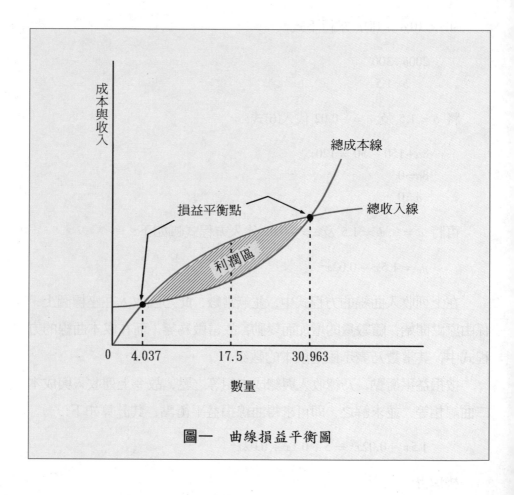

圖一　曲線損益平衡圖

前已述及, 當邊際收入與邊際成本相等時, 其利潤為最大; 而邊際收

入即為收入曲線方程式之微分，邊際成本亦為成本曲線方程式之微分。
因此，吾人可將上列收入與成本方程式，分別加以微分，即可求得邊際
收入與邊際成本如下：

收入曲線方程式的微分：

$$y_r = 1.5x - 0.02x^2$$
$$y_r' = 1.5 - 0.04x$$

成本曲線方程式的微分：

$$y_c = 5 + 0.1x + 0.02x^2$$
$$y_c' = 0.1 + 0.04x$$

因邊際收入等於邊際成本：

故得：

$$1.5 - 0.04x = 0.1 + 0.04x$$

解之得：

$$1.4 - 0.08x = 0$$
$$x = 17.5（單位）$$

當產銷量為 17.5 單位時，邊際收入等於邊際成本，且利潤最大。此
時之圖形，可用圖二表示之：

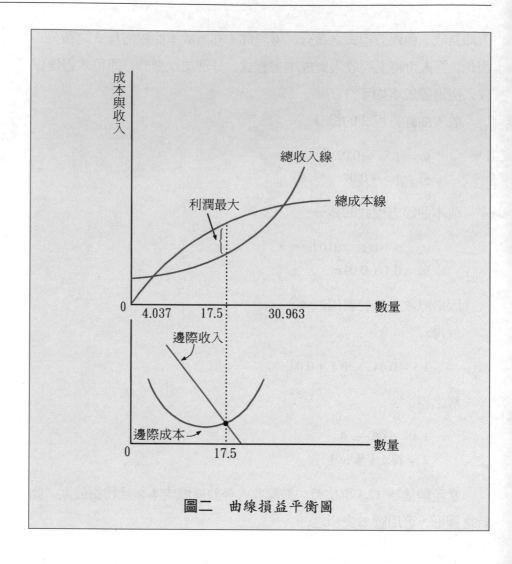

圖二　曲線損益平衡圖

　　吾人為確定所求得的值（ 17.5 單位），是否為最大利潤點，可利用第二次微分加以驗證；若在 17.5 單位的第二次微分之值為負數，即表示所求得之值為極大值。

　　設 $E(x) = y_r - y_c$

　　則

$$E'(x) = 1.4 - 0.08x$$

$$E''(x) = -0.08 < 0$$

由於第二次微分之值為 -0.08，小於零，故可確定 17.5 單位為最大利潤之所在；此時之收入如下：

$$
\begin{aligned}
y_r &= 1.5x - 0.02x^2 \\
&= 1.5 \times 17.5 - 0.02 \times 17.5^2 \\
&= 20.125 \text{（元）}
\end{aligned}
$$

此時之成本如下：

$$
\begin{aligned}
y_c &= 5 + 0.1x + 0.02x^2 \\
&= 5 + 0.1 \times 17.5 + 0.02 \times 17.5^2 \\
&= 12.875 \text{（元）}
\end{aligned}
$$

此時之利潤 (P) 為：

$$
\begin{aligned}
P &= y_r - y_c \\
&= 20.125 - 12.875 \\
&= 7.25 \text{（元）}
\end{aligned}
$$

第十九章　成本觀念與經營決策

前　言

　　會計人員所提供的若干資料，可能僅為一般目的計算而得，吾人實無法預期此等資料，可普遍地應用於解決或說明所有的個別問題。因此，為了管理決策之目的，對於各項按傳統方法所蒐輯的成本資料，必須依照特定的情況，加以合理的調適，俾能配合個別的需要。例如會計人員為了編製對外財務報表之目的，所蒐輯的成本資料，雖可適當地應用於編製資產負債表及損益表，藉以正確表達一企業的真實財務狀況及經營成果，以滿足投資人及相關人士的需要；然而，此項同一成本資料，卻無法絕對可靠地應用於解決企業管理上日常所遭遇的各種問題。會計上為計算損益所提列的固定資產折舊，不能用於回答機器是否應予重置的問題；按期列入每期損益表的各項無關成本，於企業決定是否應廢除某一部門或某項產品的生產決策時，則毋須加以考慮；應用於長期價格決策的若干成本資料，往往不能適用於短期價格決策。因此，為使各項成本資料能適用於解決營業上的各種特定問題，必須將各項成本資料，重新加以適當的調整。

　　吾人將於本章內，首先介紹各項與決策有關的成本觀念，其次再列舉各種實例，藉以闡明各項成本觀念在經營決策上的應用。

19-1　決策成本的概念

決策成本 (decision-making cost)係指一企業管理者，對於每一項重大決策，必須根據各項成本資料，選擇最有利的方案，作成最合理的決策，藉以增加其營業淨利。在作成決策之前，必須審慎考慮各種有形及無形的因素；有形因素如產品成本及利益變動的會計資料；無形因素如管理者的能力、員工合作態度及顧客對企業的反應或觀感等。

會計記錄，在於提供企業管理者所需要的有用資料，俾作為決策的參考，以解決管理上所面臨的諸多問題。

一項有用的會計資料，在運用於決策之前，必須加以調整，才能適合所欲解決的特定問題。因此，所謂決策成本，係指經調整後，能適用於個別問題的各項會計記錄成本。

決策成本與會計記錄成本，在本質上，有下列各項不同：

1.決策成本係指在假定條件之下，預期將來可能發生的成本；而**會計記錄成本** (accounting costs)，係指在現存條件下已發生的歷史成本。

2.決策成本能解決因採取個別行動所將遭遇的各項問題；而會計記錄成本，則表示目前產品的實際成本。

3.決策成本係假設在各種不同情況下，可能發生的成本，故必須將會計資料加以修正。至於會計記錄成本，係指實際的各種成本資料。

19-2　各項決策成本詮釋

一、攸關成本與無關成本 (relevant & irrelevant costs)

攸關成本係指隨經營決策的選擇而改變的預期未來成本。根據此一定義，攸關成本具有下列二個特性。

⑴預期未來成本。

⑵隨經營決策的選擇而改變的成本。

攸關收入 (relevant revenues)，係指隨經營決策的選擇而改變的預期未來收入。

至於無關成本，係指不隨經營決策的選擇而改變的成本；此項成本，通常為已發生的歷史成本，也可能與特定決策無關的未來成本；攸關成本則僅與未來成本有關。

茲將攸關成本與無關成本的界限，列示如圖 19–1：

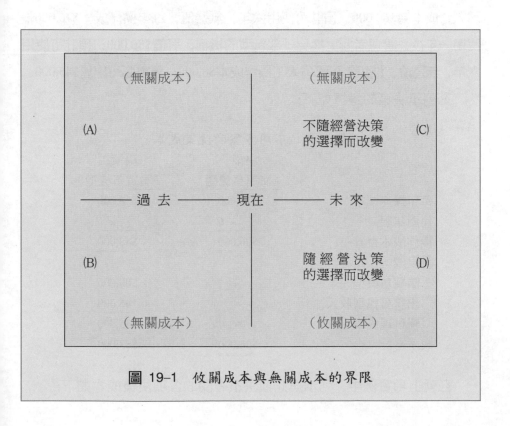

圖 19–1　攸關成本與無關成本的界限

二、付現成本與沉沒成本 (out of pocket cost and sunk cost)

　　付現成本乃一項隨特定決策的選擇, 而必須於選擇決策之後, 以現金或等值現金支付的成本, 故又稱為**支出成本** (outlay cost)或**經費成本** (spending cost)。付現成本是否屬於攸關成本之一, 須視它是否符合攸關成本的二個特性而定: (1)預計未來成本; (2)隨特定決策而發生。

　　茲舉一實例說明之。設某公司目前已擁有一部電腦設備, 係於 19A 年購入, 成本為$60,000, 預計可使用六年, 無殘值, 每年操作成本$16,000, 使用一年後, 管理者擬更換另一部新型的機種, 訂價$80,000, 預計可使用六年, 無殘值, 惟每年可節省人工操作成本$8,000; 舊電腦可出售$45,000。

　　茲列示決策的選擇如下:

表 19-1　不同方案的決策成本

	決策一 （使用舊機型）	決策二 （購買新機型）
每年操作成本	$16,000	$ 8,000
使用年限	× 6	× 6
操作成本合計	$96,000	$48,000
付現成本:		
購買新機型成本	–	$80,000
出售舊機型收入	–	45,000
淨付現成本	–	$35,000
成本合計	$96,000	$83,000

　　茲就上項實例中, 列示與此項決策有關的各項決策成本如下:

攸　關　成　本	
1.新機型成本	$80,000
2.出售舊機型收入	45,000
以上二者屬付現成本	
3.新機型於六年期間，每年	
可節省操作成本$8,000	
（$16,000 − $8,000）× 6	48,000

無　關　成　本	
舊機型成本	$60,000
（歷史成本、沉沒成本、過去成本）	

差異成本（增支成本）	
決策一（使用舊機型）	$96,000
決策二（購買新機型）	83,000
差異成本	$13,000

　　在上述的決策過程中，為簡化起見，所得稅及貨幣的時間價值，於此暫不予考慮。

　　沉沒成本係指一項過去業已發生，不論未來的決策如何選擇，均無法避免或改變的歷史成本，故屬於無關成本。與沉沒成本相對照的未來成本，例如重置成本或預算成本，如隨特定決策的選擇而改變者，均屬於攸關成本。

　　在上述實例中，舊機型電腦設備成本$60,000，係一項業已發生的過去成本，不論未來決策如何選擇，均無法改變，故屬於沉沒成本。如上例舊機型電腦設備，含有殘值 10% 存在，究竟沉沒成本是多少？此項問題，一般有下列二種不同的看法：

　　第一種看法認為沉沒成本應為$54,000；蓋殘值可於將來出售時收回之，故應予扣除。

　　第二種看法認為沉沒成本應為$60,000；蓋$60,000表示過去業已發生

的支出，無法改變。至於殘值$6,000，含有未來的意味，並未成為事實。

三、可免成本與不可免成本 (escapable cost & non-escapable cost)

企業管理者於作成一項決策時，並非所有付現成本均與決策有關；故必須將付現成本劃分為可免成本與不可免成本。

可免成本係指一項成本，僅與企業組織內的某一部門或某項產品有關聯；換言之，該項成本明顯地僅對某一部門或某項產品產生利益。當該部門被取消，或該項產品不再生產時，則此項成本即可免除，不復存在。

不可免成本係指一項成本，與企業組織內的各部門或各項產品均有關聯；當某一部門被取消，或某項產品不再生產時，該項成本仍然存在，繼續對其他部門或其他產品提供利益。故不可免成本，乃不隨某部門或某項產品的廢止而被取消的間接成本。當某一部門或某項產品被廢止時，該項成本只是重新分配而已。

可免成本可隨決策的改變而免除；不可免成本則不隨決策的改變而免除。設某零售商，擁有數個部門，正在考慮關閉其中的某一部門。面臨此項決策時，應考慮可隨決策而免除的各項可免成本，包括被遣散的職員薪金、歸屬該部門的廣告費、壞帳、存貨收儲費用、及其他各項可被免除的費用等。至於不可免成本，包括該部門銷貨部經理薪資、信用部經理薪資，或其他不因關閉該部門而被免除的各項營運成本等。

四、機會成本(opportunity cost)

決策上所需要的各種成本，往往超出會計資料之外；例如機會成本，在會計記錄及財務報表上，雖無表示，惟當管理者就各種方案作最有利選擇之前，必須考慮機會成本。

　　由於每一企業的可用資源有限，而其可投資的途徑又很多；俗云：「魚與熊掌不能得兼」；企業如選擇某項投資方案之後，必須放棄他項方案；放棄他項方案可能實現的利益，也因而被犧牲。因此，犧牲他項方案可能實現的利益，即成為所選擇方案的機會成本。

　　例如某公司經理擬放棄丙產品生產線作業，已知全年度生產丙產品10,000單位，每單位邊際貢獻$60；放棄丙產品的生產之後，可將該項設備及產能出租，每年租金$300,000，並能減少固定成本$450,000。該公司面臨此一經營決策的抉擇時，可比較如下：

　　方案一（出租丙生產線）：

全年度租金收入	$300,000	
全年度固定成本減少	450,000	$750,000

　　方案二（繼續丙產品生產線）：

每單位邊際貢獻： $60 × 10,000	600,000	
選擇出租方案（方案一）的利益	$150,000	

　　經上列比較後，可知該公司應選擇方案一（出租丙生產線）比較有利；蓋出租丙生產線之後，每年可獲得$750,000的經濟利益（租金收入$300,000＋固定成本減少$450,000），而繼續丙產品的生產線作業（方案二）時，每年增加邊際利益$600,000；顯然地，選擇方案一的經營決策，可多獲得利益$150,000。由此可知，放棄方案二（繼續丙產品生產線）的邊際貢獻$600,000，成為選擇方案一（出租丙生產線）的機會成本。

　　持相反立場的人士認為，機會成本既非事實的成本，亦未列入會計記錄之內，而將其應用於經營決策上，未免過於主觀。此種觀念，吾人實不敢苟同；蓋作成未來經營決策的過程中，係基於若干假定與預測，基本上脫離不了推測的特性。

五、差異成本(differential cost)

所謂差異成本，係指因不同方案的選擇或改變，而發生總成本的差異；換言之，凡不同方案的改變而發生總成本的增加，故又稱為**增支成本**(incremental costs)。例如表 19–1中，繼續使用舊機型電腦，或另購入新機型電腦的不同決策，選擇後者（決策二）可節省$13,000($96,000 − $83,000)的差異成本，實為比較有利的決策。

差異成本與經營決策的關係，至為密切，故屬於攸關成本之一。差異成本觀念，對於經營決策，具有舉足輕重的地位，故吾人另列舉二項實例說明之。

例一： 設某公司原來生產 #101 零件，正考慮該項零件向外購入的可行性。面臨此項決策時，應考慮兩種方案的差異成本。其差異成本如下：

	方案一 （自製零件）	方案二 （購入零件）	差異成本 減少	增加
直接原料	$1,000	–	$1,000	
直接人工	600	–	600	
動力	300	–	300	
其他費用	100	–	100	
購入成本		$2,500		$ 2,500
合　計	$2,000	$2,500	$2,000	$ 2,500
				(2,000)
差異成本淨額（成本節省）				$　500

選擇一項決策時，如屬於某一企業的業務範圍，則差異成本，純屬變動成本。但決策的選擇，如屬於企業的不同業務範圍時，則差異成本將包括固定及變動成本。

例二：設華華公司現有生產設備，其最高產能為 10,000 單位，超過此一
產能時，必須增加固定生產設備，此項設備係屬不可規劃的固定
成本。其現有產能經常在 8,000 至 10,000 單位之間。現有產能、擴
充後的產能及其有關成本估計如下：

	現有產能	擴充後產能
產量	8,000–10,000	10,001－14,000
固定成本：		
不可規劃成本	$ 60,000	$ 98,000
可規劃成本	100,000	140,000
	$160,000	$238,000

設每單位變動成本$5，其製造成本如下：

產量	8,000單位	10,000單位	14,000單位
變動成本	$ 40,000	$ 50,000	$ 70,000
固定成本	160,000	160,000	238,000
製造成本	$200,000	$210,000	$308,000
平均單位成本	25	21	22
總差異成本	…	$ 10,000	$ 98,000
增加產量	…	2,000	4,000
單位差異成本	…	$ 5	$ 24.50

　　差異成本為決策或利潤計劃上最有用的成本觀念之一，比平均
成本的觀念，更為可靠。設上述華華公司現有設備的產量 8,000 單
位，該公司另接受訂單一批，計 2,000 單位，使產能提高為10,000
單位，每單位訂單$20。如就平均成本的觀念予以考慮，此項訂單
應予拒絕；蓋每單位平均成本超過訂單 $1($21－$20)。惟事實上，
平均成本非為攸關成本，並不可靠。如改按差異成本的觀念，此
項訂單可為該公司獲得$30,000的銷貨毛利，應予接受。茲列示其
計算如下：

收入增加——2,000單位@$20	$40,000
成本增加——差異成本	10,000
銷貨毛利增加	$30,000

上項差異成本之發生,係屬於正常的營業範圍內,僅為變動成本的增加,固定成本並未增加。因此,上項計算,可予驗證如下:

每單位銷貨收入	$	20
每單位變動成本(每單位差異成本)		5
每單位邊際貢獻	$	15
銷貨量	×	2,000
邊際貢獻增加總額		$30,000

根據損益平衡的觀念,銷貨收入於超過損益平衡點之後,所有邊際貢獻的增加,均增加到利益上去;因此,邊際貢獻總額增加$30,000,悉數增加到銷貨毛利上去。

六、重置成本 (replacement costs)

重置成本係指一企業如欲購買一項與業已持有的相同或類似性能的資產時,按現時市價水準應支付之成本。因此,重置成本與歷史成本不同;蓋歷史成本乃過去已支付的實際成本,而重置成本係按現時市價水準應支付的預計成本,兩者的性質迥然不同。

在經營決策的應用上,企業管理者必須經常考慮重置成本;例如某製造公司的原料存貨成本,每單位為$10,如重新購入相同材料時,現時市價每單位$15。假設該公司目前接受顧客的特別訂單一批,即使領用庫存原料(每單位$10)以從事特別訂單的製造工作,企業管理者也應考慮原料的重置成本(每單位$15),作為決策成本(釐訂特別訂單之價格)的依據。

　　一項資產的重置成本，可能由於受各種因素的影響，使它與原取得
成本，產生重大差距。例如某甲於 1997 年購買一塊土地的成本$200,000；
假定土地鄰近地區，由於不斷開發與建設，使該項土地目前的重置成本，
上漲為$1,000,000。反之，如土地附近規劃為核能發電廠或垃圾掩埋廠，
使該項土地目前的重置成本，下降為$50,000。

19–3　各項決策成本的應用

　　吾人將於本節內，列舉若干實例，以說明企業管理者，如何從既有
的成本會計制度中，取得各項有用的決策成本，以協助其解決日常所面
臨的諸項經營決策問題。

一、選擇生產方法

　　設某公司係使用人工為主要生產方法的企業，平均每年產量為 10,000
單位，其成本資料如下：

直接原料——10,000件@$30	$300,000
直接人工——10,000小時@$20	200,000
間接人工	50,000
員工福利——為人工總成本之 20%	50,000
其他成本	40,000
總成本	$640,000
單位成本 ($640,000 ÷ 10,000)	$　　64

　　如以$460,000購買機器一部，預計可使用五年，無殘值；每年產量可
增至 12,000 單位，其成本如下：

直接原料——12,000件@$30		$360,000
直接人工——6,000小時@$20		120,000
間接人工		40,000
員工福利——為人工總成本 (120,000 + 40,000)之 20%		32,000
其他成本——包括機器折舊$92,000		132,000
總成本		$684,000
單位成本		$ 57

由上述比較，顯然該公司以採用機器生產方法，比目前採用人工生產方法較為有利。蓋採用目前的人工生產方法，雖可避免增加機器設備的資本支出，惟另一方面却喪失機械化以降低成本的功能。當採用機械化之生產方法時，除對上述兩種方法，詳加比較之外，尤應考慮以機械代替人工生產之後，所引起成本結構的變化，以及生產與銷貨能量是否能密切配合等諸項有關問題。

二、重置生產設備

設某公司現有機器設備成本$80,000，係於 3 年前購入，估計可使用 8 年，無殘值。該公司正考慮重置新機器設備，包括安裝成本在內，共需$120,000，預計可使用 5 年，無殘值。在正常生產能量 10,000 單位之下，重置前與重置後的全年度成本預計如下：

	重置前	重置後
變動成本:	$60,000	$30,000
固定成本:		
付現成本——保險費、稅捐等	10,000	11,000
折舊（直線法）	10,000	24,000
總成本	$80,000	$65,000

上項比較，就表面上看來，重置後每年可節省$15,000，事實上並不

然；蓋重置前的生產設備，係屬沉沒成本，為無法收回的歷史成本，與成本決策無關。故重置前與重置後的成本，應重新比較如下：

	重置前	重置後
變動成本	$60,000	$30,000
固定成本	10,000	11,000
折舊	–0–	24,000
	$70,000	$65,000

　　經上列修正後，重置後成本仍然比重置前成本低$5,000；故重置新機器設備，自屬有利的決策。

　　或許，讀者會發生疑問，即舊機器設備的帳面價值尚餘$50,000，如因購買新機器而使舊機器廢棄不用，將發生損失，此項顧慮係因只考慮過去的事實所引起，如集中注意力於未來，則並無損失可言；事實上，不但沒有損失，而且每年更可節省成本$5,000，五年間將可節省成本$25,000，使盈餘增加$25,000。此一結論，可由下列計算獲得證明：

使用現有機器設備 5年總成本：	
$80,000 × 5	$400,000
重置新機器設備後 5年總成本：	
使用新設備的營運成本：　$65,000 × 5 ＝$325,000	
舊機器廢棄損失　　　　　　　　　50,000	375,000
重置後成本節省總數	$ 25,000
新機器設備預計使用年數	÷ 5
重置後每年可節省成本	$ 5,000

三、自營或出租

　　設某公司總管理處分設若干門市部，其中甲門市部經營不善，淨利欠佳，擬出租他人，每年可得租金$30,000；甲門市部現有各項設備已陳

舊不堪，承租人所需之各項設備，概由其自行購置備用。茲列示該公司
正常年度部份損益表如下：

	甲門市部	其他各部	合計
銷貨毛利	$100,000	$1,100,000	$1,200,000
營業費用	90,000	1,020,000	1,110,000
淨利	$ 10,000	$ 80,000	$ 90,000

此外，甲門市部必須經常保持$50,000的存貨。

上述資料，如就表面上觀之，極易導致錯誤的判斷；蓋甲門市部出
租所獲得的租金收入，每年$30,000，顯然大於該部門正常年度的淨利
$10,000，自以出租較為有利。實則不然，其原因在於未考慮下列三個因
素：

1.未將甲部門的可免成本與不可免成本分開。有關可免與不可免成
本等各項費用如下：

	甲門市部	其他各部	合計
可免成本——薪金等	$60,000	$ 660,000	$ 720,000
不可免成本——分攤總公司費用	29,000	320,000	349,000
沉沒成本——折舊費用	1,000	40,000	41,000
合　計	$90,000	$1,020,000	$1,110,000

2.甲部門現有各項設備，係屬沉沒成本，一旦出租，亦為無法收回
的成本。

3.未考慮甲部門經常保持$50,000存貨的機會成本。蓋甲部門一旦出
租後，該項存貨成本可作為其他各種投資之用。

經考慮上述各項因素之後，甲部門如逕予出租，則該公司的淨利應
重新計算如下：

	出租前淨利	出租後淨利
銷貨毛利	$1,200,000	$1,100,000
營業費用:		
薪金	$ 720,000	$ 660,000
折舊	41,000	40,000
分攤總公司費用	349,000	349,000
	$1,110,000	$1,049,000
營業淨利	$ 90,000	$ 51,000
其他收入:		
租金收入	–	30,000
利息收入*	–	4,000
調整沉沒成本前淨利	$ 90,000	$ 85,000
加: 甲部門折舊費用**	1,000	–
淨利	$ 91,000	$ 85,000

*設存貨成本按銀行存款利息 8%計算之機會成本。

**甲部門的設備, 一旦於該部門出租時, 應即廢止, 故其折舊
　費用屬於沉沒成本, 與決策無關, 應予免計。

　　由上述分析可知, 甲門市部出租後的淨利少於出租前的淨利, 故以
自營較為有利。

四、不利產品的放棄

　　某公司經營甲、乙兩種產品; 乙產品經營不利, 擬予放棄。茲列示
有關成本資料如下:

	成　本				
	變動製 造成本	變動銷 管成本	每月產銷 數　量	單　位 售　價	單位製造 時　間
甲產品	$8.00	$3.00	10,000	$15.00	0.6小時
乙產品	6.00	2.00	10,000	10.00	0.4小時

又悉固定製造成本每月$30,000, 固定銷管成本每月$25,000, 該公司某正

常月份的損益表列示如下：

	甲產品	乙產品	合　計
銷貨收入	$150,000	$100,000	$250,000
銷貨成本（附表一）	98,000	72,000	170,000
銷貨毛利	$ 52,000	$ 28,000	$ 80,000
銷管成本（附表一）	45,000	30,000	75,000
淨利（損）	$ 7,000	$ (2,000)	$ 5,000

附表一

	變動製造成本	固定製造成本*	合計
甲產品$8×10,000	$ 80,000	$18,000	$ 98,000
乙產品$6×10,000	60,000	12,000	72,000
合　計	$140,000	$30,000	$170,000
	變動銷管成本	固定銷管成本**	合計
甲產品$3×10,000	$30,000	$15,000	$45,000
乙產品$2×10,000	20,000	10,000	30,000
合　計	$50,000	$25,000	$75,000

*按製造時間為分攤基礎： $30,000 \div (6,000 + 4,000) \times 6,000 = \$18,000$

**按銷貨收入為分攤基礎： $25,000 \div \$250,000 \times \$150,000 = \$15,000$

該公司鑒於乙產品發生虧損，擬放棄經營，以免侵蝕甲產品的淨利。如經進一步分析，上述判斷純屬錯誤。茲列示該公司放棄乙產品後的損益數字如下：

銷貨收入		$150,000
減: 銷貨成本:		
變動製造成本	$80,000	
固定製造成本	30,000	110,000
銷貨毛利		$ 40,000
減: 銷管成本:		
變動銷管成本	$30,000	
固定銷管成本	25,000	55,000
淨利（損）		$(15,000)

　　經上述分析後，顯示放棄乙產品後將發生虧損$15,000。如就該項產品放棄前後損益加以比較時，不利數字達$20,000之鉅，其計算如下：

乙產品放棄後淨損	$15,000
乙產品放棄前淨利	5,000
合　計	$20,000

此項差距，可用直接成本法列示如下：

	甲產品		乙產品		合計
銷貨收入	$150,000	100%	$100,000	100%	$250,000
變動成本					
製造成本	$ 80,000		$ 60,000		$140,000
銷管成本	30,000		20,000		50,000
	$110,000	83%	$ 80,000	80%	$190,000
邊際貢獻	$ 40,000	17%	$ 20,000	20%	$ 60,000
減: 固定成本					$ 55,000
淨利					$ 5,000

　　由此可知，乙產品的邊際利益$20,000，實為吸納該項產品固定成本$22,000（製造成本$12,000加銷管成本$10,000）的來源，不足之數，即發生虧損$2,000。除非固定成本隨乙產品的放棄而減少，否則將使淨利隨乙產品的放棄，而發生同數額的減少。

　　吾人進一步假定固定成本$55,000中，有$10,000係屬可免成本，將隨乙產品的放棄而消失；此時的情況又與上述不同，可列示其**放棄點** (point of elimination)如下：

$$某產品放棄點的銷貨收入 = \frac{某產品可免固定成本}{某產品利量率}$$

代入乙產品時：

$$= \frac{\$10,000}{20\%} = \$50,000$$

　　如今乙產品銷貨額為$100,000，超過放棄點，仍然以不放棄為宜；反之，如乙產品的銷貨收入低於放棄點時，自應予以放棄。設乙產品銷貨額降至 $40,000時，如不予放棄，淨損將增至$7,000，此時應將乙產品放棄較為有利。其計算如下：

	甲產品	乙產品	合計	甲產品（放棄乙產品）
銷貨收入	$150,000	$40,000	$190,000	$150,000
減：變動成本（附表二）	110,000	32,000	142,000	110,000
邊際貢獻	$ 40,000	$ 8,000	$ 48,000	$ 40,000
減：固定成本	43,421	11,579	55,000	45,000*
淨損	$ 3,421	$ 3,579	$ 7,000	$ 5,000

附表二

	變動製造成本	固定製造成本**	合計
甲產品 $8 × 10,000	$ 80,000	$23,684	$103,684
乙產品 $6 × 4,000	24,000	6,316	30,316
合　計	$104,000	$30,000	$134,000
	變動銷管成本	固定銷管成本***	合計
甲產品 $3 × 10,000	$ 30,000	$19,737	$ 49,737
乙產品 $2 × 4,000	8,000	5,263	13,263
合　計	$ 38,000	$25,000	$ 63,000
總　計	$142,000	$55,000	$197,000

*固定成本總額 – 可免固定成本 ($55,000 – $10,000) = $45,000。

**$30,000 × $\frac{6,000}{7,600}$ = $23,684 ⋯⋯甲產品（按製造時間為分攤基礎）。

$30,000 × $\frac{1,600}{7,600}$ = $6,316 ⋯⋯乙產品（按製造時間為分攤基礎）。

***$25,000 × $\frac{150,000}{190,000}$ = $19,737 ⋯⋯甲產品（按銷貨收入為分攤基礎）。

$25,000 × $\frac{40,000}{190,000}$ = $5,263 ⋯⋯乙產品（按銷貨收入為分攤基礎）。

綜上所述，吾人可獲得如下的結論：當一項產品發生虧損，如其銷貨收入大於變動成本，且仍然在放棄點之前，不可遽予放棄；反之，如其銷貨收入雖大於變動成本，惟已低於放棄點時，自應予以放棄，比較有利。

五、營業或暫時歇業

某公司正常產銷能量為 20,000 單位，目前由於經濟不景氣，每月產銷量僅為 10,000 單位，而且有繼續下降的可能。在產銷 10,000 單位時的損益列示如下：

銷貨收入：　$10 × 10,000	$100,000
減：變動成本：　$7 × 10,000	70,000
邊際貢獻	$ 30,000
減：固定成本	41,000
淨利（損）	$(11,000)

公司管理當局認為，產品售價及銷售量，由於競爭激烈，短期內已無增加的可能；至於各項成本，經再三節減，已無降低的餘地。處於此一不利的情況下，該公司考慮暫時歇業，等待時機好轉時，再繼續經營。事實上，當決定營業或歇業的重大決策時，應進一步分析，較為妥當。

假定固定成本$41,000中，包括薪金、廣告費、物料、壞帳損失等可免成本為$21,000，及廠房設備維持費、稅捐、保險費、高階層管理人員薪金等不可免成本為$20,000。茲分別就營業或歇業的利弊，比較如下：

	營業	歇業
邊際貢獻	$30,000	–
減：固定成本		
可免成本	$21,000	–
不可免成本	20,000	$20,000
	$41,000	$20,000
淨損	$11,000	$20,000

由上述分析得知，該公司如繼續營業，仍然比歇業有利；蓋歇業時的不可免成本為$20,000，大於繼續營業時的淨損$11,000，相差$9,000。此項數額，亦可經由下列方法求得：

營業的邊際貢獻	$30,000
歇業的可免成本	21,000
	$ 9,000

然而並非所有各種情況，均可一律適用；繼續經營與否，須視邊際貢獻與可免成本孰多而定，與不可免成本無關；換言之，當繼續營業的邊際貢獻大於歇業的可免成本時，以繼續營業較為有利；反之，當繼續營業的邊際貢獻小於歇業的可免成本時，以暫時歇業較為有利。

茲仍以上述資料為例，設該公司每月產銷量如降低為 6,500 單位，邊際貢獻 $19,500，比歇業時的可免成本為低，故以歇業較為有利；蓋歇業時的淨損為 $20,000，較繼續營業時之淨損$21,500相差$1,500，其計算如下：

	營業	歇業
銷貨收入	$ 65,000	–
減：變動成本：$7×6,500	45,500	–
邊際貢獻	$ 19,500	–
減：固定成本：		
可免成本	$ 21,000	
不可免成本	20,000	$ 20,000
合計	$ 41,000	$ 20,000
淨利（損）	$(21,500)	$(20,000)

因此，吾人可列示歇業點 (shutdown point) 的計算公式如下：

$$歇業點銷貨額 = \frac{可免固定成本}{利量率}$$

$$= \frac{\$21,000}{30\%} = \$70,000$$

$$歇業點銷貨量 = \$70,000 \div \$10 = 7,000（單位）$$

產銷量在歇業點（7,000 單位）時，營業或歇業均可，並無區別；當產銷量超過歇業點時，以繼續營業較為有利。反之，當產銷量低於歇業點時，以歇業較為有利。茲列示其可能發生之情況，予以計算如下：

	歇　業	繼續營業的產銷數量			
		6,500單位	7,000單位	10,000單位	14,000單位
銷貨收入@ 10	–	$ 65,000	$ 70,000	$100,000	$140,000
減：變動成本@ 7	–	45,500	49,000	70,000	98,000
邊際貢獻@ 3	–	$ 19,500	$ 21,000	$ 30,000	$ 42,000
減：固定成本：					
可免成本	–	$ 21,000	$ 21,000	$ 21,000	$ 21,000
不可免成本	$ 20,000	20,000	20,000	20,000	20,000
	$ 20,000	$ 41,000	$ 41,000	$ 41,000	$ 41,000
淨利（損）	$(20,000)	$(21,500)	$(20,000)	$(11,000)	$　1,000

六、自製或外購

　　某公司正常生產能量每月為 20,000 機器小時，固定製造費用每月
$100,000，變動製造費用每機器小時$1。根據過去經驗，該公司的實際生
產能量僅為 16,000 機器小時，閒置生產能量 4,000 機器小時。另悉該公
司每月共需零件 8,000 單位，係以每單位$5向外購入。如自製零件時，適
可利用其閒置能量 4,000 小時；依歸納成本法預計零件之自製成本如下：

直接原料： 8,000單位@$2	$16,000	
直接人工： 4,000小時@$2	8,000	
變動製造費用： 4,000小時@$1	4,000	$28,000
固定成本： 4,000×($100,000/20,000)		20,000
合　計		$48,000

　　就表面上觀之，零件以向外購入較為有利；蓋外購成本共計 $40,000($5
× 8,000)，而自製成本$48,000，相差$8,000。

　　事實上，上項比較並不正確；蓋該公司並不因自製零件而增加其固
定成本，自不應將固定成本$20,000加入自製零件成本之內。因此，正確
的比較方法應列示如下：

外購零件成本：	$40,000
自製零件成本：	
變動成本（如上）	28,000
自製零件成本節省	$12,000

　　經上述分析後，自製零件時，可節省成本$12,000。此中原因，實由
於自製零件時，可消除閒置能量損失而獲得成本之節省。自製零件如必
須增加原有固定成本時，所增加的部份，屬自製零件的收關成本，自應
加入自製零件成本之內。設上例零件需用量增加為 10,000 單位，自製

時必須擴充生產設備，增加折舊、稅捐、及保險費等固定成本，每月計
$20,000。此時應重新比較如下：

自製零件成本：

直接原料：　10,000單位@$2	$20,000
直接人工：　5,000小時@$2	10,000
製造費用：　5,000小時@$1	5,000
增加固定成本	20,000
	$55,000
外購零件成本：$5×10,000	50,000
成本差異	$ 5,000

　　處於此一情況下，零件如自製 8,000 單位，外購2,000 單位時，最為
有利，其計算如下：

自製零件 8,000件的成本（如上）	$28,000
外購零件 2,000件的成本：$5×2,000	10,000
合　　計	$38,000

七、逕予出售或繼續加工

　　若干企業，對於產品的製造，往往要經過很多階段才能完成，一般
均於完工後始予出售；惟亦可於製造過程中，達到某一程度時，逕予出
售。究竟孰者有利？其關鍵在於比較「逕予出售或繼續加工」之間，其
收益與成本之差異，以為定奪焉！

　　設某公司生產低級產品 5,000 單位，如繼續加工時，可製成高級產
品 4,000 單位，生產能量由 80% 提高至 100%，其彈性預算之製造費用
如下：

	80%	100%
變動製造費用	$40,000	$50,000
固定製造費用	50,000	50,000

由低級產品繼續加工為高級產品的直接人工成本每單位$5，低級產品每單位售價$12，高級產品每單位售價$22。又設加工後銷管費用將增加$4,000。

在決定繼續加工與否之前，應分別比較「逕予出售或繼續加工」的利益及成本差異如下：

	出售	加工	差異
利益差異：			
低級產品：$12×5,000	$60,000	–	
高級產品：$22×4,000	–	$88,000	$28,000
成本差異：			
高級產品：			
直接人工：$5×4,000		$20,000	
變動製造費用：		10,000*	
銷管費用：	–	4,000	34,000
繼續加工、利益減少			$ 6,000

*$100,000 – $90,000 = $10,000

經上述分析後，加工反而使利益減少$6,000，自以出售較為有利。況且產品經加工後，對於資金需求量之增加，將使資金利息負擔加重，並使存貨週轉率緩慢等；舉凡各種有關因素，均必須考慮之。

八、短期價格問題

設某公司製造單一產品，標準生產能量每月份 5,000 單位，預計生產能量每月份 4,000 單位，有關成本資料如下：

產銷數量	總成本	單位成本	數量差異	總差異成本	單位差異成本
4,000	$60,000	$15	–	–	–
5,000	65,000	13	1,000	$5,000	$5

由上述分析得知，當企業的生產能量未達標準生產能量之前，如生產數量繼續增加，其所增加部份之差異成本，遠較原有之單位成本為低；此項差異成本，可應用於接受顧客之額外訂單、受託代客加工、或舉辦各項大減價、大優待等方式。茲分別舉例說明於下：

1.接受顧客額外訂單

設如上例，某人擬以每單位$8的價格向該公司訂貨 1,000 件。此項訂購價格顯然比單位成本$13為低，但却高於差異成本$5，如接受額外訂單，每單位可獲得額外利益 $3($8 – $5)，仍然有利可圖。其計算如下：

收入差異	$8,000
成本差異	5,000
利益增加	$3,000

就美國的情形，此項商業行為，為法律所禁止。蓋根據 Robinson-Patman 法案的規定，任何企業不得以相同等級及相同數量之商品，按差別價格出售給不同的人。以相同等級及相同數量的商品，按差別價格出售，以減少競爭的措施，為該法案所嚴格禁止。但是，上項差別價格係來自下列情形之一者，則不在此限：

⑴價格差異係由於市場情況的改變所造成。

⑵價格差異係配合競爭者的價格差異而發生。

⑶價格差異係直接受製造或配銷過程中的成本差異所造成。

2.受託代客加工

設某客戶願意自備原料，以每單位$3的代價，委託該公司代加工 1,000 件。經分析每單位差異成本$5中，包括直接原料$3，直接人工$1.50，製

造費用 $0.50; 如接受委託代加工, 仍然有利。其計算如下:

利益差異: $3×1,000	$3,000
成本差異: $5,000−$3×1,000	2,000*
利益增加	$1,000

*差異成本亦可計算如下: ($1.50 + $0.50) × 1,000 = $2,000

3.舉辦各項大減價或大優待等方式

設如上例, 該公司為招徠顧客, 可將 1,000 單位額外產品, 舉辦四季、年終、節日大減價, 或軍、公、教、學生、員工大優待, 平均每單位以$7出售, 增加淨利$2,000。其計算如下:

利益差異: $7×1,000	$7,000
成本差異: $5×1,000	5,000
利益增加	$2,000

九、稀少資源分配

就短期觀點, 企業管理者常面臨稀少資源應如何作最佳分配的問題, 尤其是當此項稀少資源, 為生產活動所絕對必要時, 更凸顯出此一問題對企業整體利益的重要性。稀少資源通常包括機器操作時數、技術工人作業時數、原料短缺、及產能配備等。惟就長期觀點, 管理者可能透過各種管道, 加以疏解, 問題就比較容易獲得解決。

企業管理者分配稀少資源的最高原則, 在於如何使企業的邊際貢獻極大化, 俾使公司獲得最大的利潤目標。

設某公司生產 A、 B 兩種產品, 每月份機器作業時數的最大產能僅為 1,000 小時, 兩種產品的銷售量, 沒有任何限制, 亦無任何變動銷管費用; 茲列示 A、 B 兩種產品的有關成本資料如下:

	A 產品		B 產品	
每單位售價	$1,000	100%	$ 200	100%
每單位變動成本	600	60	80	40
每單位邊際貢獻	$ 400	40%	$ 120	60%
機器每小時產量	× 5		×50	
機器每小時邊際貢獻	$2,000		$6,000	

在上列資料中，每單位 B 產品的邊際貢獻為 60%，大於 A 產品的40%；又因機器每小時生產 B 產品的數量，為生產A 產品的 10 倍 (50÷5)，使機器每小時生產 B 產品的邊際貢獻提高為$6,000，為達 A 產品的 3 倍 ($6,000÷$2,000)；因此，就短期觀點而言，該公司在最大產能（每月份為 1,000 機器小時）範圍內，應以多生產 B 產品，比較有利。惟就實際情形而言，生產 A、 B 兩種產品的分配問題，往往會受到各種因素的限制；處於此種情形，如何才能獲得最有利的資源分配，則有賴於線型規劃的採用，此一課題，容於第廿五章內，再深加探討。

本章摘要

　　會計人員的主要任務，除提供各項財務資料，藉以編製對外的財務報表外，更重要者乃蒐輯各種成本計量資訊，俾作為企業管理者對內的成本控制、成本抑減、利潤規劃、績效評估、及經營決策的參考。

　　傳統的財務會計係根據一般公認的會計原理原則為基礎，重視業已發生的歷史成本；管理會計則基於管理上的需要，著重即將發生的預計成本。因此，會計人員所提供的若干資料，必須加以調整，才能配合管理決策的需要。

　　選擇經營決策時，必須比較及分析產品的攸關或無關成本、付現成本、沉沒成本、可免或不可免成本、機會成本、差異成本、及重置成本等。

　　攸關成本乃隨決策的選擇而改變的預計未來成本。變動成本通常隨決策的選擇而改變，故屬於攸關成本；倘若變動成本在各種決策的選擇中，並無改變或無可避免時，則屬於無關成本；直接可免的固定成本，亦屬攸關成本；若干成本會令人以為是攸關成本，其實屬於無關成本，例如沉沒成本、共同分攤的聯合成本、及非增支固定成本等。

　　攸關成本對於重置生產設備、自製或外購、不利產品的放棄、稀少資源的分配、及短期價格等經營決策，扮演重要的角色。以下所列各點，尤應特別注意：

1. 在重置生產設備的決策中，過去已發生的沉沒成本，與目前決策無關，不必予以考慮。
2. 在自製或外購的決策中，應考慮可免成本及不可免成本的因素；此外，如涉及鉅額資金的運用時，也應考慮其機會成本。
3. 在不利產品之放棄的決策中，可免固定成本應從固定成本中劃分出來，俾計算其放棄點。

4.在稀少資源分配的決策中，企業管理者的主要目的，在於使公司
　獲得最大的利益；因此，對於資源的分配，應朝向具有較高邊際
　貢獻的產品上。

5.在短期價格的決策中，應用差異成本的觀念，去接受顧客的額外
　訂單、代客加工、或舉辦各項大減價大優待等方式。

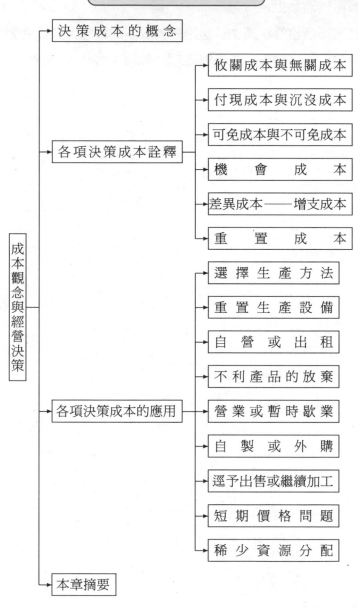

本章編排流程

決策成本的概念

各項決策成本詮釋
- 攸關成本與無關成本
- 付現成本與沉沒成本
- 可免成本與不可免成本
- 機　會　成　本
- 差異成本——增支成本
- 重　置　成　本

各項決策成本的應用
- 選　擇　生　產　方　法
- 重　置　生　產　設　備
- 自　營　或　出　租
- 不　利　產　品　的　放　棄
- 營　業　或　暫　時　歇　業
- 自　製　或　外　購
- 逕予出售或繼續加工
- 短　期　價　格　問　題
- 稀　少　資　源　分　配

本章摘要

成本觀念與經營決策

習　題

一、問答題

1. 何以根據傳統的會計原理原則所計算的成本，往往無法配合管理決策上的需要？

2. 「成本具有不同的特定目的；因此，一項成本不能同時有效地適用於各種途徑」，請闡明其含義。

3. 何謂決策成本？決策成本與會計記錄成本有何區別？

4. 何謂攸關成本？何謂無關成本？兩者的關係如何？

5. 試區分可免成本與不可免成本的不同。何以此項區分在決策上極為重要？

6. 設算成本何以又稱為隱含成本？設算成本是否與機會成本同義？

7. 機會成本的意義為何？請舉例說明機會成本在決策上的應用。

8. 沉沒成本的觀念為何？試舉例說明之。

9. 試區分沉沒成本與付現成本的不同。何以此項區分在決策上極為重要？

10. 差異成本何以又稱為增支成本？差異成本與變動成本是否同義？

11. 何謂重置成本？重置成本的觀念在決策上具有何種重要性？

12. 請舉例說明差異成本觀念在決策上的應用。

13. 選擇生產方法時，應考慮那些因素？

14. 決定自營或出租時，應考慮何種因素？

15. 重置生產設備時，為何將舊生產設備的帳面價值，視為無關成本？

16. 決定自製或外購零件的關鍵因素為何？

17. 出售或加工的決策，應如何決定？

18. 應如何計算不利產品的歇業點？試舉例說明之。

19. 何以會發生短期價格問題？差異成本觀念如何應用於短期價格的釐訂？

20. 在衡量一項產品的利益性時，用邊際貢獻去收回不可免成本的觀念，何以優於分擔所有成本後的損益計算觀念？試詳細說明之。

二、選擇題

19.1 增支成本係指：

(a)由於選擇不同經營決策而發生總成本的差異。

(b)由於選擇某項經營決策而放棄他項經營決策可能獲得的利益。

(c)一項無須以現金或等值現金支付的隱含成本，惟此項成本與決策的選擇具有關聯。

(d)一項繼續存在的成本，甚至於沒有營業，亦復如此。

19.2 沉沒成本係指：

(a)僅與企業組織內的某一部門或某項產品有關聯的成本；當該部門或該項產品被取消時，此項成本即可免除。

(b)一項成本的經濟效益，予以遞延至未來，對當期作業殊少影響，甚至於沒有任何影響。

(c)一項過去業已發生，不隨決策的選擇而改變或避免的成本。

(d)一項無須以現金或等值現金支付的隱含成本，惟此項成本與決策的選擇具有關聯。

19.3 機會成本係指：

(a)由於選擇不同經營決策而發生總成本的差異。

(b)由於選擇某項經營決策而放棄他項經營決策可能獲得的利益。

(c)僅與企業組織內的某一部門或某項產品有關聯的成本；當該部門或該項產品被取消時，此項成本即可免除。

(d)一項過去業已發生, 不隨決策的選擇而改變或避免的成本。

19.4　可免成本係指:

(a)僅與企業組織內的某一部門或某項產品有關聯的成本; 當該部門或該項產品被取消時, 此項成本即可免除。

(b)由於選擇某項經營決策而放棄他項經營決策可能獲得的利益。

(c)一項無須支付的隱含成本, 惟與決策的選擇具有關聯。

(d)一項繼續存在的成本, 甚至於沒有營業, 亦復如此。

19.5　設算成本係指:

(a)由於選擇不同經營決策而發生總成本的差異。

(b)一項成本的經濟效益, 予以遞延至未來, 對當期作業殊少影響, 甚至於沒有影響。

(c)一項過去業已發生, 不隨決策的選擇而改變或避免的成本。

(d)一項無須以現金或等值現金支付的隱含成本, 惟此項成本與決策的選擇具有關聯。

19.6　某工廠雖無超額產能存在, 仍從事於生產零件的機會成本為:

(a)生產零件的變動製造成本。

(b)生產零件的固定製造成本。

(c)生產零件的總製造成本。

(d)放棄「最佳選擇使用該項產能的經營決策可獲得的淨利」。

19.7　某工廠利用超額產能以生產零件, 且無其他選擇性經營決策存在時, 則生產零件的機會成本為:

(a)生產零件的變動製造成本。

(b)生產零件的固定製造成本。

(c)生產零件的總製造成本。

(d)零。

19.8　攸關成本係指:

　　　　(a)隨經營決策的選擇而改變的預期未來成本。

　　　　(b)所有固定成本。

　　　　(c)所有變動成本。

　　　　(d)在正常營運範圍內即將發生的成本。

19.9　下列那一項成本屬於短期經營決策的攸關成本？

　　　　(a)增支固定成本。

　　　　(b)存貨的各項成本。

　　　　(c)隨經營決策的選擇而改變的固定資產成本。.

　　　　(d)不隨經營決策的選擇而改變的總變動成本。

19.10　在自製或外購的決策中：

　　　　(a)只有直接原料成本才是攸關成本。

　　　　(b)未來可免除的固定成本，為選擇決策的攸關成本。

　　　　(c)不隨決策的選擇而改變的固定成本，屬於攸關成本。

　　　　(d)只有加工成本才是攸關成本。

19.11　在選擇零件自製或外購的短期經營決策過程中，下列那一項屬於
　　　　無關成本：

　　　　(a)直接人工成本。

　　　　(b)變動製造費用。

　　　　(c)假如零件外購時，可以免除的固定成本。

　　　　(d)假如零件外購時，仍然繼續存在的固定成本。

19.12　生產特定訂單的額外收入，大於下列那一種情況時，將增加公司的
　　　　營業利益？

　　　　(a)生產特定訂單所發生的加工成本。

　　　　(b)生產特定訂單所發生的直接原料。

　　　　(c)生產特定訂單所發生的固定成本。

　　　　(d)生產特定訂單所發生的差異成本。

19.13 A 公司目前自製零件, 1997 年自製零件20,000 件的單位成本如下:

直接原料	$12
直接人工	8
變動製造費用	2
固定製造費用	4
合　計	$26

某供應商同意按每件$25 供應 A 公司相同品質的零件, 並負責運送工作。另悉 A 公司具有閒置生產能量存在。請問 A 公司接受該供應的價格時, 將發生:

(a)增加零件成本每件$3。

(b)減少零件成本每單位$3。

(c)增加零件成本每單位$6。

(d)減少零件成本每單位$6。

下列資料用於解答第 19.14題至第 19.16題的根據:

Q 公司每月份使用10 單位的甲零件於生產雷達裝備; 甲零件每單位的製造成本如下:

直接原料	$ 1,500
原料收儲費用 (為直接原料之 20%)	300
直接人工	12,000
製造費用 (為直接人工的 150%)	18,000
合　計	$31,800

原料收儲費用為收貨部的直接變動成本, 按成本比率攤入直接原料及零件進貨成本。 Q 公司每年度製造費用預算, 1/3 為變動成本, 2/3 為固定成本。某供應商願意以每單位$22,500的價格, 供應 Q 公司甲零件。

19.14 假定 Q 公司外購甲零件時, 生產甲零件的產能勢必閒置。如 Q 公

司決定外購甲零件，則每單位零件成本將：

(a)增加$7,200。

(b)減少$9,300。

(c)增加$2,700。

(d)減少$4,800。

19.15 假定 Q 公司可將閒置能量出租，每月份租金$37,500；Q 公司決定外購甲零件成本每月份將：

(a)增加$72,000。

(b)增加$34,500。

(c)減少$10,500。

(d)減少$85,500。

19.16 假定 Q 公司不願意受租約的限制，擬利用閒置產能生產其他產品，每月份可獲邊際貢獻$78,000；至於甲零件，仍然按照目前情形，採自製以保障品質。 Q 公司的機會成本為若干？

(a)$27,000

(b)$(30,000)

(c)$6,000

(d)$(72,000)

19.17 R 公司 1997 年 12 月 31 日年度終了時，基於選擇某特定決策而耗用直接成本 $500,000；如選擇不同的他項決策時，可能耗用直接成本$400,000；此外， 1997 年度固定成本為$90,000。 R 公司之增支成本為：

(a)$10,000

(b)$90,000

(c)$100,000

(d)$190,000

19.18 T 公司 1997 年 12 月 31 日擁有一部機器的原有成本$84,000，已提列備抵折舊 $60,000，無殘值。該公司擬購買一部新機器的成本 $120,000，可使用五年， 預計五年後的殘值$20,000。T 公司 1997 年 12 月31 日面臨是否重置新機器的決策時，其沉沒成本應為若干？

(a)$120,000

(b)$100,000

(c)$24,000

(d)$4,000

19.19 J 公司 1998 年銷貨預算 400,000 單位，每單位$40；每單位變動製造成本預算$16，每單位固定製造成本預算$10。 1998 年 3 月份，J 公司收到某客戶 40,000 單位的額外訂單，每單位$23； J 公司雖有足夠產能生產此項額外訂單，惟工人必須趕工加班，每單位將增加$3；接受此項額外訂單後，不會影響 J 公司正常銷貨，也不另發生銷貨費用。接受此項額外訂單，將影響 J 公司營業之利益為若干？

(a)減少$120,000。

(b)增加$160,000。

(c)減少$240,000。

(d)增加$280,000。

19.20 F 公司每年正常產能為 30,000 單位； 1998 年 12 月 31 日營業結果列示如下：

銷貨收入： 18,000單位@$100	$1,800,000
變動製造成本及銷售費用	990,000
邊際貢獻	$ 810,000
固定成本	500,000
營業利益	$ 310,000

　　某經銷商擬於 1999 年向 F 公司購買 15,000 單位, 每單位$90; 另
悉 F 公司 1999年的各項成本, 預計均與 1998 年相同。如 F 公司
接受該經銷商的訂貨, 並拒絕若干正常客戶的訂貨, 以免超過正常
產能。 F 公司 1999 年度營業利益總額應為若干?

(a)$380,000

(b)$700,000

(c)$840,000

(d)$850,000

三、計算題

19.1　立國公司生產網球拍, 目前並按下列成本自製網球拍套子:

	單位成本	5,000 單位總成本
直接計入產品之成本:		
直接原料	$ 8.00	$ 40,000
直接人工	4.00	20,000
變動製造費用	3.00	15,000
固定製造費用	–	5,000
分攤聯合成本	–	30,000
合　計	$15.00	$110,000

另悉:

1.該公司可按每單位$17的價格, 無限制向外購入相同品質之網球
　拍套子。

2.直接原料、直接人工及變動製造費用, 如於公司外購套子時, 可
　以全部免除。

3.直接固定製造費用, 為公司向外租用機器以生產套子之用; 產量
　於 10,000 單位之內, 租金固定不變; 如公司外購套子時, 此項固
　定成本可以全部免除。

4.除此之外，沒有其他因素會影響成本。

試求:

(a)請您比較該公司需用網球拍套子 5,000個，自製或外購，孰者有利?

(b)如該公司僅需用網球拍套子 2,000個，自製或外購，孰者有利?

(c)請您計算在多少數量之下，自製與外購網球拍套子的損益扯平?

(d)您能否以損益平衡的觀念，用圖形分析自製與外購網球拍套子的經營決策嗎?

19.2　立功公司產銷單一產品，產能已達 90%，目前產量為 450,000 件，如能充分利用產能，年產量可達 500,000 件；一旦產量超過產能 100% 時，應增加生產設備。目前每單位產品的製造成本如下:

直接原料	$1.80
直接人工	1.40
變動製造費用	0.50
固定製造費用	0.67（正常產能 500,000件的
	固定製造費用$335,000）

產品售價每件$5，銷管費用$20,000；立功公司擬擴充營業，俾接受客戶之新訂單 100,000 件，此項額外訂單的售價每單位$4.25，但如超過產能 100% 時，須增加固定製造費用$10,000。

試求:

(a)請按差異成本觀念，分析額外訂單100,000 件的單位製造成本;立功公司接受此項訂貨是否有利?

(b)如將額外訂單分為兩批生產；第一批生產 50,000 件的單位成本為若干? 第二批生產 50,000 件的單位製造成本又為若干?

(c)如產量僅增加 50,001 件，則第 50,001 件（最後一件）產品的

單位製造成本為若干？

（高考試題）

19.3 立德公司煉油部之彈性預算如下：

| | 停工時 | 產　　　能 | | | |
		60%	80%	100%	120%
煉油量（加侖）		60,000	80,000	100,000	120,000
直接成本	$3,000	$7,000	$8,000	$ 8,500	$11,500
間接成本	500	1,000	1,500	2,000	3,000
合　計	$3,500	$8,000	$9,500	$10,500	$14,500

該公司目前存有原油 20,000 加侖，究應提煉為汽油或以原油出售，躊躇不決。茲另悉其他有關資料如下：

市場售價：

原油　　　　　每加侖$0.07

汽油　　　　　每加侖$0.14

煉油部目前之產能已達 80%。

如以原油提煉汽油，可得汽油 75%，剩餘原油 15%，損失 10%。

試計算將原油 20,000 加侖逕予出售，或提煉汽油後再予出售，孰者較為有利？

（高考試題）

19.4 立言公司生產多項產品，其中丙產品連年虧損，該公司總經理擬將其放棄。某一正常年度丙產品損益之計算如下：

銷貨收入		$350,000
銷貨成本：		
直接原料	$ 80,000	
直接人工：		
變動	150,000	
固定	18,000	

員工福利——為人工成本之 15%	25,200	
特許稅——為銷貨額之 1%	3,500	
機器維持費（固定）	2,000	
工廠物料（變動）	2,100	
折舊（直線法）	7,100	
動力費（變動）	3,000	
損廢料（變動）	600	291,500
銷貨毛利		$ 58,500
銷管費用：		
銷貨佣金	$ 15,000	
辦公人員薪金	10,500	
其他薪金及工資（固定）	5,300	
員工福利——為薪工及佣金之 15%	4,620	
運輸費用（固定）	10,000	
廣告費	26,000	
雜費（固定）	10,630	82,050
營業淨損		$ 23,550

已知所有歸入固定成本之部份，均已攤入各產品，此等固定成本並不因丙產品之放棄而使總固定成本減少。廣告費可直接歸入丙產品負擔。

試求: 請修訂上述丙產品之損益計算，俾對丙產品放棄與否，獲得正確之評價。

（美國會計師考試試題）

19.5 立名公司自製零件，每年計 10,000 單位，以供自用。在標準產能及自製零件 10,000 單位時，有關成本資料如下:

	自製零件成本	其他產品成本	合計
直接原料	$100,000	$250,000	$ 350,000
直接人工（變動）	50,000	200,000	250,000
已分攤製造費用	100,000	400,000	500,000
	$250,000	$850,000	$1,100,000

上項零件，如向外購入，每單位$20，較自製成本為低，故公司當局擬停止零件之製造。另悉下列各項資料：

1.製造費用係按直接人工成本 200%預計分攤。

2.固定製造費用每年$400,000。

3.製造零件所用之設備，每年折舊$5,000，無殘值。該項設備一旦報廢後，每年可節省保險費、稅捐及間接人工成本共計$20,000。

4.變動製造費用之變動與直接人工成本有密切之關係。

試問：自製或外購零件，孰者有利？

19.6 立業公司製造單一產品，行銷國內。每月份最高產能為 12,000 件。下月份預定產量僅 9,000 件。管理當局擬利用該月份閒置產能製造 2,000 件試行外銷。惟據營業部查報，外銷價格由於競爭激烈，不能超過內銷價格三分之二。一般銷管費用雖不致因外銷而受影響，但出口 2,000 件需要佣金及其他費用約$4,000。另據物料部報告，該產品所用原料，日來價格突告上漲。公司當局為爭取外匯，對於此項外銷業務，並不求利，但亦不許虧損。會計部提供過去製造成本及售價資料如下：

	10,000 件	12,000 件
直接原料	$ 30,000	$ 36,000
直接人工	20,000	24,000
製造費用	50,000	54,000
合　計	$100,000	$114,000
單位成本	$10.00	$9.50
每件內銷價格：	$15	

試問：該批外銷品，每件所負擔之直接原料成本應不超過多少元，才不致於發生虧損？（請列示計算過程）

（高考試題）

19.7　立信電子製造公司目前的營運，僅達到實質生產能量的 50%，每
　　　年生產 50,000 單位電子零件。該公司最近接到來自日本的一項訂
　　　單，擬按每單位$6.00 之起運點交貨價格（自立信公司的製造廠起
　　　算），訂購 30,000 單位零件。立信公司過去未曾出售零件到日本。
　　　預計生產 50,000 及 80,000 單位的生產成本如下：

產量	50,000單位	80,000單位
成本:		
直接原料	$ 75,000	$120,000
直接人工	75,000	120,000
製造費用	200,000	260,000
	$350,000	$500,000
單位成本	$7.00	$6.25

試求:

　　(a)當產品從 50,000 單位增至 80,000 單位時，單位成本却由$7.00降
　　　　低為 $6.25，請說明其原因，並列示其計算。

　　(b)如該項特別訂單被接受時，對該公司之淨利，將發生何種影
　　　　響?

　　(c)試說明如按每單位$6.00繼續接受訂貨，於到達 100,000單位的
　　　　實質產能時，對該公司的淨利將發生何種影響?

　　　　　　　　　　　　　　　　　　　　（美國會計師考試試題）

19.8　立新公司自製B_1 與 B_2 兩種齒輪，以供應內部裝配的需要; 兩種零
　　　件的有關成本資料如下:

	B_1	B_2
每單位耗用機器時數	2.5	3.0
每單位標準成本:		
直接原料	$ 9.00	$15.00
直接人工	16.00	18.00
製造費用:		
變動	8.00	9.00
固定	15.00	18.00
合　計	$48.00	$60.00

另悉，變動製造費用係以直接人工時數為分攤基礎；固定製造費用，係以機器操作時數為分攤基礎。

立新公司每年需用B_1零件 8,000 單位及B_2零件 11,000 單位。目前公司管理當局正考慮生產新產品，只剩下 41,000 機器小時可用於生產齒輪；外界某供應商擬按每單位$45及$54的價格，供應該公司需用之 B_1 及 B_2 零件。因此，立新公司考慮僅利用閒置產能 41,000 自製零件，以降低成本。

試求:

(a)假定立新公司接受供應商之價格，以每件$54供應 B_2 零件，每機器小時可獲得淨利（損）若干?

(b)立新公司如何能使其淨利極大化?

第二十章　總預算與利潤計劃

● 前　言 ●

　　每一家企業，均應明確訂定未來年度的營運目標，並預計為達成此項目標應具有的策略、計劃、步驟、及資源等，所牽涉的層面至為廣泛而又複雜，必須以書面詳細規劃記錄之。

　　計劃為有效管理的基石；蓋計劃涵蓋產銷數量、產品價格、產品成本、資源分配、技術取得、資金流量、市場趨勢、顧客關係、及投資環境等諸多因素。

　　計劃可分為質的計劃與量的計劃；質的計劃泛指對於企業目標、投資策略、經營方案、及如何達成目標的方法等；量的計劃泛指將質的計劃，予以數字化，化抽象的意識型態為具體的數字，並以書面及數字表達之。蓋質的計劃僅提供概括性的敘述，缺乏衡量的標準，無法作成事後的分析與比較之用；因此，將質的計劃，予以正式化及形式化的一系列過程，使它成為書面的形式，提供整體企業組織各部門執行的準繩，就是預算。

　　本章將闡述總預算的概念、功能、分類、編製原則、編製程序、及預算與利潤計劃的關係等，作深入探討。

20-1　企業的總體計劃

企業的**總體計劃** (overall plan)，通常包括下列四項：
(1)企業目標。
(2)長期利潤計劃。
(3)中期利潤計劃。
(4)短期利潤計劃 (總預算)。

一、企業目標 (organizational goals)

企業創辦人或管理者，通常會設定一項概括性的遠大目標與理想，作為全體員工努力的指標。例如下列為某紙業公司在其組織內部的公司任務聲明書中載明：「本公司以服務社會為最高宗旨，生產高品質的紙類產品，滿足顧客的需要，並於穩健發展的過程中，維持公司不斷成長，增進市場佔有比率，維護市場的穩定性。本公司除獲得成長與發展所必要的利益外，並照顧員工生活，回饋社區，以善盡其社會責任。」

二、長期利潤計劃 (long-range profit plan)

為實現企業目標，必須將它分段逐步實施；長期策略通常為 10－20 年之間；由於期間較長，變化性較大，通常計劃的範圍比較廣泛，無法詳細逐一臚列。長期利潤計劃主要包括各項資本投資計劃，藉以維持特定的生產能量，或從事於產品多角化經營，以保持市場的穩定性。

三、中期利潤計劃 (intermediate-range profit plan)

中期利潤計劃的時間，通常為 3－5 年期間；因此，可以比較詳細的分析各項中期計劃的內容，例如市場計劃、財務計劃、及生產計劃等。

四、短期利潤計劃 (short-range profit plan)

短期利潤計劃通常為一年，亦即未來一年期間的利潤計劃，彙總於一個管理計劃之下，並以數字表示之，作為各部門共同執行的依據。

短期利潤計劃必須透過預算而達成，包括營業預算與財務預算，故又稱為**總預算** (master budget)。

茲將上列各項說明，彙列一表如圖 20–1。

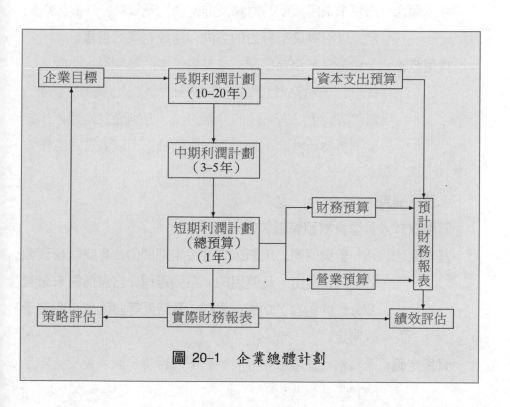

圖 20–1　企業總體計劃

20–2 預算概述

一、預算與預算編製的概念

預算與預算編製，在實際應用上，常被混淆，實有加以辨別的必要。

1.預算 (budget)

根據**管理會計人員學會 (IMA)**，對於預算定義如下：

基本觀念：乃將未來所預期的財務及非財務計量資料，詳細加以制
定，以引導員工努力的方向，達成企業的目標。

實用定義：乃將未來某特定期間，或某項計劃的預期目標、收入、
費用、及為達成目標的各種方法，按收入、費用、資產、
負債等，予以有系統的分類方法，分別設立帳戶，作為
協調營業活動的準繩，藉以激勵員工，以增進其工作效
率。

2.預算編製 (budgeting)

管理會計人員學會對預算編製定義如下：

基本觀念：乃一營業個體，規劃未來某特定期間內，有關財務資源
的投入、產出、及運用的一系列過程。它包括對未來資
源分配的內容、功能、責任、及時間等諸因素，明確予
以制定。

實用定義：乃為執行營業活動，而對有限財務資源流入量及流出量
的預先分配或授權。

根據以上說明，預算編製乃一項極為有用的工具，蓋預算編製一方
面為資源的投入，包括人力、資金、及原料等，並以成本衡量之；另一
方面則為資源的產出，包括產品、服務、及 (社會)回饋等，通常以收入

衡量之。經由預算編製的一系列過程，將各項資源予以規劃、整合、及控制，統籌運用，俾達成預定的目標。

利潤計劃 (profit planning) 與預算編製，異名而實同；蓋企業預算編製的終極目標，在於獲得利潤，並達成企業的目標故兩者實可交替使用。

茲將預算編製與資源投入及產出的關係，以圖 20-2 表達之。

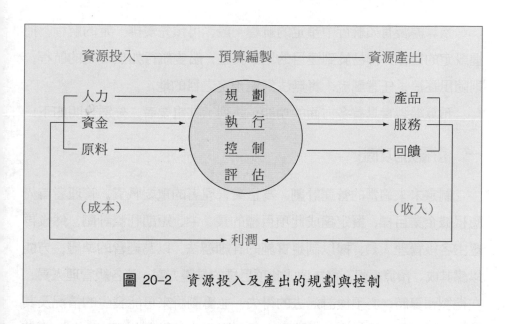

圖 20-2　資源投入及產出的規劃與控制

二、總體預算的概念 (Comprehensive budgeting)

總體預算係根據上述預算編製的概念而來；蓋企業管理者，經由預算編製，可將企業的長期及中期利潤計劃，制定預算，並將制定預算過程中的有關計劃、協調、及控制等活動，逐項列示，嚴格規範，作為員工執行的依據，並將執行結果，從事追踪考核，藉以評估其執行績效。

綜上所述，總體預算乃預算（規劃）、預算實施（執行）、預算監督（控制）、及預算報告（評估）的整個過程。因此，就總體預算的觀點而

言，預算並不是單純的預測與控制而已，而是基於對過去經過精密分析後，對未來的營運計劃，仔細加予規劃；它不但是管理上的有效工具，而且是整個企業的事先規劃、執行、控制、事後報告、及分析的一連串交替反應作用。

20–3　預算的功能

預算編製有如航行中預定的航程一般，可預先安排一定的航程，把握既定的目標，俾易於到達目的地。反之，船隻航行如無一定的航程，則隨風逐浪，任意飄流，將無法到達預定之目的地。

預算編製實具有多方面的功能；茲列示其重要者，分別說明如下：

一、計劃的功能

制定未來適當的營運計劃，為企業管理者的重要職責。管理者首先應根據企業目標，擬定達成此項目標的長、中、短期利潤計劃，然後再經由各級管理人員，據以制定實施的詳細辦法，以為經營的準繩，方能以謀其成。預算編製，實為達成此項目標的具體方案；蓋各級管理人員，在編製預算時，必須檢討過去的得失，並籌劃將來可能發生的情況及其對策。因此，它可促使各級管理人員不斷從事於計劃的擬定，此為預算的一大功能。

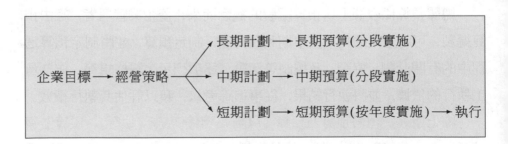

二、協調的功能

預算之執行，能使各部門之間，互相協調，通力合作，以達成同一目標。如無預算之實施，則各部門的目標不統一，步調不一致，甚至於發生相互衝突的情形。例如生產部門，倘無預算的協調，則其生產量，將不能配合銷貨部門的銷售量；又材料購儲部門，倘無預算的協調，則其購儲量，將不能配合生產部門的生產量。因此，由於預算的擬定，能使各部門參與預算的編製，讓有關人員充分了解企業的目標。在預算執行時，各部門將以企業的整體為重心，而自動自發地與其他部門配合，以達成協調的功能。

三、溝通的功能

一個規模龐大的企業，通常均分成很多部門；有了預算制度的建立，可使整個企業，組織成一個有效率的整體，使每一個組成部門，彼此目標一致，觀念溝通、行動統一，而致力於達成企業的整體目標。此外，每一部門均參與預算執行，成為企業整體的一部份，覺察其在整個預算過程中的地位，並體會不能達到預算的責任。

四、激勵的功能

預算為各部門樹立工作努力的目標。管理者可善用各種激勵的方法，使員工樂於達成既定的目標。如不能達成者，應明白確定其責任所在，務必做到權責分明，賞罰公平的地步。

各級員工，由於參與預算的擬定與執行，將使個人的興趣、抱負、前途、利害關係等，與企業的成敗結成一體，休戚相關，進而激發其努力工作的意願，以謀求企業的最大成就。

五、控制的功能

　　預算編製時，各部門應提出部門別的預算數字及其說明；俟預算核定後，實際付諸實施時，必須根據預算，嚴格執行；預算期間終了時，並應評估預算執行的績效，考核其效率，避免浪費。因此，預算是一種極為有效的控制工具。

六、反饋的功能

　　預算付諸執行後，產生各種實際財務報表，使與預計財務報表互相比較，藉以評估其績效，檢討得失，俾作為次期預算的參考。

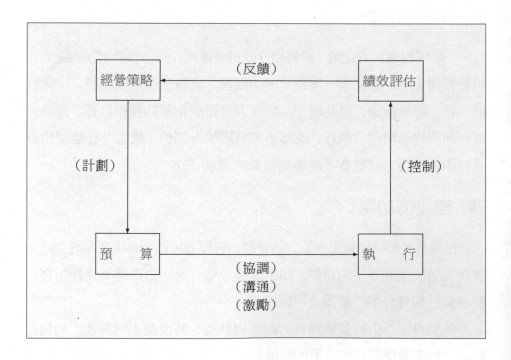

20-4　預算的種類

茲將預算的各種不同分類方法，予以列示如下：

一、按預算編製的期間分類

1.短期預算 (short-range budget)

短期預算期間有三個月、六個月或一年等，視企業的性質而有所不同。一般言之，製造業的預算以一年為期；至於買賣業，為配合銷貨季節性的變化，其預算通常以六個月為一期。決定預算期間長短時，應考慮下列諸因素：

(1)預算期間應足以包括各種產品的產銷情形。

(2)凡從事於經營具有季節性產品的企業，其預算期間應足以包括一個完整的季節性循環。

(3)預算期間的長短，應足夠事先籌措預算所需的經費。

(4)預算期間應配合會計期間，俾能比較實際數與預算數。

2.中期預算 (intermediate-range budget)

凡三年至五年期間的預算屬之。

3.長期預算 (long-range budget)

凡長期性的銷貨計劃、資本支出計劃、研究發展計劃等，均應編製長期預算。長期預算的期間，短者十年、長者二十年不等，視實際需要而定。編製長期預算時，應考慮下列各項因素：

(1)未來的經濟因素及市場趨勢。

(2)人口成長率。

(3)個人的消費支出，以及消費傾向可能的變化。

(4)工業生產指數。

短期預算，易於獲得精確的估計，是為其優點。惟短期預算，由於期間過短，失去預算的價值。蓋預算的目的，在於對未發生的問題，預為推測，俾事先有充分的時間，圖謀解決。短期預算，既然無須太多的預測，就不會預先尋求解決的方法。就這一點而言，長期預算實優於短期預算。惟長期預算因期間很長，不易獲得精確的估計，是為其缺點。至於中期預算，則介於兩者之間，具有折衷的特性。

長、中、短期預算，各有其適用的範圍，不可偏廢。最理想的作法，應同時採用長、中、短期預算；例如利潤計劃，應編製長期利潤預算，再就長期利潤預算，按年或按季編製中、短期利潤預算，俾能統籌規劃，配合實際需要；至於實際數與預算數的比較，亦應按長、中、短期分開辦理，以資配合。

二、按預算的性質分類

1.**靜態預算** (static budget)。

2.**彈性預算** (flexible budget)。

有關靜態與彈性預算的意義及其編製方法，請讀者參閱本書上冊第八章第四節。

三、按預算編製的標的分類

1.**財務預算** (financial budget)

凡匯聚各項營業預算之資料，予以彙編而成，用以顯示在預算期間內，各項財務資訊之詳細情形，並揭示資金取得及耗用之情形。財務預算包括現金預算、資本支出預算、及各項預計財務報表等。

2.**營業預算** (operating budget)

係根據企業未來的營業計劃而編製的正常營業收支計劃。營業預算的期間，通常為一年，並可依各年度的營業預算，再分別編製按季或按

月的營業預算。

營業預算依經營業務的性質可分類為下列各種預算:

(1)銷貨預算。

(2)生產預算: (a)直接原料預算。

　　　　　　(b)直接人工預算。

　　　　　　(c)製造費用預算。

　　　　　　(d)存貨預算。

(3)銷管費用預算。

四、按預算編製的主體分類

1.部門預算 (departmental budget)

係指企業各部門所編製的預算。例如銷貨部門的銷貨預算, 生產部門的生產預算等。部門預算的編製, 可依業務性質、成本因素、或責任劃分而編製之。

2.總預算 (master budget)

係指企業整個經營活動的預算, 由各部門預算彙編而成, 包括營業預算及財務預算。茲以圖表列示如下:

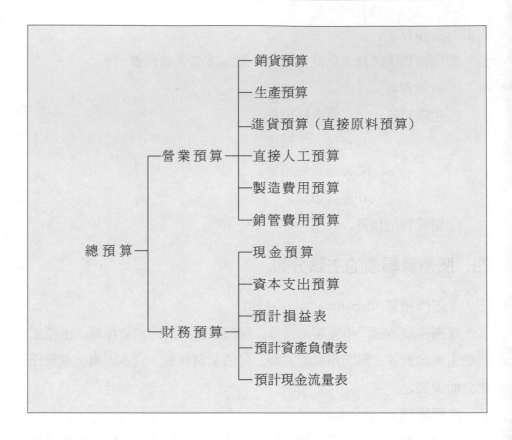

有關總預算的編製方法，吾人將於本章續後各節內，逐一探討之。

20–5 預算編製的原則

為有效發揮預算的功能，以達成控制及考核企業經營績效的目標，對於預算的編製，應遵循下列各項原則：

1.預算編製時，對於各項足以影響企業經營的內外在因素，必須詳加考慮。

2.預算的編製，應按照營業活動的不同水準，編製彈性預算，俾能適應各種不同營業活動的情形，並就各種不同的營業活動，預計其財源或經費，以資配合。

3.應將長短期預算、一般營業預算、特別預算等分別列示。短期預算應屬於長期預算的一部份，使其相互配合，不可脫節。

4.預算的編製，不可失之過寬，亦不可求之過嚴；蓋兩者均將減損預算的功能。倘若預算太寬，則將失去預算的原意，控制的作用全失。反之，如預算太嚴，則對於原預算未能料及的情況，便無法適應，預算的執行，必難收效。

5.預算的編製，應著重實用，不徒具形式。如因環境變遷，致原預算無法執行時，應及時修正，俾保持彈性。惟對於預算的修正，必須提出足夠的資料，足以證明確有修正的必要。

6.預算的編製，應以鼓勵代替懲罰。蓋懲罰是消極的，而鼓勵是積極的。

7.預算的編製，應讓各級員工實際參與，俾能令其充分了解預算的目的及作用，而樂於接受與合作。

20-6　預算編製的程序

為使預算制度臻於理想，對於預算的編製工作，要有一定的程序。茲以圖形列示於圖 20-3。

企業的各項預算，應以銷貨預算為重心，進而編製生產預算，和其他各項預算。因此，各種預算的編製，不能各自獨立，必須互相配合。例如生產預算、銷管費用預算，應以銷貨預算為基礎而編製之；直接原料預算、直接人工預算及製造費用預算，應根據生產預算；至於現金收支預算，則係以直接原料預算、直接人工預算、製造費用預算及銷管費用預算等為根據；預計財務報表則彙總以上各種預算而編製之。

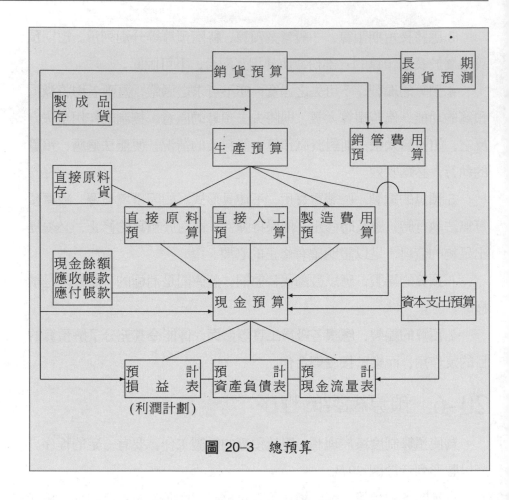

圖 20-3　總預算

20-7　總預算編製釋例

　　茲設民族公司生產單一產品，19A 年第一季有關成本資料如下：

　　1.每單位產品標準直接原料及直接人工成本如下：

直接原料成本：			
甲原料：	2件@$1	$2	
乙原料：	1件@$3	3	$5
直接人工成本：	2小時@$3		6

2.製造費用 (標準直接人工時數– 每月 10,000小時)：

	每月固定製造費用	變動製造費用 (每小時)
間接人工	$ 1,000	$0.20
折舊費用	3,000	—
間接材料	2,000	0.20
動力費	—	0.10
租金	5,000	—
	$11,000	$0.50

3.銷售及管理費用 (按標準銷貨能量 5,000單位預計)：

	每月固定銷管費用	變動銷管費用
薪金	$ 6,000	—
銷貨佣金：按銷貨額為準	2,000	5%
壞帳：按銷貨額為準	—	2%
雜項	2,000	—
	$10,000	7%

4. 19A 年 1月 1日各帳戶餘額如下：

現金	$20,000
應收帳款	$60,000
備抵壞帳	1,000
應付帳款（購買原料）	18,000
製成品存貨	4,500單位
直接原料存貨：	
甲原料	4,000單位
乙原料	2,000單位

5.存貨政策如下：

製成品：每月底的存貨量，應維持下月份的銷貨量預算數。

直接原料：每月底的儲存量，應等於次月份生產所需原料用量的 40%。

一、銷貨預算 (sales budget)

　　銷貨預算為生產預算的基礎，生產預算又為直接原料、直接人工及製造費用預算的基礎；故銷貨預算乃總體預算的基礎。銷貨預算準確與否，直接影響整個企業預算的成敗。

　　編製銷貨預算時，應考慮下列各項因素：

　　1.影響銷貨的外在因素，如未來的經濟趨勢、國民所得、社會購買力及一般人民生活方式的改變等，藉以預測未來的銷貨潛能。

　　2.影響銷貨的內在因素，如工廠的生產能量、發展新產品的可能性、新市場的開拓、新推銷方法的創新等。

　　3.根據統計法或判斷法，進行市場研究及調查，蒐集並分析有關資料，以決定未來的銷貨能量。

　　銷貨預算係根據銷貨量及銷貨單價編製而成；茲列示其計算如下：

銷貨預算：

$$銷貨量 \times 銷貨單價 = 銷貨金額$$

　　設民族公司 19A 年第一季的銷貨預算如下：

銷貨預算
19A 年第一季

月　份	銷　貨　量	單　　　價	銷　貨　金　額
一月份	4,500	$20	$ 90,000
二月份	5,000	20	100,000
三月份	5,500	20	110,000
	15,000		$300,000
四月份	5,000	20	$100,000

　　19A 年四月份的銷貨預算數字，一併予以列示，其原因在於三月份的若干銷貨預算數字，需要應用四月份銷貨預算的數字。

二、生產預算 (production budget)

　　銷貨預算經決定後，應辦理生產預算。為減低產品生產成本，每期的生產量應保持穩定，並儘可能維持銷貨量、存貨量的均衡。

　　下列公式，可提供計算生產量的根據:

生產預算:

　　　銷貨量 ＋ 製成品期末存貨 － 製成品期初存貨 ＝ 生產量

　　茲以圖形列示銷貨量、期初及期末存貨量、生產量、及製造成本的關係如下:

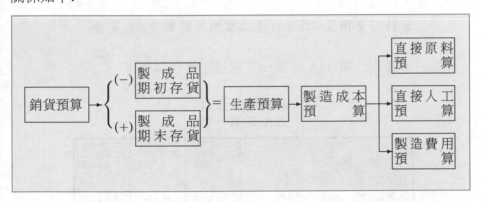

　　茲根據上述公式，列示 19A 年第一季民族公司的生產預算如下:

生產預算
19A 年第一季

	單　位　數　量		
	一月份	二月份	三月份
銷　貨　量	4,500	5,000	5,500
期末存貨量	＋ 5,000	＋ 5,500	＋ 6,000*
	9,500	10,500	11,500
期初存貨量	－ 4,500	－ 5,000	－ 5,500
生　產　量	5,000	5,500	6,000

*設三月份的期末存貨量為 6,000 單位。

三、直接原料預算 (direct materials budget)

生產預算經確定後，應辦理製造成本預算。製造成本預算包括直接原料預算、直接人工預算及製造費用預算。直接原料預算又分用量預算、採購預算及存貨預算。茲分別說明如下：

1.**原料用量預算** (materials requirement budget)

係指為完成生產計劃所需用的原料數量。原料用量預算應按產品所需耗用的原料項目、使用部門及使用的時間而編製之。每期原料用量預算的求法如下：

$$原料用量預算＝每單位產品需用原料數量×生產量$$

茲列示民族公司 19A 年第一季原料用量預算如下：

原料用量預算
19A 年第一季

	一月份	二月份	三月份
生　產　量	5,000	5,500	6,000
原料用量：			
甲原料：每單位 2件	10,000	11,000	12,000
乙原料：每單位 1件	5,000	5,500	6,000

2.**原料採購預算** (materials purchase budget)

係指為提供生產計劃所需採購的原料數量。原料採購預算，應考慮每期原料用量、最低原料存量及期初原料存量等因素而後決定之。其求法如下：

$$原料期初存量＋原料採購量－原料用量＝原料期末存量$$

$$原料採購量＝原料用量＋原料期末存量－原料期初存量$$

茲根據上述公式，列示 19A 年第一季民族公司原料採購預算如下：

原料採購預算
19A 年第一季

	一月份	二月份	三月份
甲原料：			
原料用量	10,000	11,000	12,000
期末存量*	4,400	4,800	5,200
	14,400	15,800	17,200
期初存量	4,000	4,400	4,800
採　購　量	10,400	11,400	12,400
每單位購價	$　　1	$　　1	$　　1
採購成本	$10,400	$11,400	$12,400
乙原料：			
原料用量	5,000	5,500	6,000
期末存量*	2,200	2,400	2,600
	7,200	7,900	8,600
期初存量	2,000	2,200	2,400
採　購　量	5,200	5,700	6,200
每單位購價	$　　3	$　　3	$　　3
採購成本	$15,600	$17,100	$18,600
合　　　計	$26,000	$28,500	$31,000

*原料期末存量，等於次月份原料用量之40%。又假設四月
份甲原料用量為 13,000 件，乙原料的用量為 6,500 件。

3.原料存貨預算 (materials inventories budget)

係指為調節原料採購與耗用所需之存料預算。

茲列示 19A 年第一季民族公司的原料存貨預算如下：

原料存貨預算
19A 年第一季

	數　　量	單位成本	總　成　本
一月份			
甲原料	4,400	$ 1	$ 4,400
乙原料	2,200	3	6,600
			$11,000
二月份			
甲原料	4,800	1	$ 4,800
乙原料	2,400	3	7,200
			$12,000
三月份			
甲原料	5,200	1	$ 5,200
乙原料	2,600	3	7,800
			$13,000

四、直接人工成本預算 (direct labor cost budget)

　　直接人工成本預算應根據生產預算編製之。直接人工成本預算，包括直接人工時數及每小時工資率的預計。直接人工時數與每小時工資率相乘即為人工成本。如產品製造需經過數個生產部門，而每一個部門的工資率又不同時，應按部門別，預計所需直接人工時數及直接人工成本。茲列示 19A 年第一季民族公司的直接人工預算如下：

直接人工預算
19A 年第一季

	一月份	二月份	三月份
生產量	5,000	5,500	6,000
直接人工時數：			
每單位人工時數	×2	×2	×2
	10,000	11,000	12,000
每小時工資率	$　　3	$　　3	$　　3
直接人工成本	$30,000	$33,000	$36,000

五、製造費用預算 (indirect manufacturing costs budget)

製造費用預算遠較直接原料及直接人工預算複雜；蓋製造費用的內容繁多，不僅牽涉整個企業的各有關部門，並且包括固定成本、變動成本及半固定或半變動成本。為適應各種經濟情況的變化，及不同生產水準的成本，並便於考核實際工作量與預計工作量執行的績效，應辦理製造費用的彈性預算。茲列示 19A年第一季民族公司的製造費用預算如下：

製造費用預算
19A 年第一季

	固定成本	變動成本	合　　計
一月份			
直接人工－10,000 小時			
間接人工：變動@$0.20	$ 1,000	$ 2,000	$ 3,000
折舊費用	3,000	—	3,000
間接材料：變動@$0.20	2,000	2,000	4,000
動力費：變動@$0.10	—	1,000	1,000
租金	5,000	—	5,000
製造費用小計 (標準成本)	$11,000	$ 5,000	$16,000
二月份			
直接人工－11,000 小時			
間接人工：變動@$0.20	$ 1,000	$ 2,200	$ 3,200
折舊費用	3,000	—	3,000
間接材料：變動@$0.20	2,000	2,200	4,200
動力費：變動@$0.10	—	1,100	1,100
租金	5,000	—	5,000
製造費用小計 (標準成本)	$11,000	$ 5,500	$16,500
三月份			
直接人工－12,000 小時			
間接人工：變動@$0.20	$ 1,000	$ 2,400	$ 3,400
折舊費用	3,000	—	3,000
間接材料：變動@$0.20	2,000	2,400	4,400
動力費：變動@$0.10	—	1,200	1,200
租金	5,000	—	5,000
製造費用小計 (標準成本)	$11,000	$ 6,000	$17,000
第一季預算合計	$33,000	$16,500	$49,500

六、銷售及管理費用預算 (selling & administrative expenses budget)

　　銷售及管理費用預算控制是否得當，對企業的利潤計劃，影響很大。銷售及管理費用預算，應如同製造費用預算一樣，要辦理銷售及管理費用的彈性預算。茲列示 19A 年第一季民族公司的銷售及管理費用彈性預算於下：

銷售及管理費用預算
19A 年第一季

	固定成本	變動成本	合　　計
一月份			
銷貨能量－$90,000			
薪金	$ 6,000	$　　　—	$ 6,000
銷貨佣金: 變動 5%	2,000	4,500	6,500
壞帳: 變動 2%	—	1,800	1,800
雜項	2,000	—	2,000
銷管費用小計 (標準成本)	$10,000	$ 6,300	$16,300
二月份			
銷貨能量－$100,000			
薪金	$ 6,000	$　　　—	$ 6,000
銷貨佣金: 變動 5%	2,000	5,000	7,000
壞帳: 變動 2%	—	2,000	2,000
雜項	2,000	—	2,000
銷管費用小計 (標準成本)	$10,000	$ 7,000	$17,000
三月份			
銷貨能量－$110,000			
薪金	$ 6,000	$　　　—	$ 6,000
銷貨佣金: 變動 5%	2,000	5,500	7,500
壞帳: 變動 2%	—	2,200	2,200
雜項	2,000	—	2,000
銷管費用小計 (標準成本)	$10,000	$ 7,700	$17,700
19A 年第一季合計	$30,000	$21,000	$51,000

20–8　現金預算

一、現金預算的意義

所謂**現金預算** (cash budget)：係指對未來現金收支的預測。現金為最富於流動性的資產，任何企業不能缺少現金的流轉；故對現金必有嚴密的預算與控制，並且根據現金預算，可預知現金是否有過多或不足的現象，而預為謀求適當的處理方法；因此，現金預算可提供管理當局作為調節現金流動的重要工具。

現金預算，可分為現金收入預算及現金支出預算。

二、現金收入預算 (cash receipts budget)

企業現金的主要來源為銷貨,故可根據銷貨政策、銷貨預算、付款條件及應收帳款收款的情形而決定之;其他如出售固定資產、提供勞務收入、投資收入、利息收入、借入款等,依其時間先後,分別列入現金收入預算。

茲列示現金收入預算數之計算公式如下:

現 金 收 入 預 算

當月份賒銷金額 × 當月份收現百分率
= 當月份賒銷可獲得現金收入毛額
－ 當月份銷貨折讓及折扣
= 當月份賒銷現金收入
＋ 當月份現銷收入
＋ 以前各月份賒銷現金收入
＋ 其他現金收入
= 當月份現金收入預算數

茲假定民族公司有關現金收入的情形如下:

(1)銷貨收入的 90%於銷貨的次月收入現金， 8%於銷貨後的第二個月收入現金， 2%預計無法收回。

(2)上年底應收帳款為$75,000，其中有$67,500於本年度一月份收到現金，另有 $6,000於二月份收入現金，餘額已證明無法收回。

(3)其他無任何收入。

現金收入預算
19A 年第一季

	一月份	二月份	三月份
應收帳款收現：			
19A年 1 月 1日應收帳款	$67,500	$ 6,000	—
一月份銷貨$90,000	—	81,000	$ 7,200
二月份銷貨$100,000			90,000
其他收入	—	—	—
現金收入合計	$67,500	$87,000	$97,200

三、現金支出預算 (cash disbursements budget)

現金支出預算，應根據各項製造成本預算、銷售及管理費用預算、資本支出預算、稅捐及其他有關現金支出事項為基礎而編製之。如同現金收入預算一樣，現金支出預算應考慮材料採購的政策、付款條件、付款方式及其他有關事項等。又各項費用預算中，有些費用係屬非現金事項，如折舊費用、各項攤銷及折耗，不必包括在現金支出預算之內。

茲列示現金支出預算數的計算公式如下：

現 金 支 出 預 算

當月份賒購數量 × 單價
= 當月份賒購金額 × 當月份付現百分率
= 當月份賒購應付現毛額
  – 當月份進貨折讓及折扣
= 當月份賒購付現支出

　　＋當月份現購支出

　　＋以前各月份賒購付現支出

　　＋其他現金支出（各項支出或費用，惟不包括折舊或攤銷）

　＝當月份現金支出預算數

茲假定民族公司 19A 年第一季有關現金支出預算的事項如下：

⑴購買材料的應付帳款，於次月始予支付現金。又上年度應付帳款
　　為 $18,000，於本年度一月間支付之。

⑵薪工每月於 1日及 16日分兩次支付。上年度 12月份下半月的應
　　付薪工計 $18,000，於本年度 1月 1日付清。

⑶稅捐及保險費每年支付一次。 3月 1日應支付$24,000，每月均攤
　　$2,000，包括於雜項費用項下。

⑷間接材料、動力費及租金費用等，均於發生的當月份支付之。

⑸二月份購買固定資產$3,000。

現金支出預算
19A 年第一季

	一月份	二月份	三月份
應付帳款（附表一）	$18,000	$26,000	$ 28,500
薪工（附表二）	40,750	47,350	51,050
製造費用：			
間接材料	4,000	4,200	4,400
動力費	1,000	1,100	1,200
租金	5,000	5,000	5,000
銷售及管理費用：			
雜項－稅捐及保險費	－	－	24,000
購買固定資產	－	3,000	－
現金支出合計	$68,750	$86,650	$114,150

應付帳款支付預算表
19A 年第一季　　　　　　附表一

	一月份	二月份	三月份
19A年 1月 1日應付帳款餘額	$18,000		
一月份購買材料		$26,000	
二月份購買材料			$28,500
	$18,000	$26,000	$28,500

薪工費用支付預算表
19A 年第一季　　　　　附表二

	一月份	二月份	三月份
薪工:			
直接人工	$30,000	$33,000	$36,000
間接人工	3,000	3,200	3,400
銷售及管理薪金	6,000	6,000	6,000
銷貨佣金	6,500	7,000	7,500
	$45,500	$49,200	$52,900
薪工支付:			
19A年 1月 1日應付薪工	$18,000		
一月份薪工	22,750	$22,750	
二月份薪工		24,600	$24,600
三月份薪工			26,450
	$40,750	$47,350	$51,050

四、現金收支預算 (cash receipts disbursements & balances budget)

　　現金收入、支出經預算後，即可彙編現金收支預算。編製現金收支預算時，應配合企業的財務政策，才不致於使現金有過多或不足的現象。過多時應考慮短期投資的可能性，或償還借款。不足時應尋求因應措施。

　　茲列示現金收支預算數的計算公式如下：

現 金 收 支 預 算

　當月份現金收入預算數
　－ 當月份現金支出預算數
＝ 現金收入超過 (不敷) 支出
　＋ 上月底現金餘額
＝ 調度前現金餘額
　＋ 出售短期投資或銀行借款
　－ 購入短期投資或償還銀行借款
＝ 當月份現金餘額

茲設 19A 年第一季民族公司預計每月現金不超過$10,000，亦不低於$5,000，不足時可向銀行借款，利率為年息 12%。有關該公司19A 年第一季現金收支預算，列示如下:

現金收支預算
19A 年第一季

	一月份	二月份	三月份
預計收入	$67,500	$87,000	$ 97,200
減: 預計支出	68,750	86,650	114,150
收入超過 (不足)支出	$(1,250)	$　350	$(16,950)
加: 上期現金餘額	20,000	8,750	9,100
調度前現金餘額	$18,750	$ 9,100	$ (7,850)
減: 短期投資	10,000	—	—
加: 銀行借款	—	—	15,000
預計月底現金餘額	$ 8,750	$ 9,100	$　7,150

由上列現金收支預算表顯示，一月份現金結存超過該公司的最高限額，故經決定購買短期投資$10,000。經此投資後，一月份的現金餘額降低為 $8,750；二月份的現金餘額降低為$9,100；三月份的現金，已不足$7,850 ($2,150–$10,000)，經決定向銀行借款$15,000，本金及利息，一併於一個月後出售短期投資償還之; 不足之數，另謀其他辦法。

20–9　利潤計劃與預計財務報表

上述各種預算，經編製完成後，最後的步驟，應予以集中而彙編成**預計財務報表** (proforma financial statements)。稱預計財務報表者，係指財務報表的數字，均根據預算而來，並非實際的數字。預計財務報表，最主要者有預計損益表及預計資產負債表及預計現金流量表等三種。

1.預計損益表 (proforma income statement)

　　係將某特定期間的銷貨預算、製造成本預算、銷售及管理費用預算等彙編而成，作為全體員工努力的目標，並與將來實際數字相互比較，以考核預算執行的績效，俾能達成利潤規劃的理想。民族公司 19A 年度第一季的預計損益表如下：

預計損益表
19A 年度第一季

	一月份	二月份	三月份	合　計
銷貨能量 (單位)	4,500	5,000	5,500	15,000
銷貨收入：每單位@$20	$90,000	$100,000	$110,000	$300,000
銷貨成本 (標準)：				
直接原料：				
甲原料：每單位 2 件@$1	$ 9,000	$ 10,000	$ 11,000	$ 30,000
乙原料：每單位 1 件$3	13,500	15,000	16,500	45,000
直接人工：每單位 2 小時@$3	27,000	30,000	33,000	90,000
製造費用：				
固定：每單位$2.20*	9,900	11,000	12,100	33,000
變動：每單位$1.00**	4,500	5,000	5,500	15,000
銷貨成本合計	$63,900	$ 71,000	$ 78,100	$213,000
銷貨毛利 (標準)	$26,100	$ 29,000	$ 31,900	$ 87,000
銷售及管理費用 (標準)：				
固定：每單位$2.00***	$ 9,000	$ 10,000	$ 11,000	$ 30,000
變動：7%	6,300	7,000	7,700	21,000
銷售及管理費用合計	$15,300	$ 17,000	$ 18,700	$ 51,000
淨利 (標準)	$10,800	$ 12,000	$ 13,200	$ 36,000
有利 (不利)能量差異：				
製造費用 (附表三)	—	1,100	2,200	3,300
銷售及管理費用 (附表四)	(1,000)	—	1,000	－ 0 －
淨利 (實際)	$ 9,800	$ 13,100	$ 16,400	$ 39,300

$$*\$11,000 \div \frac{10,000}{2} = \$2.20$$

$$**\$0.50 \times 2 = \$1.00$$

$$***\$10,000 \div 5,000 = \$2.00$$

製造費用
預計能量差異計算表
19A 年第一季

附表三

	一月份		二月份		三月份	
	直接人工時數	百分比	直接人工時數	百分比	直接人工時數	百分比
標準生產能量 (時數)	10,000	100%	10,000	100%	10,000	100%
預計生產能量 (時數)	10,000	100%	11,000	110%	12,000	120%
超過 (不足)生產能量 (時數)	－0－	－0－	1,000	10%	2,000	20%
有利 (不利)能量差異						
10%×$11,000			$1,100		—	
20%×$11,000	—		—		$2,200	

銷售及管理費用
預計能量差異計算表
19A 年第一季

附表四

	一月份		二月份		三月份	
	銷貨能量	百分比	銷貨能量	百分比	銷貨能量	百分比
標準銷貨能量 (單位)	5,000	100%	5,000	100%	5,000	100%
預計銷貨能量 (單位)	4,500	90%	5,000	100%	5,500	110%
超過 (不足)銷貨能量 (單位)	(500)	(10%)	－0－	－0－	500	10%
有利 (不利)能量差異:						
10%×$10,000	$(1,000)		—		—	
10%×$10,000	($1,000)		—		$1,000	

2.預計資產負債表 (proforma balance sheet)

　　係根據期初資產負債表各帳戶餘額及有關預算，予以彙編而成，藉以預計企業在預算期間的財務狀況。

3.預計現金流量表 (proforma cash flows statement)

　　預計現金流量表係根據預計現金流入量及現金流出量彙編而成，用

於說明企業在預算期間，有關營業、投資、及理財活動之資訊。

因限於篇幅，以上二種預計財務報表，此處不予列示。

本章摘要

　　規劃乃設定企業目標及達成此項目標的經營策略；預算則為達成企業目標而將總體計劃分段實施的一系列過程，透過預算編製，以書面數字表達之。因此，預算編製，是計劃與控制的主幹；經由計量的表達方式，以顯示企業目標，藉著預算的執行，而獲得實現；蓋預算具備計劃、協調、溝通、激勵、控制、反饋諸功能，將企業各部門員工、觀念、智慧、資源、經營環境等，結合在一起，組成一個有效率的整體，並朝向同一目標邁進。尤其重要者，每於預算執行後，尚須進行績效評估，檢討得失，以期權責分明，賞罰公平。

　　總預算乃一企業某特定期間 (通常為一年)整體經營活動的預算，包括營業預算及財務預算兩大類；營業預算以銷貨預算為基礎，進而編製生產預算、直接原料預算、直接人工預算、製造費用預算、銷管費用預算等；財務預算係配合營業預算的需要，提供資金及生產設備，包括資本支出預算、現金預算、及預計財務報表等。

　　預算的編製，必須由下而上，讓各級員工參與預算的制定工作，俾各盡心力，共謀企業的成長與發展。

　　預算不可失之過寬，或求之過嚴；所設定的目標，要具有挑戰性，而且是可以實現的程度。

　　企業管理者如應用得當，預算必能成為管理上的重要工具；反之，如應用不當，或計劃不週全，則預算將妨礙業務的和諧性。

本章編排流程

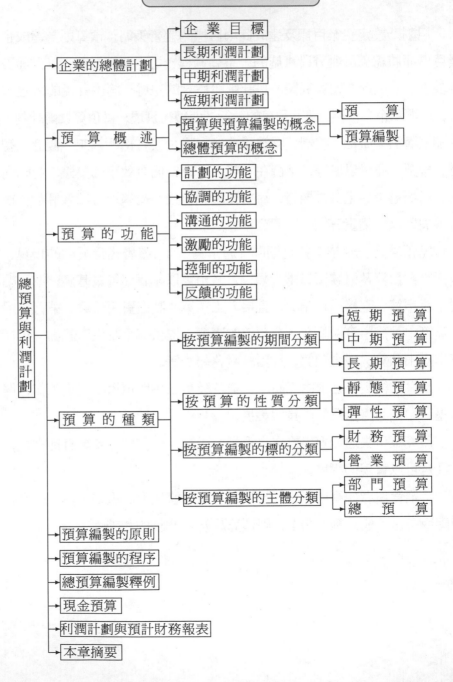

習　題

一、問答題

1. 何謂企業的總體計劃？

2. 預算與預算編製的概念為何？試述之。

3. 預算編製與利潤規劃何以異名而同義？

4. 試述總體預算的概念。

5. 預算具有那些功能？試述之。

6. 預算應如何分類？

7. 何謂總預算？總預算包括那些？

8. 長、中、短期預算的編製，應考慮何種因素？各有何優劣點？

9. 何以銷貨預算為各種預算的基礎？

10. 試述預算編製的各項原則。

11. 試以圖形列示預算編製的步驟。

12. 編製銷貨預算時，應考慮那些因素？

13. 如何編製生產預算？試述之。

14. 直接原料預算又可分為那些預算？試述之。

15. 現金預算的功用為何？現金預算又可分為那些預算？試述之。

16. 試述預計財務報表的意義及功用。

二、選擇題

20.1　彈性預算係指：

(a)一項對未來某特定期間的預測，並無約束力。

(b)一項在某特定營運水準下的單一預算。

(c)在各種不同營運水準下的一系列預算。

(d)以上皆非。

20.2 當銷貨量隨季節性變化時，對於銷貨量的預算，必須同時考慮下列三項因素：

(a)生產量、製成品存貨量、及銷貨量。

(b)原料、在製品、及製成品存貨。

(c)原料存貨、在製品存貨、及生產量。

(d)直接人工、在製品存貨、及銷貨量。

20.3 利潤計劃的重點在於：

(a)資本支出預算。

(b)銷貨預算。

(c)成本與費用預算。

(d)生產預算。

20.4 生產預算係基於：

(a)銷貨預算並調整存貨水準。

(b)經濟訂購量及訂購點。

(c)迴歸直線。

(d)學習曲線。

20.5 總預算與彈性預算的主要區別，在於前者係:

(a)僅基於某特定營運水準的預算，而後者係基於正常營運範圍內各種不同營運水準的預算。

(b)僅使用於預算期間之前及預算期間之中，而後者僅使用於預算期間之後。

(c)基於某一固定標準，而後者允許企業管理者配合不同的目標。

(d)為整個企業組織的預算，而後者僅為某部門的預算。

20.6 彈性預算適用於：

	銷管費用預算	製造費用預算
(a)	非	是
(b)	是	是
(c)	非	非
(d)	是	非

20.7 在採用彈性預算之下，當生產量預期將會降低時，將對下列兩種單位成本，產生何種影響？

	單位變動成本	單位固定成本
(a)	不變	不變
(b)	增加	不變
(c)	不變	增加
(d)	增加	增加

20.8 某餐廳採用靜態預算，當實際營業收入小於預算時，該餐廳通常會列報下列二種成本的有利成本差異？

	變動食物成本	固定員工薪資
(a)	是	是
(b)	是	非
(c)	非	是
(d)	非	非

20.9 N 公司 1997年 5月份預計 Y 產品銷貨量為 30,000單位；製造 Y 產品一單位，需用 A 原料三公斤。 Y 製成品與 A 原料的實際期初存貨，及預計期末存貨如下：

	5/1/97	5/31/97
A 原料	40,000公斤	44,000公斤
Y 製成品	10,000單位	12,000單位

5月初及 5月底，均無 Y 產品的在製品存貨。 N 公司 5月份 A 原料應進貨若干？

(a) 80,000

(b) 90,000

(c) 96,000

(d) 100,000

20.10 B 公司 1998年 12月 31日年度終了日的銷貨預算列示如下:

季 別	數量單位
第 一	60,000
第 二	80,000
第 三	45,000
第 四	55,000
合 計	240,000

1997年 12月 31日的存貨預算為 18,000單位。每季終了的製成品期末存貨數量，均等於次季銷貨量預算的 30%。第一季生產量預算應為若干?

(a) 24,000

(b) 48,000

(c) 66,000

(d) 72,000

20.11 F公司 1997年度購買甲原料的各項預算資料如下:

銷貨成本 (1997年度)	$300,000
應付帳款 (1997年 1月 1日)	20,000
存貨 (1997年 1月 1日)	30,000
存貨 (1997年 12月 31日)	42,000

進貨分 12 個月份平均購入，帳款於次月內支付之。請問 F 公司 1997年度購買甲原料的現金支出預算為若干?

(a)$295,000

(b)$300,000

(c)$306,000

(d)$312,000

20.12 K 公司編製 1998年度總預算的部份資料如下：

銷貨收入	$2,800,000
存貨減少	70,000
應付帳款減少	150,000
銷貨毛利率	40%

請問 K 公司對於原料進貨的現金支出預算應為若干？

(a)$1,040,000

(b)$1,200,000

(c)$1,600,000

(d)$1,760,000

20.13 L 公司為編製 1997年 11月份的現金預算，收集下列各項有關賒銷及收款的資料：

當月份收款	12%
次月份收款	75%
二個月收款	6%
三個月收款	4%
付現折扣 (2/30， NET90)	2%
備抵壞帳	1%
賒銷：	
11月份－預計	$200,000
10月份	180,000
9月份	160,000
8月份	190,000

請問 L 公司 1997年 11月份，於收到各月份賒銷後，貸記應收帳款帳戶的金額，應為若干？

(a)$170,200

(b)$174,200

(c)$176,200

(d)$180,200

20.14 R公司的總預算列示工廠設備之折舊，係按直線法每年提列$258,000；總預算係以每年產量 103,200單位為預算的根據，且每月份均勻分配；19A 年 9 月份，R 公司生產 8,400單位；R 公司擬以彈性預算的方法，藉以控制製造成本。請問 R 公司在彈性預算之下，19A 年9 月份應提列工廠設備折舊若干？

(a)$19,500

(b)$20,450

(c)$20,500

(d)$21,500

20.15 S 公司 1998年 4月份的銷貨量為 150,000單位，另有下列各項資料：

	單位數量
實際期初存貨－ 4/1/98:	
在製品	－0－
製成品	45,000
預計期末存貨－ 4/30/98:	
在製品 (完工 75%)	9,600
製成品	36,000

S 公司 1997年 4月份生產預算的約當產量應為若干？

(a) 151,800單位。

(b) 150,600單位。

(c) 148,200單位。

(d) 141,000 單位。

20.16 T 公司 1997年 9月份，預計銷售X 產品 20,000單位，每單位 X 產品耗用 A 原料 2 單位及 B 原料 3單位； 9月 1日實際期初存貨及 9月 30日預計期末存貨列示如下：

	實際期初存貨 (9/1)	預計期末存貨 (9/30)
X 產品	4,000單位	2,000單位
A 原料	5,000單位	3,600單位
B 原料	4,400單位	4,800單位

T 公司 1997年 9月份， B 原料進貨預算應為若干？

(a) 65,600單位。

(b) 60,400單位。

(c) 59,600單位。

(d) 54,400單位。

20.17 X 公司成立於 1997年，並預計下列交易事項：

發行普通股票	$ 800,000
賒銷總額	1,760,000
應收帳款收入現金	1,440,000
銷貨成本	1,120,000
進貨及費用付現	960,000
所得稅付現	200,000
購買固定資產付現	640,000
固定資產折舊	120,000
短期借款收入現金	560,000
短期借款付現	80,000

X 公司 1997年 12月 31日的預計現金餘額為若干？

(a)$920,000

(b)$900,000

(c)$880,000

(d)$860,000

20.18 Y 公司 1997年 10月份預計發生下列各項營業活動：

　　銷貨預算$300,000，全部均為賒銷；每月底提列 3%的備抵壞帳。

　　1997年 10月 1日的期初存貨為$70,000，預計 10月 31日的期末存貨將增加$10,000。

　　所有商品均按發票成本加價 50%出售。

　　預計 10月份銷管費用的現金支出為$40,000。

　　10月份預計折舊費用為$5,000。

　　請問 Y 公司 1997年 10月份預計營業利益為若干？

(a)$96,000

(b)$56,000

(c)$55,000

(d)$46,000

三、計算題

20.1　日新公司有甲、乙兩製造部。甲製造部生產 X、 Y、 Z 三種產品，乙製造部生產 M、 N 兩種產品。該公司銷貨部 19A 年度之銷貨量預算如下：

產品 X	120,000 單位
產品 Y	150,000 單位
產品 Z	200,000 單位
產品 M	100,000 單位
產品 N	60,000 單位

　　有關存貨的預算如下：

	在　製　品				製　成　品	
	期初存貨		期末存貨			
產　品	數　量	完　工百分比	數　量	完　工百分比	期初存貨	期末存貨
X	5,000	80%	4,000	75%	20,000	12,000
Y	10,000	70%	8,000	75%	25,000	15,000
Z	15,000	60%	12,000	60%	30,000	20,000
M	7,500	60%	5,000	80%	12,000	10,000
N	4,500	80%	3,000	80%	8,000	6,000

試求：　19A 年度的生產預算。

20.2　日益公司正常月份的生產能量為 50,000 單位產品，其成本資料如下：

直接原料成本		$160,000
直接人工成本		180,000
製造費用：		
固定 (包括折舊$10,000)	$ 60,000	
變動	100,000	160,000
製造成本總額		$500,000

該公司銷貨部 19B 年元月至 4 月份之銷貨量預算如下：

元月份	40,000 單位
2 月份	50,000 單位
3 月份	60,000 單位
4 月份	60,000 單位

每單位產品售價為 $15。銷貨收入之 80% 將於出售當月份收現，並給予折扣 1% 之優待，餘 20% 於次月份收現。依過去的經驗，帳款均可全部收回。又知 19A 年 12 月份之應收帳款 $60,000，將於 19B 年元月份收現。

該公司對於製成品期末存貨，採取下列政策：每月份的期末存貨量，

應等於次月份銷貨量之 80%。 19A 年 12 月底之存貨量為 32,000單位。

每單位原料價款之支出，與直接人工、製造費用相同，均於購入當月份支付。銷售及管理費用包括固定及變動兩部份，固定部份每月份$30,000(包括折舊 $6,000)，變動部份為銷貨收入之 10%，全部於銷貨之當月份支付。

試求:

  (a)編製 19B 年元月至 3 月份生產預算表。

  (b)編製 19B 年元月至 3 月份現金收支預算表。

  (c)假定該公司採用歸納成本法，對於製造費用的分攤，係依正常生產能量 10,000 單位為標準，請編製 19B 年第一季預計損益表。

20.3　下為日日公司19A 年 12 月份之預計損益表:

日日公司
預計損益表
19A 年12 月 1 日至 12 月 31 日

銷貨收入		$1,000,000
成本及費用:		
直接原料	$580,000	
直接人工	100,000	
間接人工	40,000	
折舊費用	50,000	
員工福利	14,000	
財產保險費	1,000	
財產稅	3,000	
水電費	3,000	
銷管費用	122,000	913,000
淨利		$　87,000

此外，尚有下列資料：

1.直接原料成本將增加$20,000。購買原料的價款，均於當月份支付。

2.11 月 30 日應付薪工 (包括直接及間接人工)為$4,000，12 月 31 日預計為 $6,000。

3.每月份員工福利包括：

勞工傷害賠償保險: 每逢 1、3、9 月份支付	$ 4,000
失業保險: 按月支付	2,000
休假給與: 聖誕節需多支付$1,000	2,000
退休金: 各季於3、6、9、12 月間支付，每季數額均相同	4,000
疾病及意外保險: 按月支付	2,000
	$ 14,000

4.財產保險費於每年元月份一次支付。

5.財產稅於每年 9 月間支付。

6.水電費按月支付。

7.應付銷管費用如下： 11 月 30 日為$12,000，12 月31 日為$14,000。

8.12 月份之銷貨，計有 50%將於當月份收現； 11 月份的應收帳款計有 $280,000，於 12 月份收現。

該公司 12 月 31 日之現金餘額，欲維持與 11 月 30 日之現金餘額相同，如有不足之數，擬向銀行借入款項，以資彌補。

試編製 19A 年 12 月份之現金預算表，並列示應向銀行借入款項的數額。

20.4 日立公司 19A 年度各項預算如下：

1.銷貨及製成品存貨預算：

預 計 銷 貨			預 計 存 貨	
產 品	數 量	單 價	19A年 1月 1日	19A年 12月 31日
A	10,000	$60	5,000單位	5,000單位
B	20,000	50	10,000單位	10,000單位
C	30,000	40	15,000單位	10,000單位

2.每單位產品耗料:

原料編號	A	B	C
#101	3	—	2
#102	2	1	1
#103	—	2	—
#104	—	3	—
#105	5	—	4

3.原料存貨的預算:

		預 計 存 貨	
原料編號	單 價	19A年 1月 1日	19A年 12月 31日
#101	$2.50	30,000單位	28,000單位
#102	3.00	20,000單位	25,000單位
#103	2.00	10,000單位	15,000單位
#104	3.50	18,000單位	18,000單位
#105	4.00	25,000單位	25,000單位

4.每單位產品所需直接人工時數及工資率預算:

產品	直接人工時數	每小時工資率
A	2	$4.00
B	1	3.50
C	2	3.00

5.製造費用分攤率按直接人工時數為基礎, 每小時$2。

試求:

(a)銷貨預算金額。

(b)生產預算數量。

(c)直接原料預算數量。

(d)直接原料採購的金額。

(e)直接人工預算金額。

20.5　日春公司 19A 年度之損益表如下:

日春公司
損益表
19A 年度

銷貨收入			$600,000
減: 銷貨成本:			
直接原料		$150,000	
直接人工		130,000	
製造費用:			
固定	$45,000		
變動	65,000	110,000	390,000
			$210,000
減: 銷管費用			
固定	$75,000		
變動	55,000		130,000
淨利			$ 80,000

該公司 19B 年度預計銷貨量將增加 20%, 惟變動製造成本及銷管費用, 亦將按下列比率提高:

直接原料	20%
直接人工	20%
製造費用	10%
銷管費用	20%

至於固定製造成本及銷管費用, 預期將維持不變。該公司擬使用品質較佳且價格較昂貴的原料, 藉以減少原料的損壞數量, 使原料用

量減少 10%。

19B 年度預期淨利將超過 19A 年度之 25%，產品售價亦將作必要的調整，期能獲得此項預期的利潤目標。

試求：

(a)編製日春公司 19B 年度預計損益表。

(b)該公司產品售價，應提高若干%，才能達成預期的利潤目標？

（美國會計師考試試題）

20.6 日光公司生產甲、乙兩種產品， 1997年 7月份，收集下列各項資料，藉以編製 1998年度之預算：

1998 年度銷貨預算

產品別	數　量	單位售價
甲	30,000	$40
乙	20,000	60

1998 年度存貨數量

產　品	1月 1日	12月 31日
甲	20,000	12,500
乙	8,000	4,500

生產每單位甲、乙產品耗用原料如下：

原　料	單　位	甲產品	乙產品
A	1公斤	4	5
B	1公斤	2	3
C	1單位	－	1

1998年度原料之各項預計：

原　料	預計進貨單價	1月 1日存貨	12月 31日存貨
A	$4.00	16,000公斤	18,000公斤
B	2.50	14,500公斤	16,000公斤
C	1.50	3,000 單位	3,500 單位

1998年度直接人工及工資率之預計:

產　品	每單位耗用人工	每小時工資率
甲	2	$6.00
乙	3	8.00

1998年度之製造費用，係按每一直接人工時數$2分攤。

試求: 請預計該公司 1998年度的下列各項預算:

　(a)銷貨預算 (金額)。

　(b)生產預算 (數量)。

　(c)原料進貨預算 (數量及金額)。

　(d)直接人工成本預算。

　(e) 12月 31日之預計製成品存貨金額。

20.7　日月公司營業虧損已若干年，發生週轉不靈; 1998年 3月 31日，
　　　該公司呈請法院保護，並附上下列財務狀況表:

資產:	帳面價值	變現價值
應收帳款	$　600,000	$　300,000
存貨	540,000	240,000
廠房及設備	900,000	960,000
合　計	$2,040,000	$1,500,000
負債及股東權益:		
應付帳款－一般債務	$3,600,000	
股本－普通股	360,000	
累積虧損	(1,920,000)	
合　計	$2,040,000	

日月公司通知法院，該公司已開發完成一種新產品，並覓妥適當的
經銷商，正在洽談簽訂三年代銷事宜，約定截至 1999年 3月 31日
止的一年期間，代銷 10,000單位，截至 2000年 3月 31日的第二年
期間，代銷 12,000單位，截至 2001年 3月 31日的第三年期間，代

銷 15,000 單位，每單位售價$540。生產新產品可使用公司目前的產
能；三年期間，預計每月份產量均一致，並立即運交經銷商；應收
帳款預計於交貨的次月份收現。新產品的單位製造成本預計如下：

直接原料	$	120
直接人工		180
變動製造費用		60
每年固定成本 (折舊除外)		780,000

直接原料進貨預計於進料的次月份付款；固定成本、直接人工、及
變動製造費用等，於發生的當月份付款；直接原料存貨維持 60天
的耗用量；開始作業的第一個月份後，每月份訂購 30天耗用量的
直接原料。債權人同意按照下列條件，接受 60%的付款：

現有應收帳款及存貨，立即變現。

應付帳款於未來營業期間支付之，惟期限最慢不得超過
2000年 3月 31日，概不計息。

按照上項付款預算，一般債權人所獲得的還款金額，將超過資產變
現價值高達$660,000之多。

試求：請編製日月公司 1999年 3月 31日及 2000年 3月 31日的現
金預算。

第廿一章　總預算差異分析

吾人於第二十章內，已闡明總預算與利潤計劃的整體概念，本章將進一步探討如何應用預算資料於績效評估及成本控制上。總預算為達成企業目標的藍圖，績效評估及成本控制則在於確認全體員工是否嚴格遵照預算藍圖去執行。

由前章之說明，吾人已知悉總預算分為營業預算（例如銷貨預算、生產預算、預計損益表等）及財務預算（例如現金預算、預計資產負債表等）。企業管理者在經營與管理的過程中，往往偏重於營業預算的嚴格執行，並以預計損益表為績效評估與成本控制的重心。

預算執行後所產生的實際損益表，使與預計損益表互相比較，往往會發生若干差異；企業管理者必須耗用相當可觀的時間與精力，去探討、分析、及解釋各項差異的原因，尋求改進的方法，以實現企業的終極目標。

本章的討論，係循下列方向進行：

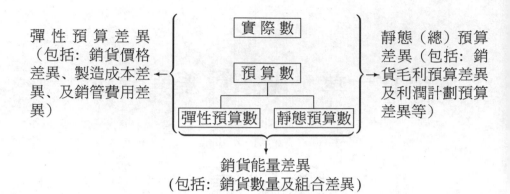

彈性預算差異
（包括：銷貨價格
差異、製造成本差
異、及銷管費用差
異）

實際數

預算數

彈性預算數　　靜態預算數

靜態（總）預算
差異（包括：銷
貨毛利預算差異
及利潤計劃預算
差異等）

銷貨能量差異
（包括：銷貨數量及組合差異）

21–1 靜態預算數與彈性預算數的比較

預算如就編製時所根據的基礎，是否單一或多項而分，可分為靜態預算與彈性預算，已如第二十章所述。

茲將前章民族公司 19A 年度產銷單一產品的各項有關資料列示如下：

表 21–1

	(1) 實際數	(2) 彈性預算數（以實際產銷量 5,500單位為基礎）	(3) 靜態預算數
產銷數量	5,500單位	5,500單位	4,500單位
銷貨價格	每單位$19.00	每單位$20.00	每單位$20.00
變動製造成本	每單位$11.20	每單位$12.00	每單位$12.00
變動銷管費用	每單位$1.40	每單位$1.40	每單位$1.40
固定製造成本	$11,000	$11,000	$11,000
固定銷管費用	$9,500	$10,000	$10,000

根據下列計算總成本的公式，列示民族公司 19A 年度三種情況下的總成本如下：

$$y = a + b(x)$$

$y =$ 總成本

$a =$ 固定成本

$b =$ 每單位變動成本

$x =$ 產銷能量

(1)實際總成本 $= \$20,500 + (\$11.20 + \$1.40) \times 5,500 = \$89,800$

(2)彈性預算總成本 $= \$21,000 + (\$12 + \$1.40) \times 5,500 = \$94,700$

⑶靜態預算總成本 $= \$21,000 + (\$12 + \$1.40) \times 4,500 = \$81,300$

茲列示民族公司 19A 年度甲產品彈性預算及靜態預算的比較圖如圖21-1。

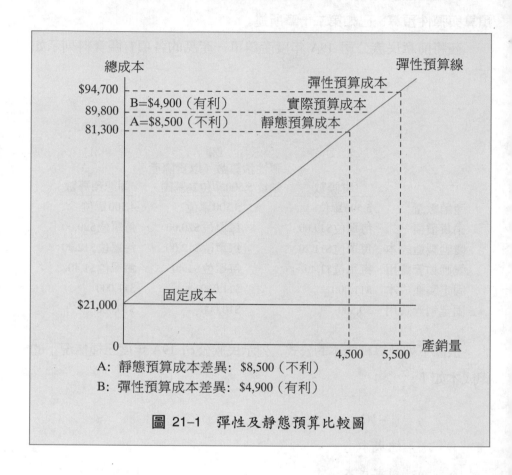

圖 21-1　彈性及靜態預算比較圖

　　將靜態預算數、彈性預算數、及實際預算數相互間的關係，加以比較，可作為計算及分析實際執行效果與營運計劃的各項差異，進而評估執行預算的績效。本節先討論靜態預算數與彈性預算數的比較，下節再討論實際數與預算數的比較。

　　在分析的架構上，係以變動（直接）成本法為依歸，而不採用全部

（歸納）成本法；蓋採用變動成本法為架構以分析實際執行效果與營運計劃的差異時，可將固定成本與變動成本分開表達，對於管理者預計成本及利潤規劃，有很大的幫助。

吾人首先比較民族公司 19A 年度甲產品彈性預算數（以實際銷貨量為基礎）與靜態預算數如表 21–2：

表 21–2　彈性及靜態預算比較表

	(1) 彈性預算數（以實際產銷量 5,500 單位為基礎）	(2) 銷貨能量差異	(3) 靜態預算數（以 4,500 單位為基礎）
A.銷貨收入	$110,000	$20,000（有利）	$90,000
減：變動製造成本	66,000	12,000（不利）	54,000
變動銷管成本	7,700	1,400（不利）	6,300
B.邊際貢獻	$ 36,300	$ 6,600（有利）	$29,700
減：固定製造成本	11,000	—	11,000
固定銷管成本	10,000	—	10,000
C.營業淨利	$ 15,300	$ 6,600（有利）	$ 8,700

根據表 21–2 彈性預算數與靜態預算數的比較與分析，顯示銷貨能量有利差異$6,600，此項差異係因實際銷貨量 5,500 單位比銷貨預算 4,500 單位多出 1,000 單位而來；每單位銷貨價格預算數為$20，扣除每單位變動製造費用$11及每單位變動銷管成本$1.40後，剩餘$7.60即為每單位邊際貢獻；茲列示其計算公式如下：

$$每單位邊際貢獻＝每單位銷貨價格預算數 －（每單位變動製造$$
$$成本 ＋ 每單位變動銷管成本）$$
$$＝\$20 － (\$12 ＋ \$1.40)$$
$$＝\$6.60$$

在表 21–2 中，列示有利銷貨能量差異$20,000，乃銷貨能量增加1,000

單位（每單位銷貨價格$20）所產生，對營業淨利有正面影響；此外，另有不利成本差異 $13,400($12,000 + $1,400)，乃變動製造成本與變動銷管費用之和，隨銷貨數量的增加而比例增加 ($13.40 × 1,000)，對營業淨利有負面影響。

　　吾人於此必須加以說明者，乃表 21–2 中所列示的有利差異$20,000，僅在於表示如其他條件不變，此項差異對營業淨利有正面影響，並不能肯定絕對是好的；蓋銷貨能量增加的原因很多，有可能由於實際經濟情況比預計情況好。同理，不利差異$13,400，僅在於表示如其他條件不變，此項差異對營業淨利有負面影響，並不能肯定絕對是不好的；蓋隨銷貨數量的增加，變動成本也必將隨而增加。因此，在評估各項有利或不利差異時，必須將各項可能發生的因素，都要加以考慮。

　　為使讀者獲得更進一步瞭解起見，吾人另以圖 21–2，凸顯銷貨能量差異與邊際貢獻的關係。

　　由圖 21–2，吾人應予說明者，有下列三點：

第一、以預計銷貨量 4,500 單位為基礎的靜態預算，其邊際貢獻為$29,700，乃銷貨收入$90,000扣除變動製造成本$54,000及變動銷管費用$6,300後的餘額；同理，以實際銷貨量 5,500 單位為基礎的彈性預算，其邊際貢獻為$36,300，乃銷貨收入$110,000扣除變動製造成本$66,000及變動銷管費用$7,700後的餘額。

第二、靜態預算下的營業淨利為$8,700，乃邊際貢獻$29,700於收回固定成本$21,000後的餘額；同理，彈性預算下的營業淨利為$15,300，乃邊際貢獻 $36,300於收回固定成本$21,000後的餘額。

第三、靜態預算下的營業淨利$8,700及彈性預算下的營業淨利$15,300，其差額 $6,600即為銷貨能量差異，亦為靜態預算下的邊際貢獻$29,700與彈性預算下的邊際貢獻$36,300的差額。

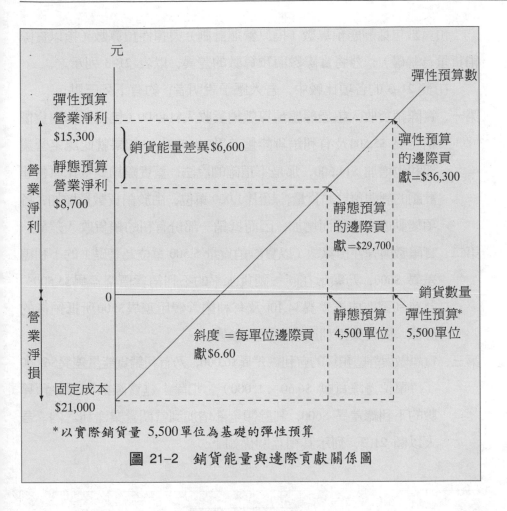

圖 21-2　銷貨能量與邊際貢獻關係圖

21-2　實際數與預算數的比較

　　一項預算（營運計劃）經過某特定期間的執行後，將實際所獲得的結果，使與預算數逐項比較，可獲得更具有重要意義的管理資訊。蓋實際數與預算數之間，因受各種因素的影響，不免發生若干差異；會計人員分析應報導差異發生的原因，歸屬責任之所在，提供給企業管理者作為評估績效的根據，藉以謀求改進的方法，才能達到成本抑減與控制的目標。

　　預算數包括靜態預算數（指原營運計劃）與彈性預算數（指以實際銷貨量為基礎）；茲將實際數與預算數的差異，以表 21-3 列示之。

　　在表 21-3 的各項比較中，吾人應予說明者，約有下列三點:

第一、實際銷貨收入超過靜態預算數銷貨收入$14,500（包括不利銷貨價格差異 $5,500及有利銷貨能量差異$20,000），如果就此認定營業淨利也增加 $14,500，那是不正確的說法；蓋實際銷貨量比原營運計劃的靜態預算銷貨量，超出 1,000 單位，由於銷貨數量增加，各項變動成本也隨而增加，因而抵銷一部份有利的銷貨收入差異。

第二、實際數與彈性預算數（以實際銷貨量 5,500 單位為基礎）的不利總差異 $600，乃顯示在同一銷貨水平的不利銷貨價格差異$5,500，為有利製造成本差異$4,400及有利銷管費用差異$500所抵銷後的餘額，對營業淨利產生負面的影響。

第三、實際數與靜態預算的有利總差異$6,000，乃有利銷貨能量差異$6,600（每單位邊際貢獻 $6.60 × 1,000）。扣除上述實際數與彈性預算數的不利總差異 $600，其餘額全部增加到當期營業淨利之內。吾人以圖 21-3，列示其相互關係如下:

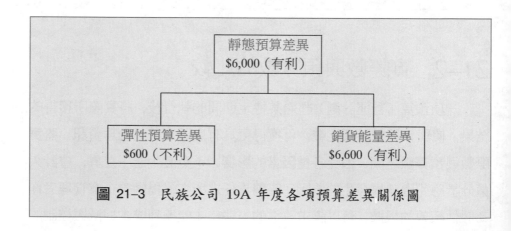

圖 21-3　民族公司 19A 年度各項預算差異關係圖

表 21-3

民族公司實際數與預算數（含彈性及靜態）的比較

	(1) 實際數 （5,500單位）	(2) 製造成本差異	(3) 銷管費用差異	(4) 銷貨價格差異	(5) 彈性預算數（以實際銷貨量 5,500單位為基礎）	(6) 銷貨能量差異	(7) 靜態預算數 （4,500單位）
A.銷貨收入	$104,500			$5,500（不利）	$110,000	$20,000（有利）	$90,000
減：變動製造成本	61,600	$4,400（有利）			66,000	12,000（不利）	54,000
變動銷管費用	7,700				7,700	1,400（不利）	6,300
B.邊際貢獻	$ 35,200	（有利）		$5,500（不利）	$ 36,300	$ 6,600（有利）	$29,700
減：固定製造成本	11,000		$500（有利）		11,000	—	11,000
固定銷管費用	9,500		$500（有利）		10,000	—	10,000
C.營業淨利	$ 14,700	$4,400（有利）	$500（有利）	$5,500（不利）	$ 15,300	$ 6,600（有利）	$ 8,700

實際數與彈性預算數總差異 $600（不利）

實際數與靜態預算數總差異 $6,000（有利）

21–3 銷貨能量差異分析

銷貨能量差異(sales volume variance) 係指由於銷貨能量的改變而引起銷貨收入的差異；換言之，銷貨能量差異乃由於銷貨能量的改變而引起靜態預算（總預算）與彈性預算的差異。銷貨能量通常受市場大小、一般消費者對公司產品的認同程度、產品競爭性、行銷策略與行動、及其他諸因素的影響，牽涉的範圍至為廣泛，而其中尤以銷貨部的營業活動最為重要，故一般又稱為**營運水準差異** (activity variance)。

銷貨能量差異通常又可區分為銷貨組合差異及銷貨數量差異二種。茲分別說明於次。

一、銷貨組合差異

當一企業經銷二種以上的產品時，由於各種產品的銷貨組合不同，而引起銷貨收入的差異。會計人員進行銷貨組合差異分析，可提供企業管理者若干有用的資訊；尤其是當各種產品均具有互相代替的情形之下，銷貨組合差異分析的重要性，更為明顯。

銷貨組合差異(sales mix variance) 係指在產銷多種產品之下，由於實際銷貨組合與預算銷貨組合不同，而引起銷貨收入的差異；在一般情況下，預算均假定每單位產品售價維持不變，而且每單位產品的變動成本，在特定的營運範圍內，也是固定不變的，導致每單位銷貨的邊際貢獻不變，而且固定總成本也維持不變；因此，銷貨組合差異可用於衡量因實際銷貨組合與預算銷貨組合的數量不同，而引起邊際貢獻的差異；換言之，在不影響邊際貢獻的前提之下，銷貨組合可用於衡量不同產品的相互代替之程度。

二、銷貨數量差異

銷貨數量差異(sales quantity variance) 係指在產銷多種產品之下，由於銷貨數量的改變，而引起銷貨收入的差異，並與組合差異分開；由於預算的產品單位售價及單位變動成本不變，導致每單位產品的邊際貢獻不變，而且固定總成本也維持不變；因此，銷貨數量差異可用於衡量因銷貨數量的改變，而引起邊際貢獻的差異。

計算銷貨組合差異及銷貨數量差異的方法很多，通常於計算銷貨能量差異之後，再將其分為銷貨組合差異及銷貨數量差異。茲列示兩者的基本模式如下：

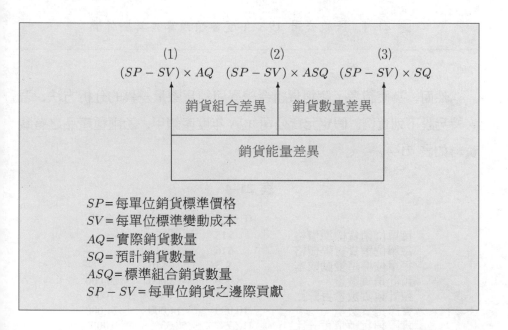

前述民族公司 19A 年度，僅生產單一產品，故無銷貨組合差異存在；其銷貨能量差異$6,600（有利），全部屬於銷貨數量差異；因此，圖

21-3 應予擴充如圖 21-4。

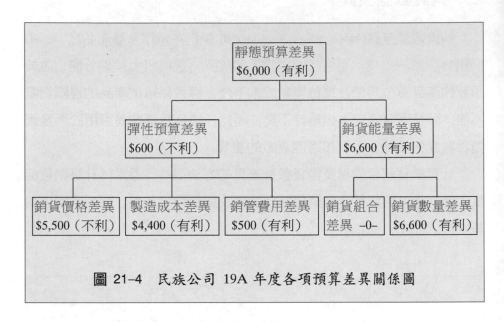

圖 21-4　民族公司 19A 年度各項預算差異關係圖

　　然而，為使讀者了解銷貨組合差異與銷貨數量差異的分析方法，吾人特另設下列實例。假定元寶公司 19A 年度產銷甲、乙兩種產品之有關資料如表 21-4。

表 21-4

	甲產品	乙產品	合計
每單位銷貨標準價格	$15	$20	–
每單位銷貨實際價格	$16	$18	–
每單位標準變動成本	$ 5	$10	–
預計銷貨數量	8,000	12,000	20,000
預計銷貨數量百分比	40%	60%	100%
實際銷貨數量	10,000	14,000	24,000
實際銷貨數量百分比	41.67%	58.33%	100%
標準組合銷貨數量	10,000	14,400	24,400

　　根據表 21-4 之資料，列示元寶公司 19A 年度銷貨組合差異與銷貨數量差異之分析方法如表 21-5。

表 21-5

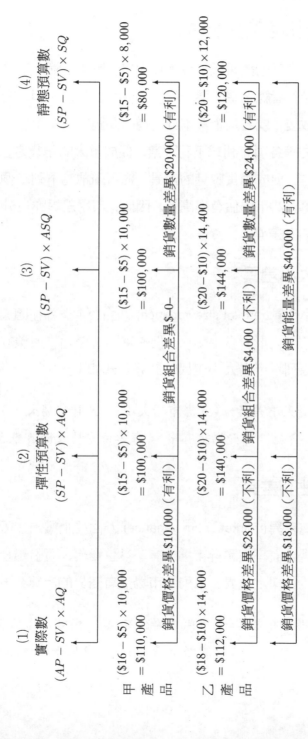

	(1) 實際數 $(AP - SV) \times AQ$	(2) 彈性預算數 $(SP - SV) \times AQ$	(3) $(SP - SV) \times ASQ$	(4) 靜態預算數 $(SP - SV) \times SQ$
甲產品	$(\$16 - \$5) \times 10,000$ $= \$110,000$	$(\$15 - \$5) \times 10,000$ $= \$100,000$	$(\$15 - \$5) \times 10,000$ $= \$100,000$	$(\$15 - \$5) \times 8,000$ $= \$80,000$
乙產品	$(\$18 - \$10) \times 14,000$ $= \$112,000$	$(\$20 - \$10) \times 14,000$ $= \$140,000$	$(\$20 - \$10) \times 14,400$ $= \$144,000$	$(\$20 - \$10) \times 12,000$ $= \$120,000$

甲：銷貨價格差異 $10,000（有利）　銷貨組合差異 $-0-　銷貨數量差異 $20,000（有利）

乙：銷貨價格差異 $28,000（不利）　銷貨組合差異 $4,000　銷貨數量差異 $24,000（有利）

銷貨價格差異 $18,000（不利）　　銷貨能量差異 $40,000（有利）

21–4　市場差異分析

　　當任何一企業的銷貨數量發生重大變化時，不管此項變化是增加或減少，企業管理者總希望能進一步知悉發生變化的原因，究竟是整體經濟大環境的改變，或者是企業本身內在的問題，例如產品品質或銷貨人員的推銷能力等各項有利或不利因素，促成重大的銷貨數量差異。

　　綜上所述，促成銷貨數量的差異，約可歸納為下列二個原因：(1)市場需求量多寡；(2)市場佔有率高低。因此，市場差異亦可分為市場大小差異及市場佔有差異。

一、市場大小差異

　　市場大小差異(market size variance) 乃由於企業外在因素的變化，導致整個市場經濟大環境發生變化，促使實際市場大小與預計市場大小，發生差異。茲列示市場大小差異的計算公式如下：

$$市場大小差異＝（實際市場大小 － 預計市場大小）× 預計市$$
$$場佔有率 × 每單位平均邊際貢獻預算數$$

二、市場佔有差異

　　市場佔有差異(market share variance) 乃由於企業內在因素的變化，促使實際市場佔有率與預計市場佔有率發生變化，而引起企業分享（佔有）產品市場比率之差異。茲列示市場佔有差異的計算公式如下：

$$市場佔有差異＝（實際市場佔有率 － 預計市場佔有率）$$
$$×實際市場大小×每單位平均邊際貢獻預算數$$

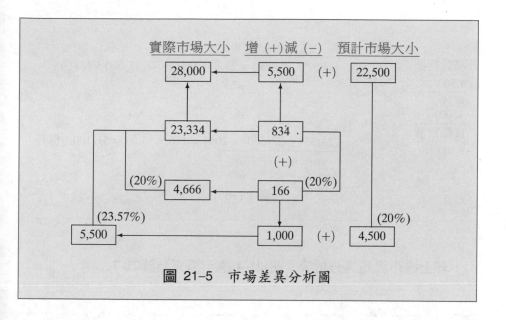

圖 21-5　市場差異分析圖

　　設民族公司 19A 年度僅產銷單一產品，故無銷貨組合差異存在；銷貨部經理為瞭解 1,000 單位產品之有利差異，究竟是由於總體經濟大環境的影響，或者是企業內在因素或銷貨人員的努力所獲致。如果原因在於受總體市場的影響，則該公司仍然維持原來預計市場佔有率 20% $(4,500 \div 22,500)$；反之，如由於該公司內在因素或銷貨人員的努力所獲致，則其市場佔有率已提昇至 24.4% $(5,500 \div 22,500)$。

　　銷貨部經理經多方面搜集有關資料，獲悉增加的原因，兩者兼而有之。整個市場由 22,500 單位增加為 23,334 單位，使該公司的實際市場佔有率提高為 23.57% $(5,500 \div 23,334)$。民族公司 19A 年度銷貨預算有利差異1,000 單位中，來自市場佔有差異者為 834單位，其餘 166 單位則為市場大小差異；茲列示其計算於圖 21-6。

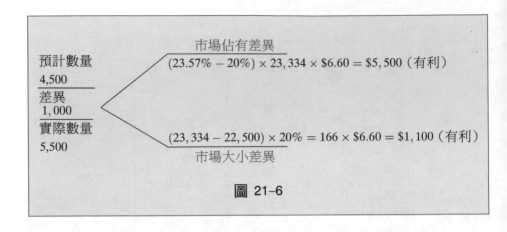

圖 21-6

經上述市場差異分析後，圖 21-4 應予擴充為圖21-7。

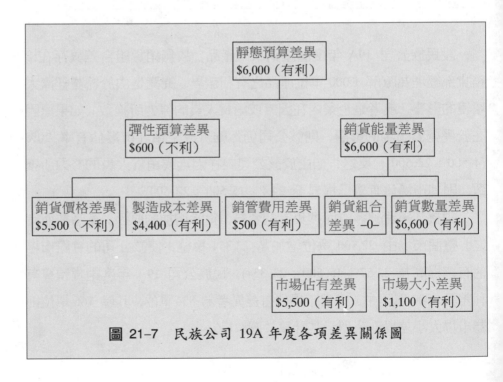

圖 21-7　民族公司 19A 年度各項差異關係圖

21-5　行銷效益分析與銷貨佣金制度

　　一般企業的管理者，為獎勵推銷人員的行銷績效，往往以銷貨收入為基礎，訂定各種銷貨佣金或獎金制度；行銷效益分析，將有助於企業管理者，制定更有效率的銷貨佣金或獎金制度。

　　為便於說明起見，吾人假定元寶公司 19A 年度生產甲、乙兩種產品，並有下列資料：

產品	預計銷貨收入	標準變動成本	邊際貢獻	邊際貢獻率
甲	$120,000	$ 40,000	$ 80,000	66.67%
乙	240,000	120,000	120,000	50%

　　根據上列資料，該公司 19A 年度甲、乙兩種產品的邊際貢獻率（又稱利量率），分別為 66.67% 及 50%，表示甲產品的邊際貢獻率，為乙產品邊際貢獻率的 1.33 倍；換言之，甲產品的銷貨收入，對該公司的貢獻遠大於乙產品。因此，推銷甲產品對該公司比較有利，其原因在於產銷甲產品的邊際貢獻，用於收回固定成本後，如有剩餘，即為利潤；故邊際貢獻率愈大，企業愈早踏入獲利的境界。

　　經過上述分析後，該公司的管理者，應儘早制定以邊際貢獻為基礎的銷貨佣金或獎金制度，以鼓勵銷貨人員，努力推銷邊際貢獻率較大的甲產品。

　　總而言之，企業管理者在制定銷貨佣金或獎金制度時，必須以企業的目標為基準；當企業的目標在於擴大當期的銷貨收入時，銷貨人員的佣金或獎金制度，如以銷貨收入為計算基礎，並無不合理之處；然而，當企業的目標，在於提高當期利潤時，則銷貨佣金或獎金制度，應改按產品的邊際貢獻率大小為基準，具有事半功倍之效。

21–6 彈性預算差異分析

彈性預算差異(flexible budget variance) 乃實際執行預算的結果與彈性預算數（以實際銷貨量為基礎）的差異；從另一個角度來看，彈性預算差異實等於靜態預算差異扣除銷貨能量差異後的餘額。上述說明，可用公式列示如下：

$$彈性預算差異＝實際數－彈性預算數（以實際銷貨量為基礎）$$

茲將表 21–3 的資料代入上列公式：

$$彈性預算差異 = \$14,700 - \$15,300 = \$600（不利）$$

根據表 21–3 的資料，彈性預算差異可進一步區分為銷貨價格差異、製造成本差異、及銷管費用差異等三項；有關銷管費用差異分析，將於 21–8 探討之。

一、銷貨價格預算差異

銷貨價格預算差異係指實際銷貨價格與預算銷貨價格不同所產生的差異。其計算公式如下：

$$銷貨價格預算差異＝（實際單位售價 - 預計單位售價）\times 實際銷貨量$$

民族公司 19A 年度的銷貨價格預算差異，計算如下：

$$銷貨價格預算差異 = (\$19 - \$20) \times 5,500 = \$5,500（不利）$$

二、製造成本預算差異

製造成本預算差異包括直接原料預算差異、直接人工預算差異、及

製造費用預算差異三項。

1.**直接原料預算差異** (direct materials budget variances)

係指實際耗用的直接原料成本與預計直接原料成本間的差異。茲列示 19A 年一月份民族公司的直接原料成本如下：

預計每單位產品之直接原料成本	$5.00
實際每單位產品之直接原料成本	4.10
預計每單位產品之直接原料耗用量	1件

又已知生產產品 5,500 單位，均按預計原料的耗用量使用原料，有關直接原料差異之計算如下：

直接原料價格差異：	($5.00 – $4.10) × 5,500	$4,950（有利）
直接原料數量差異：	(5,500 – 4,500) × $5	5,000（不利）
直接原料預算差異：		$　50（不利）

2.**直接人工預算差異** (direct labors budget variances)

係指實際耗用之直接人工成本與預計直接人工成本間的差異。茲列示 19A 年一月份民族公司的直接人工成本如下：

預計直接人工成本：每單位 2小時@$3.00		$6.00
實際直接人工成本：生產 5,500單位，每單位 2小時@$3.00		$33,000

直接人工成本預算差異的分析如下：

直接人工價格差異：		–0–
直接人工數量差異：	(5,500 – 4,500) × $6	6,000
直接人工預算差異：		$6,000（不利）

應請讀者注意者，即預算差異分析與標準成本差異分析，在性質上不相同。例如直接原料數量差異$5,000（實際原料成本超過預計原料成

本），及直接人工數量差異$6,000（實際人工成本超過預計人工成本），係由於實際產量為 5,500，比預計產量 4,500 單位增加 1,000 單位，而引起原料與人工成本的增加。其發生的原因如下：

直接原料成本增加數：	$5 × 1,000	$5,000
直接人工成本增加數：	$6 × 1,000	$6,000

此項因產量增加而引起直接原料及直接人工成本的增加，與標準成本差異分析的實際成本與標準成本間之差異，在本質上迥然不同。

3.製造費用預算差異 (manufacturing expenses budget variances)

係指實際耗用的製造費用與預計製造費用間的差異。茲列示 19A 年一月份有關民族公司的製造費用如下：

民族公司
實際製造費用表
19A 年一月份

	固定製造費用	變動製造費用	合計
生產能量：直接人工 11,000小時， 5,500單位			
間接人工：變動部份每小時$0.20	$ 1,000	$2,200	$ 3,200
折舊費用	3,000	–	3,000
間接材料：變動部份每小時$0.25	2,000	2,750	4,750
動力費：每小時@ 0.10	–	1,100	1,100
租金	5,000	–	5,000
實際製造費用總額	$11,000	$6,050	$17,050

已知 19A 年一月份民族公司預計銷貨量為 4,500 單位，每單位預計製造費用$3.20。實際銷貨量 5,500 單位，每單位實際製造費用$3.10($17,050÷5,500)。製造費用預算差異包括費用或**用款差異** (spending variances)及**能量差異** (volume variances)。茲列示其計算如下：

1.用款預算差異

實際銷貨量按實際製造費用計算：

| 變動成本： | 5,500@ $1.10* | $ 6,050 | |
| 固定成本： | | 11,000 | $17,050 |

實際銷貨量按預計製造費用計算：

變動成本：	5,500@ $1.00	$ 5,500	
固定成本：		11,000	$16,500
用款預算差異			$　550（不利）

*($0.20 + $0.25 + $0.10) × 2 = $1.10

2.能量預算差異

$$(5,500 - 4,500) \times 2 \times \$0.50 = \underline{\$1,000}（不利）$$

製造成本預算差異綜總如下：

	價格或用款差異	數（能）量差異	合　計
直接原料預算差異	$4,950	$ 5,000*	$　50*
直接人工預算差異	–0–	6,000*	6,000*
製造費用預算差異	550*	1,000*	1,550*
合　計	$4,400（有利）	$12,000*	$ 7,600*

*不利差異

21–7　銷貨毛利預算差異分析

銷貨毛利預算差異 (gross profit variances)，係指實際與預計銷貨毛利間的差異，可經由分析比較預計銷貨與實際銷貨、預計銷貨成本與實際銷貨成本而求得。茲以民族公司 19A 年一月份的資料為例，列示如下：

民族公司
銷貨毛利預算報告表
19A 年一月份

	預算數	實際數	超過（低於）預算
銷貨	$90,000	$104,500	$14,500
銷貨成本	65,000	72,600	7,600
銷貨毛利	$25,000	$ 31,900	$ 6,900

由上述圖表顯示，銷貨毛利有利的預算差異$6,900，係由銷貨與銷貨成本兩種因素混合而成，可編製銷貨毛利預算差異分析表，以補充上述預算報告表之不足，更可作為企業管理者參考的根據。

民族公司
銷貨毛利預算差異分析表
19A 年一月份

銷貨預算差異：		
銷貨價格不利差異	$ (5,500)	
銷貨能量有利差異	20,000	
銷貨預算有利差異		$14,500
銷貨成本預算差異：		
成本減少的有利差異	$ 4,400	
數量增加的不利差異	(12,000)	
銷貨成本預算不利差異		(7,600)
銷貨毛利預算差異		$ 6,900

21-8　銷管費用預算差異分析

銷管費用預算差異 (budget variances for selling & administrative expenses) 可區分為數量差異與用款差異兩種因素。數量預算差異係按某一經營活動為基礎而編製之銷管費用預算，惟實際的經營活動卻不相同，致發生數量預算差異。用款預算差異係指在同一經營活動的基礎上，實際支用的銷管費用，與應有的銷管費用之不同所發生的差異。

　　數量差異為兩個不同經營活動間之差異。引起經營活動變化的原因，係由於受企業外在經濟因素的影響，為該企業所無法控制者，故又稱為**不可控制的預算差異** (uncontrollable budget variances)。

　　用款差異為同一經營活動的實際與應有銷管費用間之差異。發生差異的原因，係由於有關人員沒有控制預算的結果，純屬於企業內在的因素，故又稱為**可控制的預算差異**(controllable budget variances)。

　　數量差異為不可控制的差異，應與用款差異分開，藉能分析不可控制與可控制預算差異的因素，追查發生的原因，歸屬差異的責任，以確定有關人員之功過，進而達到預算控制的目標。

　　茲列示 19A 年一月份民族公司預計與實際銷管費用如下：

民族公司
銷管費用預算報告表
19A 年一月份

	以銷貨預算 $90,000為基礎	實際銷管費用	有利（不利）差異
薪金（固定）	$ 6,000	$ 6,000	–
銷貨佣金（固定$2,000，變動部份為銷貨之 5%）	6,500	7,000	$(500)
壞帳（為銷貨之 2%）	1,800	2,200	(400)
雜項（固定）	2,000	2,000	–
合　計	$16,300	$17,200	$(900)

　　銷售及管理費用預算差異，係由銷貨佣金及壞帳費用所形成，彙總兩者的用款差異及數量差異如下：

民族公司
銷管費用預算差異分析表
19A 年一月份

	用款差異	數量差異	合　計
銷貨佣金	$500	$1,000*	$500*
壞帳費用	–	400*	400*
銷管費用預算差異	$500	$1,400*	$900*

*不利差異

21–9　總預算（利潤計劃）差異分析

　　總預算差異係指預算與執行時，整個過程中的預計數與實際數之差異。申言之，總預算差異，為綜合上述銷貨數量預算差異、銷貨價格預算差異、製造成本預算差異及銷管費用預算差異而成。

　　預算控制之目的，在於實現利潤計劃。總預算差異分析，實質上就是利潤預算差異分析或利潤計劃差異分析。

　　對於利潤計劃差異分析，主要採用下列二種工具：

　　⑴區分成本結構為固定與變動二種因素。

　　⑵編製各種不同經營活動下之總利潤計劃。

　　企業運用上述二種工具，可據以分析利潤預算與實際利潤間的差異。

民族公司
利潤計劃差異分析
19A 年一月份

		有（不）利差異	
銷貨預算差異：			
銷貨價格差異：			
5,500@ $20	$110,000		
5,500@ $19	104,500	$(5,500)	
銷貨數量差異：			
4,500@ $20	$ 90,000		
5,500@ $20	110,000	20,000	
			$14,500
銷貨成本預算差異：			
成本差異：			
5,500@ $14.10	$ 77,550		
5,500@ $13.30	73,150	4,400	
數量差異：			
5,500@ $12	$ 66,000		
4,500@ $12	54,000	(12,000)	(7,600)
銷貨毛利預算差異			$ 6,900
銷管費用差異：			
用款差異	$　　500		
數量差異	(1,400)		(900)
利潤計劃（預算）差異			$ 6,000

上表所列示預計利潤與實際利潤間之有利差異$6,000，可再予分析如下：

茲列示 19A 年一月份民族公司之利潤預算差異報告表如下：

民族公司
利潤預算差異報告表
19A 年一月份

	預計數字	實際數字	有利（不利）差異
銷貨量（單位）	4,500	5,500	1,000
銷貨收入 (預計@$20; 實際@$19)	$90,000	$104,500	$14,500
銷貨成本：			
直接原料：預計每單位成本@$5	$22,500	$ 22,550*	$　(50)
直接人工：預計每單位成本@$6	27,000	33,000**	(6,000)
製造費用：　4,500@ 1.00加$11,000	15,500	17,050***	(1,550)
銷貨成本合計	$65,000	$ 72,600	$ (7,600)
銷貨毛利	$25,000	$ 31,900	$ 6,900
銷管費用（圖 18–6）	16,300	17,200	(900)
淨利	$ 8,700	$ 14,700	$ 6,000

　*$4.10 × 5,500 = $22,550

　**$6.00 × 5,500 = $33,000

***$3.10 × 5,500 = $17,050

本章摘要

　　預計損益表乃執行總預算的經營成果；因此，企業管理者可應用預計損益表，作為評估員工執行預算績效及控制成本的利器！蓋將預計損益表的各項預算數，使與執行預算後的各項實際數，互相比較，產生各項有利或不利差異，進而分析及探討發生差異的原因，尋求改進的方法。

　　總預算乃典型的靜態預算，係以某一預定的營運水準（產銷量）為基礎；彈性預算則認定如原來即按實際產銷量預計時，所應有的預計成本及預計收入；因此，實際數、彈性預算數、及靜態（總）預算數三者的關係，列示如下：

實際數	彈性預算數	靜態（總）預算數
實際產銷量的實際成本及實際收入	實際產銷量的預計成本及預計收入	預計產銷量的預計成本及預計收入

　　彈性預算差異乃實際數與彈性預算數間之差異，包括銷貨價格預算差異、製造成本預算差異、及銷管費用預算差異等三項；彈性預算數與靜態（總）預算數間之差異，係由於實際產銷量與預計產銷量不同，而引起預計成本及預計收入的差異；如為收入差異者，一般又稱為銷貨能量差異或營運水準差異。

　　總預算差異或稱靜態預算差異，乃實際數與靜態預算數間的差異，係彙總上述銷貨數量、銷貨組合、銷貨價格、製造成本、及銷管費用等各項預算差異而成，通常可彙編銷貨成本、銷貨毛利、及利潤計劃等各項預算差異。

本章編排流程

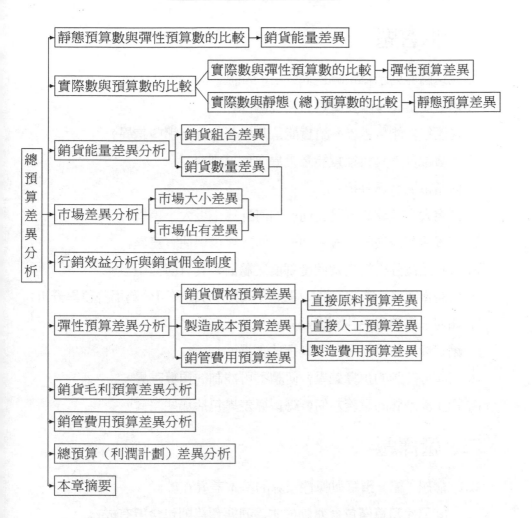

習　題

一、問答題

1. 試以圖形列示總預算差異分析的範圍。

2. 銷貨能量與邊際貢獻具有何種關係？

3. 何謂銷貨能量差異？銷貨能量差異又可分為那些差異？

4. 銷貨數量差異與銷貨能量差異有何區別？

5. 何謂市場差異分析？

6. 市場大小差異的意義為何？如何計算市場大小差異？

7. 市場佔有差異的意義為何？如何計算市場佔有差異？

8. 行銷效益分析對銷貨佣金制度之釐訂，具有何種助益？

9. 何謂彈性預算差異分析？彈性預算差異分析又可分為那些差異分析？

10. 如何求得銷貨毛利預算差異？

11. 銷管費用預算差異可分為那些差異？

12. 何謂可控制的預算差異？何謂不可控制的預算差異？

13. 總預算差異的意義為何？總預算差異包括那些差異？

二、選擇題

21.1　靜態（總）預算與彈性預算的基本差異在於：

　　　(a)彈性預算僅包含變動成本，靜態預算則包含所有成本。

　　　(b)彈性預算允許企業管理者具有彈性地達成各項目標，而靜態預算
　　　　則僅限於達成固定的目標。

　　　(c)靜態預算乃為整體企業而預算，惟彈性預算則屬於某部門的預
　　　　算。

(d)靜態預算係基於預定的營運水準為基礎，惟彈性預算則以實際的營運水準為基礎。

21.2 當採用一項彈性生產預算時，在特定的營運範圍內，產量增加的結果，單位固定成本將發生何種變化？

(a)單位固定成本將隨產量之增加而減少。

(b)單位固定成本將增加。

(c)單位固定成本維持不變。

(d)固定成本不包含於彈性預算內。

21.3 彈性預算：

(a)適用於製造費用，而不適用於直接原料及直接人工的預算。

(b)適用於直接原料及直接人工，而不適用於製造費用的預算。

(c)不適用於各項不隨產銷量增減變化的成本及費用。

(d)適用於各種不同的營運水準。

21.4 彈性預算數與靜態預算數間之差異，稱為：

(a)靜態預算差異。

(b)彈性預算差異。

(c)銷貨能量（營運水準）差異。

(d)以上皆非。

21.5 彈性預算差異包括：

(a)銷貨價格差異、製造成本差異、及銷管費用差異。

(b)銷貨數量差異、及銷貨組合差異。

(c)銷貨毛利差異、及利潤預算差異等。

(d)以上皆非。

21.6 A 公司 19A 年度以產銷量 180,000 單位為基礎的靜態預算，包含工廠監工薪資的固定成本$324,000，預期每月份工廠監工薪資均勻一致。 19A 年3 月份，產銷 13,500 單位，實際監工薪資$28,000。

19A 年 3 月份監工薪資的製造成本差異應為若干？

(a)有利差異$3,000。

(b)不利差異$3,000。

(c)有利差異$1,000。

(d)不利差異$1,000。

21.7 B 公司 19A 年度總預算以 60,000 單位為基礎，包括全年度間接人工 $144,000，屬變動成本； 4 月份產銷量 4,500 單位，實際間接人工成本$11,600。該公司按照彈性預算列報 19A 年度4 月份間接人工成本的預算差異，應為若干？

(a)不利差異$400。

(b)有利差異$400。

(c)不利差異$800。

(d)有利差異$800。

21.8 X 公司 19A 年度銷貨預算 20,000 單位的總收入為$5,700,000；實際執行預算結果，銷貨 28,000 單位的總收入為$6,000,000。請問 X 公司 19A 年度銷貨收入的靜態（總）預算差異應為若干？（分為銷貨能量差異及銷貨價格差異）

(a)$2,280,000（有利）。

(b)$1,980,000（不利）。

(c)$300,000（有利）。

(d)以上皆非。

21.9 Y 公司 19A 年度編製總預算的銷貨量為 9,000 單位，每單位預計售價$15，預計每單位變動成本及固定成本分別為$6及$5；當年度實際產銷 8,600 單位，每單位售價$15.50，每單位實際變動成本$6.20，實際總固定成本$45,000。 Y 公司 19A 年度利潤預算差異應為若干？

(a)$1,020（有利）。

(b)$1,020（不利）。

(c)$680（有利）。

(d)$1,700（不利）。

三、計算題

21.1　力行公司 1998年度產銷單一產品的各項資料如下：

	(1)	(2) 彈性預算數（以實際產銷量 10,000 單位為基礎）	(3)
	實際數		靜態預算數
產銷數量	10,000單位	10,000單位	8,000單位
銷貨價格	每單位$16	每單位$15	每單位$15
變動製造成本	每單位$3.0864	每單位$3	每單位$3
變動銷管費用	每單位$2.10	每單位$2	每單位$2
固定製造成本	$16,000	$16,000	$16,000
固定銷管費用	$24,000	$20,000	$20,000

　　試求：請計算力行公司 1998 年度的下列各項：

　　(a)實際總成本、彈性預算總成本、及靜態預算總成本，並以圖形
　　　比較之。

　　(b)彈性預算數與靜態預算數，並列示其比較圖。

　　(c)比較實際數與彈性預算數的各項差異。

21.2　力新公司 19A 年度靜態（總）預算總成本、彈性預算總成本、及
　　實際總成本的比較圖如下：

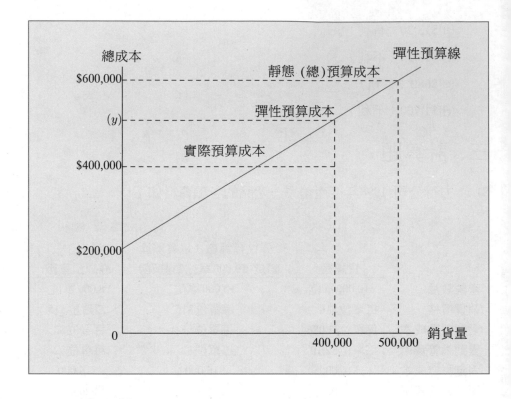

試求: 請計算力新公司 19A 年度的下列各項:

   (a)預計每單位變動成本?

   (b) y 之值?

   (c)假定實際銷貨量增加為 600,000 單位, 彈性預算總成本應為若干?

21.3 力霸公司 1998 年度彈性預算數與靜態(總)預算數的比較圖列示如下:

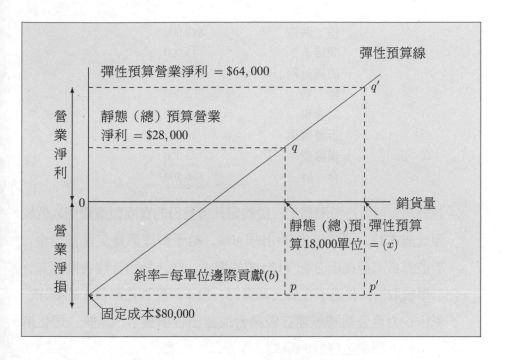

試求: 請計算圖形中 (b) 與 (x) 所代表的數值。

21.4　力恆公司 19A 年度元月份預計產銷量 10,000 單位的各項成本如下:

監工薪資	$12,000
間接人工	18,000
間接材料	20,000
動力費	8,000
財產稅	3,000
折舊費用	16,000
保險費	2,000
合　計	$79,000

元月中旬, 某項訂單突被取消, 致該月份產銷量降為 7,000 單位, 各項實際製造費用如下:

監工薪資	$12,000
間接人工	13,000
間接材料	14,500
動力費	6,000
財產稅	3,000
折舊費用	16,000
保險費	2,000
合　計	$66,500

該公司管理者為激勵員工，曾約定凡各月份的實際製造費用，低於預計成本時，可按節省部份的 40%，給予製造部員工當為獎金。製造部員工茲提出分配 $12,500的要求，惟該公司管理者則認為，訂單被取消，其過不在於公司當局，故不同意製造部員工的要求。

試求：力恆公司總經理茲敦請台端提出各項數字，為該公司化解
　　　　上項獎金發放的爭端。

21.5　力強公司某會計期間的利潤計劃如下：

銷貨收入	7,000單位，每單位售價$12.50。
銷貨成本	每單位$8.30。
營業費用：	
薪金：固定$5,000；變動部份按銷貨額 8%計算。	
折舊：固定$9,000。	
物料：按銷貨額 1%計算。	
水電費：固定$200；變動部份按銷貨額 $\frac{1}{2}$%計算。	

期末時損益表的各項實際數字列示如下：

銷貨收入（6,800單位）		$88,400
銷貨成本		57,800
銷貨毛利		$30,600
營業費用：		
薪金	$13,000	
折舊	9,000	
物料	850	
水電費	700	23,550
淨利		$ 7,050

根據上列資料，試為該公司編製:

　　(a)利潤預算差異報告表。

　　(b)利潤預算差異分析表。

第廿二章　分權組織與責任會計

前　言

當一個企業的規模，發展為龐大而又複雜時，分權組織乃是必然的趨勢。一般言之，企業的組織結構，乃配合業務上的需要，按功能性予以劃分為一套完整的組織系統；其管理權利與責任，也配合其組織結構，由上往下授權。

企業的組織一旦分權後，高層管理人員對低層管理人員的監督，必須透過會計制度達成之；換言之，由會計人員提供各項績效報告給相關的企業管理者，藉以從事績效評估之目的，此乃責任會計的緣由。

本章將探討分權制度的概念、責任會計制度、各項責任中心、及績效評估方法等諸有關問題。

22-1　分權制度的必然趨勢

一、集權制度與分權制度

集權制度的程度，須視高層企業管理者的觀念、企業成長與發展的狀況、所屬部門各級管理人員的管理能力及選擇決策技巧等諸因素而定。在某一高度極權化的企業，業主或總經理獨自決定企業的各項主要決策；反之，在某一完全分權化的企業，完全沒有中央集權存在，每一個附屬部門，如同完全獨立的個體。茲將企業在何種情況之下，適合採用高度集權或完全分權的兩極化程度，彙列一表於表 22-1。

表 22-1　集權與分權的程度

各項因素	高度集權	完全分權
(1)存續期間長短	新創立	已成熟
(2)規模大小	小規模	大規模
(3)產品發展程度	剛開發	已穩定
(4)企業成長率高低	低	高
(5)發生錯誤決策對損益影響的機率	高	低
(6)高層管理人員對所屬員工的信心程度	低	高
(7)控制企業的深度	緊	適度

在現實的經濟社會中，由於各企業所具有的個別因素，錯綜複雜，彼此不盡相同；因此，採用高度集權或完全分權的兩極化制度，幾乎絕無僅有，通常視其各個情況，酌量實施折衷的制度。

二、分權制度的優點

1.培養管理才能

企業的分權制度，可協助高層管理人員體認管理人才的重要性，進而積極培養領導人才；蓋於分權的附屬機構內，各級管理人員有需要也有機會實際去磨練其領導素質，培植其解決問題的能力，及增進其決策的技巧。

2.評估管理績效

高層管理者可透過各項績效報告，評估各附屬單位管理人員的能力，經由此項評估工作，使企業的整體組織系統內，具有健全及公平競爭的機會。

3.提高工作信心

分權制度能提供附屬單位管理者工作上的成就感與滿意度，使他們感覺在企業組織內的重要性；又分權制度可提供所屬各級員工，去面對更具有挑戰性及責任性的工作，使他們有機會自我成長與發展，從而提高其工作信心。

4.易於達成企業目標

在分權制度之下，附屬單位的各級管理人員，熟知區域性的營業環境，使他們具有下列各項優點：(1)減少決策過程的時間；(2)減少各項問題在組織內部溝通的時間；(3)對於區域性的環境變化，具有高度的知覺力。基於以上各項優點，使分權制度下的各級管理人員，與日常的經營活動及決策，更具有密切的關係，而激勵他們去達成企業的目標。

三、分權制度的缺點

1.易於分散企業的目標

權利及責任分散到各級管理人員，使決策及作業的步伐不一致，易

於分散企業的目標。

2.需要更有效的溝通管道

蓋決策的權利，由高層管理人員授權給所屬各級管理人員，惟評估決策績效之優劣，仍然由高層管理人員掌理；因此，為確定各項決策是否配合整體的企業目標，高層管理人員必須經常獲得暢通的訊息，俾與所屬單位各級管理人員，維持有效的溝通管道。

3.易於造成高層管理者不信任態度

在分權制度之下，高層管理者必須將權利授予所屬各級管理人員；惟由於若干高層管理者，往往對某些所屬管理人員缺乏信心，或懷疑其管理能力，致不願意輕易放棄其原有的權利。

4.實施分權制度的成本昂貴

在規模龐大的企業內，並非所屬各級管理人員，均具有合格的管理能力；為提高其能力，必須耗用可觀的成本；此外，往往由於某些管理人員若干錯誤的決策，導致企業鉅額損失。

22–2 責任會計制度

一、責任會計制度的意義

責任會計制度 (responsibility accounting systems) 係指依責任範圍為蒐集、記錄、累積、及編製會計報告的根據，俾將成本及收入的報告，提供給企業組織結構中，具有相關責任的上級機構，層轉至最高管理階層，以配合一系列的健全組織系統。責任會計制度為實施分權制度中，高層管理者評估所屬單位各級管理人員的一項有效的工具；責任會計制度顯示分權制度所屬各級管理人員，透過會計報告的溝通方式，接受高層管理者的授權，並評估其績效，課以責任，俾共同達成企業的目標。

責任會計制度並非新的會計技術，只是將產品成本計算與財務報告，

按照責任範圍，予以蒐集，編製報告，提供給組織結構中，具有相關責任的上級管理人員，作為評估績效之用，以達成提高效率、抑低成本及控制成本的目標。由此可知，責任會計係集中注意力於「人」的因素，而不在於「事」的因素。

責任會計制度與現行成本會計制度的基本概念，不但不相違背，而且更能促成其完成預定的目標。成本會計具有下列三項重要目標：(1)成本計算，(2)成本規劃與控制，(3)提供成本資料給企業管理者，作為營業決策的依據。關於第一個目標，大多數的公司均能達成，惟對於後二個目標，均未能實現。如能實施責任會計制度，將成本的彙總工作，按「**何人辦理**」 (who did it) 為基礎，予以歸類，分別課以責任，促其完成預定的計劃；此外，應按組織系統，劃分權責，定期提出會計報告，分析實際成本與預計成本間之差異原因，俾能及時改正，並建立**追蹤** (follow-up)及考核制度，以確保糾正行動的實施。如能有效實施責任會計制度，必將加速上列三項成本會計目標之達成。

二、責任會計制度的實施

責任會計的基礎，在於建立組織系統、劃分成本責任及定期提出績效報告。茲分別說明如下：

1.建立組織系統

當一企業於逐漸成長與擴大之後，則無法由一人有效加以控制，其經營管理權，必須授權更多的人共同管理。一項健全的組織系統，係用以明白確定各階層管理人員的權力與責任範圍，俾能歸屬其責任所在，以代替嚴密的人事管理。當企業的經營與管理問題，演變為比較複雜的情況時，除非具備一套健全的組織系統，否則將失去其控制能力。

各公司的組織系統不盡相同，故無法作一般性之敘述。由於各公司的經營目標與原則，往往差別很大，其人事亦各異，是以無法用單一組

織型態加以說明。組織系統必須適當地配合公司及員工執行上的需要，尤應特別注意人的因素。建立組織系統時，應注意下列二項要點：

⑴責任與權力之區分，必須要有明確的分界線（如圖 22-1 粗線條部份）。

⑵責任與權利必須相稱，不可偏廢。

上列二點之意義極為明顯，無須多加說明。倘若權責劃分不清，結果將導致爭執與互相推諉責任。況且，如有任何超出其可控制範圍以外的事物，將無人挺身而出或責無旁貸地勇於負責。

權利與責任的劃分，通常均扼要地列示於**組織系統圖** (organization chart) 上，至於若干特定的責任事項，則詳細地訂定於附帶的**處理手冊** (procedure manuals) 內。茲將製造業的組織系統圖列示於圖 22-1。

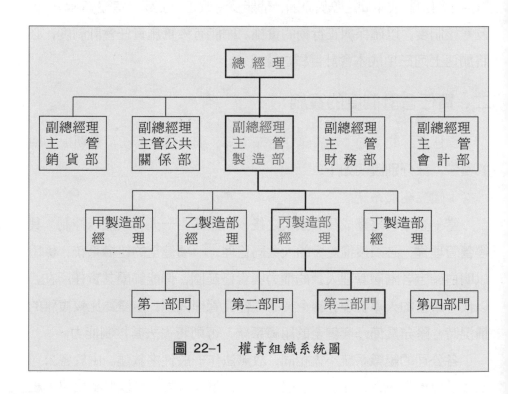

圖 22-1　權責組織系統圖

由圖 22-1，可顯示一條由上而下完整的權責劃分線，由總經理、副總經理主管製造部、丙製造部經理、第三部門監督人員及員工，一脈相承，層次分明。

2.劃分責任範圍

一項成本發生，必須依組織系統，劃分責任的界線，確認其應歸屬於那一階層、那一部門、或那一個人的責任範圍。欲使責任會計實施成功，必須基於下列二項前提條件：

(1)一切成本之發生皆置於可控制的範圍之內。

(2)所有成本發生之責任，務必能公平予以確定。

茲將各項成本責任，予以劃分，用圖形列示如下：

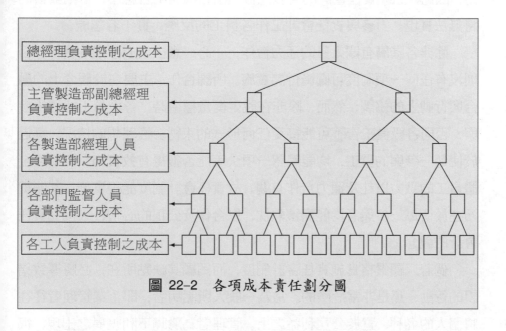

圖 22-2　各項成本責任劃分圖

3.定期提出績效報告

欲使一套責任會計制度實施成功，必須要有完善的績效報告。蓋如

無法將**預計績效** (planned performances) 與實際結果之差異，予以分析與解釋，並歸屬其發生差異之責任所在，將無法達到成本控制的目標。同理，如缺乏一套確實可靠的績效報告，將無法顯示各員工實際所達成的績效，也不能指出其低於標準之無效率所在，而僅以成本責任加諸於員工身上，即奢望其達成預期的效率水準，實不可能矣！

三、責任會計與人際關係

在理論上，責任會計制度乃達成成本控制的一項理想制度。然而，欲將此項觀念付諸實施，不僅是一項極為困難之事，而且充滿著危險性。正如同為衡量績效所設定的每項程序一樣，如不採取主動，必將遭受阻力；因此，除非責任會計的含義能被完全瞭解與明智應用，否則其目的將無法實現。對參與責任會計工作各員工的反應，實不容忽視。

除非各階層有關人員的通力合作，一心一意去達成預期的目標，否則沒有任何一項制度可圓滿付諸實施。所謂合作，主要在於觀念上的融合與行動上的協調；然而，除非在設定衡量標準時，各級員工能積極參與，否則各級員工皆不可能接受任何形式的束縛。最理想的情況，莫過於使每一參與的員工，均能體認一項決策能否獲得有效實施，無不與全體員工的戮力以赴及通力合作有關。故責任會計制度能否實施，其關鍵乃在於使每一參與者均能滿懷熱忱，以合作及公正的心情，來接受責任會計的觀念。

倘若只顧嚴格實施責任會計制度，而罔顧其缺點所在，必將導致錯誤的行動，那是非常危險的。常為一般人所詬病者，即企業管理者往往將個人的名利，置於公司利益之上。管理者為隱瞞不利差異之出現，很可能延緩機器的必要維護與修理，投機取巧或縱容無效率的存在，以掩蓋不利的事實，藉以推卸責任而企圖嫁罪於他人。因此，吾人於實施責任會計之際，對於所面臨的人際關係，尤其要特別注意。

22-3　成本中心與成本差異報告表

責任會計制度在於辨別、衡量、及報告各責任中心的員工，執行有關業務的績效；責任中心通常按所屬各單位管理人員的權利範圍及財務責任而分類；一般可分為：(1)成本中心；(2)收入中心；(3)利益中心；(4)投資中心。

一、成本中心的概念

成本中心 (cost center) 的管理者（通常為經理人員），必須對一項已設定的成本負責，此項成本用於顯示投入與產出的相對關係；因此，成本中心一般又稱為標準成本中心。成本中心普遍存在於從事生產作業各部門，例如製造部即為典型的**工程成本中心** (engineered cost center)，製造部經理必須對該部門每單位產品所耗用的直接原料、直接人工等各項成本負責；蓋此等成本可直接辨認並追溯至產品之內。

成本中心除上項工程成本中心外，另一種為**隨意成本中心** (discretionary cost center)，蓋此項成本（包括律師費、會計師費、廣告費、及若干銷管費用等）涉及管理人員主觀的判斷隨意決定而得名，很難制定合乎評估績效的成本數額；因此，比較成本報告內的實際與預算隨意成本，無法提供為衡量效率之用。

研究及發展成本中心，為隨意成本中心的最佳實例；由於研究及發展成本，通常具有長期及持續的性質，如僅制定一年的預算標準成本，實在很難。因此，隨意成本報告僅提供給高層管理者，知悉實際成本是否超過預算成本；如果隨意成本一旦超過預算數字，有必要增加時，必須事先經過預算委員會的核准。

時至今日，成本中心的觀念，已廣泛被接受，並逐漸普及至各服務

業，例如銀行業的支票處理中心，醫院的病菌化驗中心等，均為成本中
心的擴大應用。

二、成本差異報告表

　　根據傳統的方法，一般係採用標準成本制度，由所屬各單位提出成
本差異報告表，提供給組織系統內具有相關責任的上級管理人員，作為
績效評估的根據。因此，成本中心的最優先工作，即在於集中全力以減
少不利差異。茲設美華公司甲製造部 19A 年元月份的成本差異報告表如
表 22–2。

表 22–2

美華公司甲製造部
成本差異報告表
（19A 年元月份）

生產數量：　10,000 單位
單位成本：

直接原料		$25.00
直接人工		40.00
製造費用：		
間接人工	$9.60	
物料	4.00	
動力	8.00	
修理及維護費	3.00	
雜項費用	2.40	27.00
合　　計		$92.00

	標準成本	實際成本	有 (不)利差異
直接原料	$250,000	$254,800	$(4,800)
直接人工	400,000	397,000	3,000
製造費用：			
間接人工	96,000	97,300	(1,300)
物料	40,000	41,200	(1,200)
動力	80,000	78,200	1,800
修理及維護費	30,000	30,700	(700)
雜項費用	24,000	24,800	(800)
合　　計	$920,000	$924,000	$(4,000)

　　根據表 22-2 的成本差異報告表，美華公司甲製造部 19A 年元月份生產 A 產品 10,000 單位，每單位標準成本$92，實際單位成本$92.40，每單位超出$0.40；高層管理者乃集中注意力於直接原料不利差異$4,800，此項差異發生的可能原因有二：(1)原料耗用過量；(2)原料價格上漲。如基於原料耗用過量時，甲製造部經理難辭其咎；反之，如基於原料價格上漲，則非為甲製造部經理的責任。此外，直接人工有利差異$3,000 的可能原因有二：(1)僱用較低工資的工人；(2)提高工人工作效率。基於上述分析，甲製造部經理很可能使用較低工資之工人，乃發生有利人工差異；由於工人缺乏經驗，導致原料耗用過量。

22-4　收入中心與收入差異報告表

一、收入中心的概念

　　收入中心 (revenue center) 的經理，通常僅執行銷售商品，惟不參與制定產品售價或銷貨預算的工作；因此，應負責收入或邊際貢獻的責任。例如百貨公司的各零售部門，即為典型的收入中心。

　　由於很多相關或不定因素，影響產品的收入，這些因素往往非為收入中心的經理所能控制時，如將不利收入差異全部責任，歸咎於收入中心的經理，實有不公平之嫌。因此，高層管理者必須深切瞭解，究竟有那些因素屬於無法控制的變數，致影響收入中心的銷貨收入，否則將導致錯誤的績效評估後果。

　　在實際工商業中，採用純粹的收入中心制度並不多；通常收入中心的經理，除負責收入之外，還參與釐訂售價及制定銷貨預算的工作，並課以規劃及控制該收入中心的成本；因此，使純粹的收入中心，成為「收入及有限度成本中心」。

二、收入差異報告表

收入中心的經理，應配合預算的期間，將每期執行預算的結果，提出收入差異報告表；收入差異報告表，應分別列示不同產品在預算數及實際數下的數量、單位售價、及總收入。茲假設美華公司 19A 年元月份的銷貨收入報告表如表 22-3。

表 22-3

美華公司銷貨部
銷貨收入報告表
（19A 年元月份）

	數	量	單位售價	總收入
預算數:				
A 產品	9,900	75.00%	$120.00	$1,188,000
B 產品	3,300	25.00%	70.00	231,000
合 計	13,200	100.00%		$1,419,000
實際數:				
A 產品	10,000	68.87%	$125.00	$1,250,000
B 產品	4,520	31.13%	70.50	318,660
合 計	14,520	100.00%		$1,568,660
有利差異	1,320			$ 149,660

高層管理人員可根據收入差異報告表，編製收入差異分析表如表 22-4。

根據表 22-4，可顯示下列各項結果:

(1)銷貨價格增加，產生有利價格差異$52,260。

(2)銷貨數量增加，產生有利數量差異$141,900。

(3)銷貨組合由有利趨向於不利組合，產生不利組合差異$44,500。

(4)實際數與預算數之有利總差異$149,660。

表 22-4

美華公司銷貨部
銷貨收入差異分析表
（19A 年元月份）

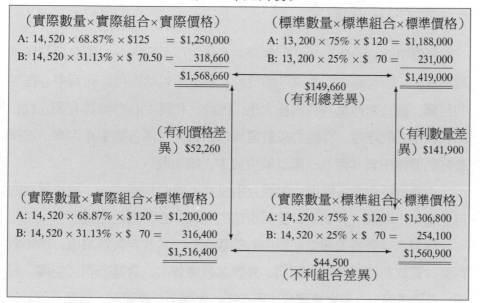

綜合上述分析，19A 年元月份美華公司銷貨部經理執行銷貨預算的績效，應予肯定。

如僅按收入大小為評估收入中心經理績效的唯一因素，往往會導致耗用過量的成本，以取得收入，或甚至於減少售價，以增加收入，造成負邊際貢獻的情形。因此，為避免收入中心之缺點，通常改按收入及可控制成本的差額（利潤），為績效評估的根據，此即利潤中心；吾人將於次節討論之。

22-5 利潤中心與利潤差異報告表

一、利潤中心的概念

利潤中心 (profit center) 的經理，必須對產生收入、規劃及控制成本負其責任，惟有關長期性資產的投資，則不予包括在內。利潤中心經理的目標，在於如何使其利潤極大化；因此，利潤中心必須具有獨立性，即利潤中心的經理，有能力按最經濟的原則，取得各項生產因素，並按最好的價格出售其產品，藉以減少成本，增加收入。

企業組織內的各階層，如能分別成立不同的利潤中心，授予獨立的自決權利，以擴大其利潤，整個企業的利潤，必將因而增加。

除製造業者普遍接受利潤中心的觀念外，其他非製造業者，例如銀行業（貸款部門、信用卡部門、外匯業務處等）、貨運公司（空運、海運、及陸運等）、各大專院校（研究部、大學部、夜間部、暑期班等）、及其他各行各業，均可視其需要而設立各種利潤中心。

二、利潤差異報告表

各利潤中心的管理人員，必須配合預算期間，每期提出利潤差異報告表給組織系統內具有相關責任的上級管理人員；利潤差異報告表應按實際數與預算數分別列示；此外，可控制固定成本應與不可控制固定成本分開列示，藉以分別計算利潤中心可控制邊際貢獻及淨利；請參閱表22-5。

表 22-5

美華公司乙製造部
B 產品利潤差異報告表
（ 19A 年元月份）

	實際數	預算數	有 (不)利差異
銷貨收入*	$318,660	$231,000	$ 87,660
變動成本:			
直接原料	$ 79,100	$ 81,360	$ 2,260
直接人工	56,500	54,240	(2,260)
製造及銷管費用	57,200	45,200	(12,000)
合　計	$192,800	$180,800	$(12,000)
邊際貢獻	$125,860	$ 50,200	$ 75,660
減: 可控制固定成本	16,000	16,000	–0–
乙製造部可控制邊際貢獻	$109,860	$ 34,200	$ 75,660
減: 不可控制固定成本	21,000	10,000	(11,000)
乙製造部淨利	$ 88,860	$ 24,200	$ 64,660

*預算產量: 3,300 單位（標準組合 25.0%）
　實際產量: 4,520 單位（實際組合 31.13%）

表 22-5 可用於說明實際利潤超出或未達預算利潤的原因；乙製造部經理應按該部門可控制的邊際貢獻$109,860，予以評估其績效，蓋含有不可控制固定成本$21,000，此項成本非為乙製造部經理的責任；乙製造部則應按淨利 $88,860 予以評估其績效。惟如進一步分析，乙製造部 B 產品實含有 $62,300 （表 22-4，$316,400 – $254,100）的有利組合差異在內，應予分開列示，以免誤導績效評估的效果。

22-6 投資中心與投資報酬的衡量

一、投資中心的概念

投資中心 (investment center) 的經理，負責重大資金的投資，藉以獲得利益；因此，其責任範圍包括收入及成本的規劃與控制。為獲得最有利的投資報酬，投資中心應具備獨立性，可獨立作成決策，以從事於投資資產的取得、使用、及處置等有關事宜。

由於投資資本為稀少性資源，故有效運用投資資產，對企業顯得十分重要。為評估投資中心管理人員的營運績效，必須將投資中心的利益，使與投資資產比較，以計算其投資報酬，俾作為評估的準繩。例如某公司產銷重型機器設備，為提供維修服務，另成立維修服務站，並購入若干設備資產，成為獨立性的投資中心；維修服務站 19A 年及 19B 年的邊際利益分別為$100,000 及 $150,000；乍見之下，19B 年的營業績效，比 19A 年多成長 50%；然而，如進一步追查 19A 年的資產投資為$400,000，19B 年初另購入設備 $350,000；吾人應按利益與資產投資的關係，計算 19A 年度的投資報酬率為 25% ($100,000 \div $400,000)，又計算 19B 年度的投資報酬率不但沒有增加，反而降為 20% ($150,000 \div $750,000)。

二、投資報酬的衡量

衡量投資報酬的方法很多，此處僅簡單介紹下列二種：

1.投資報酬率 (rate of investment, ROI)

乃投資利益與資產投資的比率關係，其計算公式如下：

$$投資報酬率 = \frac{投資收益}{資產投資}$$

例一：設某投資中心的資產投資為$280,000，投資收益$70,000；則投資
報酬率為 25%，計算如下：

$$投資報酬率 = \frac{\$70,000}{\$280,000}$$
$$= 25\%$$

對於資產投資的數額，有二種不同主張：(1)歷史成本；(2)現時成
本。

例二：設某投資中心擁有折舊性資產$400,000，前二年度的現金淨流入
量如下：

年度	現金淨流入量
1	$100,000
2	120,000

另悉折舊率為 10%；又預期此項資產每年增值 20%。
茲按上列二種不同的主張，計算其投資報酬率如下：
(1)歷史成本法：

第 一 年 度

$$ROI = \frac{\$100,000 - \$40,000}{\$400,000}$$
$$= 15\%$$

第 二 年 度

$$ROI = \frac{\$120,000 - \$40,000}{\$400,000}$$
$$= 20\%$$

(2)現時成本法：

第 一 年 度

$$ROI = \frac{\$100,000 - \$40,000}{\$400,000 \times 120\%}$$
$$= 12.5\%$$

第 二 年 度

$$ROI = \frac{\$120,000 - \$40,000}{\$480,000 \times 120\%}$$
$$= 13.9\%$$

此外，對於資產的數額，也有人主張按**淨帳面價值** (net book value) 計算；所謂淨帳面價值者，乃折舊性資產扣除累積折舊後的淨額。

2.**剩餘利益** (residual income, RI)

乃投資收益扣除投資資產成本後的餘額；如無資金成本，則以隱含成本（投資資產乘隱含利率）代之；茲以公式列示如下：

$$剩餘利益 = 投資利益 - 資產投資 \times 資金成本率$$

設上述例一的實例，另假定該投資中心對於資產投資的資金成本率為 15%，則投資的剩餘利益，可計算如下：

$$RI = \$70,000 - \$280,000 \times 15\%$$
$$= \$28,000$$

由上列計算得知，根據資金成本率 15% 計算後的剩餘利益，仍為正數，顯示投資中心的經營績效，可以接受。

本章摘要

　　分權制度乃企業成長與發展的必然趨勢；分權程度須視高層管理者的觀念，以及各附屬單位管理人員獨立應對的能力而定。企業採用分權制度後，使各附屬單位管理者，有機會展示其領導才能、解決問題能力、及作成決策的技巧；此外，各附屬營運單位的員工，與所屬單位的關係極為密切，不但能增加員工的向心力，也可減少決策時的溝通時間。

　　分權制度的缺點，在於將權責分散至各附屬部門後，可能引發各部門管理者之間若干無謂的競爭，削減企業的團隊精神；又高層管理者可能不信任所屬單位管理人員的能力，對授權秉持保留態度，致影響分權制度的正常功能。此外，實施分權制度的成本較高，往往由於某附屬單位管理者的一項錯誤決策，可能使企業蒙受重大的損失。

　　責任會計制度者，乃透過各種責任報告的方法，將附屬單位有關收入及成本資訊，提供給高層管理者，以評估所屬單位管理者的經營績效，進而控制各附屬單位。責任會計制度強調人的因素，注重成本發生的責任，達到成本控制之目的，至於產品成本的計算，則屬次要問題。

　　一般言之，為歸屬成本責任而不引起紛爭，是一項不簡單的事；為解決此項問題，乃有各項責任中心的構想與設立；責任中心通常有下列四種：(1)成本中心；(2)收入中心；(3)利潤中心；(4)投資中心。成本及收入中心的經理，必須分別對其成本及收入負其責任；利潤中心經理的責任，在於使該中心的收入極大化；投資中心經理的責任，在於創造投資資產的收入，並減少成本，俾獲得滿意的投資報酬；所有各責任中心的經理，必須在企業組織系統的架構之下，執行其個別的功能。

　　高層管理者通常根據成本中心、收入中心、及利潤中心所提供的報告，比較其實際數與預算數的差異，以評估其績效；至於投資中心，則按投資報酬率或剩餘利益高低評估之。

本章編排流程

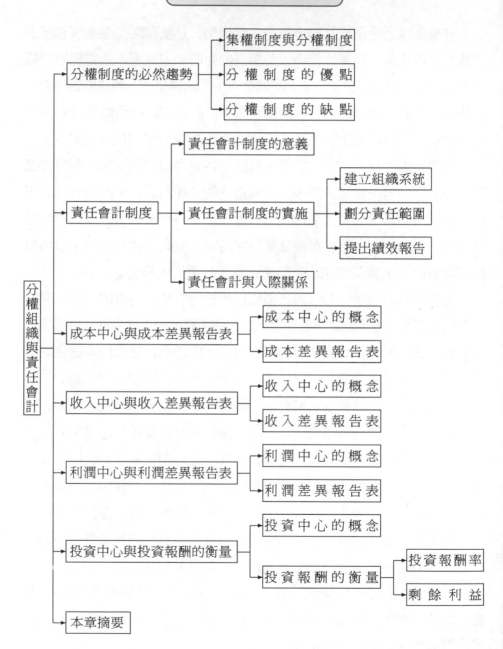

習　題

一、問答題

1. 集權制度與分權制度之區別何在？

2. 何種企業適合採用分權制度？

3. 分權制度具有那些優點？

4. 試述分權制度之缺點。

5. 分權制度如何影響會計制度？

6. 試述責任會計制度之意義。

7. 建立組織系統時，應注意那些要點？

8. 如何劃分責任範圍？試述之。

9. 試述責任會計與人際之關係。

10. 試述成本中心之意義。

11. 成本差異報告表應如何編製？

12. 收入中心與利潤中心有何區別？

13. 何謂投資中心？投資中心對於利益之衡量，何以優於利潤中心？

14. 衡量投資報酬的方法有那些？試述之。

15. 計算投資報酬率的方法有那些？試分別比較之。

二、選擇題

22.1 下列那一項非為分權制度的優點：

　　(a)培養管理才能。

　　(b)評估管理績效。

　　(c)提高工作信心。

(d)提供有效的溝通管道。

22.2　下列那一項非為分權制度的缺點:

(a)無法評估管理績效。

(b)易於分散企業的目標。

(c)需要更有效的溝通管道。

(d)實施分權制度的成本昂貴。

22.3　剩餘利益可用於衡量下列那一項中心管理者的責任?

(a)成本中心。

(b)收入中心。

(c)利潤中心。

(d)投資中心。

22.4　H 公司投資中心的投資資產總額為八百萬元,營業利益一百萬元,資金成本率 8%。 H 公司投資中心剩餘利益應為若干?

(a)$1,000,000

(b)$640,000

(c)$360,000

(d)$80,000

22.5　P 公司投資中心擁有折舊性資產一百萬元,折舊率 10%,預期此項資產每年增值 8%;該中心 19A 年度現金淨流入量為$200,000。假定採用現時成本法,該中心 19A 年度的投資報酬率應為若干?

(a)10.0%

(b)9.6%

(c)9.26%

(d)9.16%

三、計算題

22.1 利臺公司 1998 年每季產能 2,500 單位的標準成本如下:

直接原料 (5 公斤@$4.20)	$20
直接人工 (3 小時@$10.40)	30
製造費用:	
變動 (3 小時@$4.00)	12
固定 (3 小時@$8.00)	24
合　計	$86

另悉每季固定製造成本為$60,000; 1998 年第一季實際產量 3,000
單位, 發生下列成本:

直接原料 (18,000 公斤@$4.20)	$ 75,600
直接人工 (8,900 小時@$10.40)	92,560
製造費用:	
變動	34,000
固定	62,000
合　計	$264,160

試求:

　(a)請按彈性預算編製利臺公司製造部 1998 年第一季製造成本績
　　效報告表。

　(b)請分析各項成本差異。

22.2 利人傢俱公司每單位產品的標準成本如下:

直接原料: (木材 50 公尺@$1.60)	$ 80
直接人工: (3 小時@$40)	120
變動製造費用: (3 小時@$20)	60
固定製造費用: ($120,000 ÷ 3,000 × 3)	120
合　計	$380

1998 年 7 月份，實際產量 1,100 單位，發生下列成本：

直接原料：	（56,000 公尺@$1.56）	$ 87,360
直接人工：	（3,100 小時@$42）	130,200
變動製造費用：		62,000
固定製造費用：		116,000
合　計		$395,560

試求：

(a)請按彈性預算編製利人傢俱公司製造部 1998 年 7 月份的製造成本績效報告表。

(b)請分析各項成本差異。

22.3 利恒公司產銷單一產品，分設製造部、銷貨部、及辦公室三個部門。 1998 年度銷貨及成本預算如下：

1.預定每月份銷貨量 10,000 單位@$16。

2.每單位變動成本預算：

製造成本	$5.00
銷售費用	1.00
合　計	$6.00

3.每月份固定成本預算：

製造成本	$40,000
銷售費用	10,000
管理費用	20,000
合　計	$70,000

1998 年 3 月份，實際產銷的貢獻式損益表如下：

利恒公司
貢獻式損益表
1998 年 3 月份

銷貨收入：　8,000 單位@$18		$144,000
變動成本：		
銷貨成本：　8,000 單位@$4.50	$36,000	
銷售費用：　8,000 單位@$1.00	8,000	44,000
邊際貢獻		$100,000
減：固定成本：		
製造成本	$42,000	
銷售成本	11,000	
管理費用	24,000	77,000
淨利		$ 23,000

試求：

(a)請編製 1998 年 3 月份貢獻式彈性預算損益表。

(b)請分析實際數與彈性預算數的各項差異。

(c)假定利恒公司實施責任會計制度，將製造部、銷貨部、及辦公室三部門，分別設定為成本中心、利潤中心、及隨意成本中心；請編製 1998 年 3 月份責任會計的績效評估損益表。

22.4　利仁公司投資中心 1998 年度獲得部門淨利$300,000；投資中心當年度各項資產如下：

	1998 年 1 月 1 日	1998 年 12 月 31 日
流動資產	$ 400,000	$ 600,000
廠房及設備	$ 2,000,000	$ 2,200,000
減：備抵折舊	(1,200,000)	(1,500,000)
	$ 800,000	$ 700,000
資產總額	$ 1,200,000	$ 1,300,000

試求：

(a)請按下列方法計算投資中心 1998 年度的投資報酬率:

　　(1)平均資產歷史成本法。

　　(2)期末資產歷史成本法。

(b)請按下列方法計算投資中心 1998 年度的剩餘利益:

　　(1)平均資產歷史成本法，假定隱含利率為 8%。

　　(2)期末資產歷史成本法，假定隱含利率為 5%。

第廿三章　資本支出預算

● 前　言 ●

　　由於科技發達，商機瞬息萬變，商業競爭激烈，使現代企業的經營，優勝劣敗，非常殘酷！企業為求生存與發展，惟有不斷改進與創新，才能配合環境的變遷，順應潮流的需要，此有賴於計劃性的資本投資，始能達成之。

　　抑有進者，企業管理者除必須面對經常性的營業決策之外，尚須考慮擴充、重置、增添、變更、改良、或維修現有設備，以提高生產力或降低生產成本，俾增強產品的競爭力。

　　當企業管理者考慮一項資本支出時，其所最關心的問題，在於其投資是否最有利？換言之，即評定該項資本投資計劃的報酬率是否最佳？吾人將於本章內闡述資本支出預算的編製程序、投資報酬率的決定因素、評估資本支出計劃的各種方法、及資本支出計劃應考慮的其他因素。

23-1 資本支出預算概述

一、資本支出預算的意義

資本支出預算(capital expenditures budgeting)，乃分析及評估一企業各項具有互相代替的未來長期資本投資計劃之一系列過程，俾達成最有利的選擇，以合理分配有限的經濟資源，一般又稱為**資本投資計劃** (capital investment plans)；此二項名詞在本章內，交互使用。

資本支出預算通常涉及鉅額資金支出，且延續的時間在五年至十年之間，對企業具有深遠的影響，企業管理者必須謹慎為之；因此，任何一項資本支出預算，應確定能符合下列各項前提條件：

(1)必須最有利運用企業有限的資金。

(2)不能危及企業正常的財務狀況。

(3)配合企業的長期財務活動計劃。

二、資本支出預算的決定原則

資本支出預算之目的，在於投入鉅額資金至設備資產的重置、擴充、改良、或開發新產品等途徑，期能產生最有利的經濟效益，增進未來的投資收益，並預期於收回原投資成本後，尚有淨餘，藉以擴大企業的營利目標。因此，決定資本支出預算的基本原則為：投資收益大於投資成本，才能被接受；反之，如投資收益小於投資成本，則應予拒絕。茲以簡單符號列示其決定原則如下：

資本支出預算

投資收益 ＞ 投資成本：　　能接受

投資收益 ＜ 投資成本：　　應拒絕

蓋資本支出預算往往涉及鉅額資金的應用，不能無限制供應；故一項資本支出預算，其投資收益小於投資成本，固應予拒絕，即使投資收益大於投資成本的資本支出預算，也未必能全部接受，必須加以取捨，選擇最有利的投資方案，方屬允當。

三、資本支出預算的功用

資本支出預算在於以規劃代替傳聞，採用科學的分析方法代替預感。因此，資本支出預算實具有下列各項功用：

(1)評估各項資本投資方案。

(2)作為協調各項支出的根據。

(3)設定各項投資計劃的優先順序，俾優先考慮最有利的投資計劃。

(4)作為控制各項支出的根據。

(5)作為規劃資本支出的財務計劃。

(6)追踪及分析各項資本支出計劃的執行效果。

四、資本支出預算對企業的影響

資本支出預算為一項既重要而又困難的問題；蓋一項資本支出預算所需之資金往往極為龐大，對於企業的財務籌措、資金調撥及業務經營等，均具有重大而深遠的影響。茲將資本支出預算對企業的影響，列舉其犖犖大端者如下：

1.資本支出預算金額龐大，往往須動用鉅額資金，或以舉借外債的方式，籌措大量資金，並預期能以未來的收益償還；如投資途徑發生錯誤，對整個企業的影響，至為深遠。

2.資本支出預算的主要目的，在於經由投資的方式，以獲取收入，並從投資收入中，抵減投資成本而獲得投資淨利；如資本支出決策得當，該企業將處於有利的營業狀況中，持久性的獲益能力，得以增強。

3.資本支出絕大部份均為增加固定成本，固定成本一旦增加，勢必增加企業的**財務風險** (financial risk)。

4.資本支出增加後，勢必提高固定成本，改變成本結構，使損益平衡點上升，徒增企業在經營上的困難。

資本支出預算之所以為一項困難的問題，在於必須預測未來五年至十年的情況，往往不易準確，而且對於有關的資金流入和流出之時間因素，必須加以考慮。此外，資本支出一旦投入之後，因投入之資金，已成為**沉沒成本** (sunk cost)，無法以銷售或變動等方式於短期內收回，只能在資產的使用中，經由有利的營運逐期收回。故在決定行動之前，應慎重考慮。

23-2　資本支出預算的編製

一項資本支出的建議案，從執行日常工作的員工，以至最高層管理人員，均可提出；然而，一項資本支出申請案，應由提出申請案的部門主管提交預算部門主管，比較適合。如有必要時，可由會計部門、財務部門、工程部門、或人事部門提供協助。

一項典型的資本支出申請案，通常應包括下列各項目：

(1)申請案的緣由及說明。

(2)申請案改變的理由。

(3)估計申請案所需要的資金。

(4)申請案的存續（或經濟使用）期限。

(5)簡要說明申議案的經濟效果或預期淨收入。

(6)申請案的資金籌措方法。

預算部門主管審查各提案部門所送來的申請案，經審慎比較與分析後，確定各申請案皆能符合企業的長期資本投資計劃，不會造成各部門的失衡現象，並且認定財務上不成問題。經審查後的申請案，應進一步

協調及彙編，再呈交預算審查委員會，由該委員會加以抉擇，轉呈總經理或董事會核定。茲將上述資本支出預算編製的程序，具體地分為下列六個階段：

1.辨認階段

辨別各部門所提出的申請案，辨認何項提案確能達成各部門之目的。

2.探討階段

探討各部門所提出的申請案，如有不當，應儘早放棄。

3.審查階段

按下列兩項因素，審查各部門所提出的申請案：

(1)量的因素：(a)投資方案的現金流出量。

　　　　　　(b)投資方案的現金流入量或成本節省。

　　　　　　(c)投資方案的存續期間。

(2)質的因素：(a)提高生產力。

　　　　　　(b)增進工作的安全性。

　　　　　　(c)提升企業的競爭力或知名度。

4.評估階段

評估各部門提出的方案，俾作成最後的抉擇；評估的方法有下列各項：

(1)收回期限法

(2)現金流量折現法

(3)現值法

(4)獲利指數

(5)其他方法

5.融資階段

可分為自籌資金或向資本市場融資。

6.實施階段

包括實際執行及事後的追踪及控制。

23-3 投資報酬率及其決定因素

吾人於本章前面已指出,當一項資本投資計劃的投資收益大於投資成本時,該項投資計劃能被接受;反之,當投資收益小於投資成本時,該項投資計劃應予拒絕。

投資收益的大小,通常以投資報酬率高低表示之。至於投資成本,包括投資基價加上附加成本在內;投資成本的高低,則用資金成本率表示之。

吾人將分別闡明投資報酬率、資金成本率、及其決定因素於次。

一、投資報酬率的意義

所謂**投資報酬率** (the rate on investment,簡稱ROI) 係指投資報酬（投資收益）與投入資金間的比率關係,又稱為**資本報酬率** (the return on capital, 簡稱 ROC),企業界亦有稱其為**純益率** (earnings rate) 者。

茲舉一例,藉以說明投資報酬及投入資金的比率關係。設某銀行貸放款項 $1,000,每年可獲得$80 的利息收入,期間五年,到期本金全部收回。在此種情況下,投資報酬率為 8% ($80 ÷ $1,000)。如果改變另一種方式,該銀行所貸放的$1,000,於五年內平均收回$250,則投資報酬率的計算,較為複雜。在後一種情況之下,投資報酬率亦為 8%,列示其計算如下:

表 23-1

年數	(1) 現金收回	(2) 未收回資本按 8% 計算投資報酬	(3) 資本收回數 (1)−(2)	(4) 未收回 資　本
0	$-0-	$-0-	$-0-	$1,000
1	250	80	170	830
2	250	66	184	646
3	250	52	198	448
4	250	36	214	234
5	250	19	231	3*

* 四捨五入之尾差。

二、投資報酬率的決定因素

投資報酬率的大小，決定於下列各種因素:

1.現金流入量或成本節省:

就大多數的投資企業而言，**現金流入量** (cash inflows) 或**成本節省** (cost savings)，均為一系列的未來投資收益。俗云「二鳥在林，不如一鳥在手」，未來的投資收益，遠不如現在的投資收益，其理至明。父母都鼓勵孩子們把錢存入撲滿，當孩子們敲破撲滿點數著一大堆的零錢時，父母均大加贊揚。如以企業家的眼光看來，則不以為然，當他發現以前投入的資金，與現在獲得的資金一樣時，他會皺眉頭。吾人將未來的投資收益，折現為現在價值，稱為**折現價值** (present discount value)，簡稱**現值** (present value)。

吾人如以 P 代表現值，i 代表利率，在 n 年以後收到$1.00，其現值為:

$$P = \frac{1}{(1+i)^n}$$

　　現值與未來期間之長短，以及投資報酬酬率（或利率）具有下列關係：

⑴未來的年限愈長，現值愈小：

　　例：投資報酬率 10%，$1.00 在不同年限的現值如下：

年限	$1.00 現值
1	$0.909
5	0.621
10	0.386
20	0.149

⑵投資報酬率愈增加，現值愈小：

　　例：以五年為例，在不同投資報酬率下，$1.00 的現值如下：

投資報酬率	$1.00 現值
1%	$0.951
5%	0.784
10%	0.621
20%	0.402

　　茲以表 23-2 的資料，列示現金流入量現值的計算如下：

表 23-2

年數	(1) 現　金 流入量	(2) 按 8%計算 每元現值	(3) 現　值 (1)×(2)
1	$　250	0.9259	$232
2	250	0.8573	214
3	250	0.7938	199
4	250	0.7350	184
5	250	0.6806	170
現值合計	$1,250		$999*

*準確數字應為$1,000，其差異原因係由於尾差關係。

由上表可知，在未來的連續五年間，每年均有$250的現金流入，總共$1,250，如按 8% 予以折現，則等於現值 1,000。

另設一例，以說明成本節省及其現值的計算。設仁愛公司購買機器，藉以改變生產方法，使產品單位成本由$5.75 降低為$4.65。預計該項新機器可使用 10 年，每年產量固定均為 200,000 單位。機器設備折舊由原來每年$70,000，增為$90,000。機器設備保險費由每年$3,000 增至$5,000。假設稅率為 50%，則有關成本節省淨額的計算如下：

表 23-3

年數	成本節省毛額 (1)	現金費用 (2)	機器折舊 (3)	課稅所得減少 (4)=(1)-(2)-(3)	所得稅 (5)=(4)×50%	成本節省淨額 (6)=(1)-(2)-(5)
1	220,000*	$2,000**	$20,000***	$198,000	$99,000	$119,000
2	220,000	2,000	20,000	198,000	99,000	119,000
3	220,000	2,000	20,000	198,000	99,000	119,000
4	220,000	2,000	20,000	198,000	99,000	119,000
5	220,000	2,000	20,000	198,000	99,000	119,000
6	220,000	2,000	20,000	198,000	99,000	119,000
7	220,000	2,000	20,000	198,000	99,000	119,000
8	220,000	2,000	20,000	198,000	99,000	119,000
9	220,000	2,000	20,000	198,000	99,000	119,000
10	220,000	2,000	20,000	198,000	99,000	119,000

*($5.75 - $4.65) \times 200,000 = $220,000

**$5,000 - $3,000 = $2,000

***$90,000 - $70,000 = $20,000

再假設上述仁愛公司購置新機器設備$800,000，機器安裝費$50,000，出售舊機器收入$150,000，預期投資報酬率為 8%，有關成本節省的現值計算如下：

表 23-4

年數	成本節省 淨　　額 (1)	按8%計算 每元現在價值 (2)	現　　值 (3)=(1)×(2)
1	$119,000	0.9259	$110,182
2	119,000	0.8573	102,019
3	119,000	0.7938	94,462
4	119,000	0.7350	87,465
5	119,000	0.6806	80,991
6	119,000	0.6302	74,994
7	119,000	0.5835	69,437
8	119,000	0.5403	64,296
9	119,000	0.5002	59,524
10	119,000	0.4632	55,121
現值合計			$798,491

2.資本支出計劃的存續期間:

係指投資收益可延續的年限;此種年限並非長期性資產實質上可使用的期限,而係就經濟上的觀點,預期投資計劃可增加投資收益,或節省成本的期限。估計投資計劃可能存續的期限,往往須徵求工程師的意見而後預計之。存續期限的估計,以長期性資產實質上可使用的期限為極限,惟通常均小於長期性資產實質上可使用的期限。存續期限經估計後,如發現該項長期性資產已不能再增加投資收益時,存續期間應予以終止。

3.投資成本:

投資成本為決定投資報酬率高低的基礎,包括投資基價及一切附加成本在內,例如運費、稅捐、機器安裝費等。惟對於出售舊生產設備所獲得的收入,應予以扣除,以示實際投資成本增加的淨額。有時,投資計劃所需資金,並非於開始時一次投入者,而必須於以後各期間陸續加

入時，應按投入的不同時間，計算其現值，全部包括於投資成本總額之
內。茲以上述仁愛公司購置機器設備的成本資料，列示投資成本之計算
如下：

機器設備基價	$800,000
加：機器安裝費	50,000
總成本	$850,000
減：出售舊機器收入	150,000
投資成本	$700,000

4.投資成本殘值：

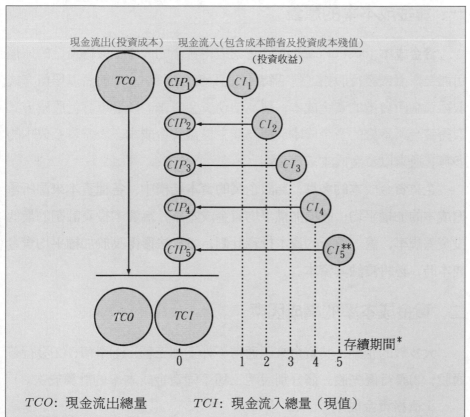

圖 23-1

投資計劃標的物如為生產設備者，於該項生產計劃終止時，往往尚有**殘價**(residual value) 存在，此項殘值，應自投資成本減除，或逕包括於現金流入量之內；如同其他現金流入量一樣，必須考慮其時間因素；換言之，應計算生產設備殘值的現值。

茲將投資報酬率的各項決定因素，及其與投資成本的比較情形，以圖形列示如圖 23–1。

23–4 資金成本率及其構成因素

一、資金成本率的意義

資金成本 (cost of capital) 乃企業取得資金的成本；取得資金的途徑可能為舉債或發行股票（包括特別股票及普通股票）。前者以舉債方式取得資金所負擔的資金成本，稱為債務資金成本；後者以發行股票方式取得資金所承擔的資金成本，稱為業主權益資金成本。表達資金成本的多寡，通常以資金成本率表示之。

企業資金成本的多寡，為該企業的資本結構中，各種資本來源所承擔成本的加權平均；此項加權平均資金成本率，為資本投資計劃的最低投資報酬率，蓋一項新的資本投資計劃，如無法獲得高於加權平均資金成本時，必將浸蝕其資本。

二、資金成本率的構成因素

大多數的企業，其資金來源通常不外下列三種: (1)舉債; (2)發行普通股; (3)發行優先股。茲分別說明三種不同資金成本率的計算於次。

1.債務資金成本

債務產生利息費用，減少淨利，使所得稅因而減少；因此，債務資金成本乃稅後的利息費用。茲列示其計算公式如下:

$$COC_d = i(1 - t)$$

COC_d＝債務資金成本

　　i＝實際利率

　　t＝稅率

設信義公司發行債券$1,000,000 的名義利率 4%，惟**實際利率** (effective rate) 為 5%；假定該公司的稅率為 40%，則其債務資金成本率計算如下：

$$COC_d=5\%(1 - 40\%)$$

$$=3\%$$

2.特別股權益資金成本

特別股乃介於普通股與債務之間，兼具兩者的特性。蓋特別股的股利已確定，有如利息一般；惟特別股股利不得免稅。其計算公式如下：

$$COC_p = D_p \div M_p$$

COC_p＝特別股權益資金成本率

　　D_p＝特別股股利

　　M_p＝每股預期市場價值

設信義公司另發行特別股 5,000 股，每股面值$100，股利 9%，預期每股市價$115，則其資金成本率計算如下：

$$COC_p=\$9 \div \$115$$

$$=7.8\%$$

由於股利超過市場利率，股票投資人願意按$115 超過面值認購；相反地，股票發行公司以超過面值發行，惟需支付較高的股利；故其實際資金成本率為 7.8%，而非 9%。

3.普通股權益資金成本

　　一般企業大部份資金均來自普通股，包括普通股本、輸納資本、及保留盈餘。

　　普通股權益資金成本率於計算時較不容易，其原因在於股利大小，股東與公司之間，並無事先約定固定金額。就理論上言之，公司利潤，最後均歸屬於股東，故決定普通股權益資金成本，一般均以普通股每年每一股票所獲利潤與每一普通股的市場價值比率表示之；其計算公式如下：

$$COC_c = \frac{D_c}{M_c}$$

COC_c＝普通股資金成本率

D_c＝每一普通股股利

M_c＝每一普通股市場價值

　　設信義公司某年度股票每股市場價值\$100，當年度該公司股票每股利潤為\$10，業主權益資金成本率為 10%，其計算如下：

$$普通股權益資金成本率 = \frac{\$10}{\$100} \times 100\%$$

$$= 10\%$$

　　信義公司有一部份盈餘予以保留時，其計算方法如下：

$$COC_c = \frac{D_c}{M_c} + rb$$

D_c＝每一普通股股利

r＝每一普通股利潤或投資報酬率

b＝保留盈餘比率

　　設上例信義公司某年度每股利潤\$10，每股發放股利\$6，投資報酬率 r 為 10% (\$10 ÷ \$100)，保留盈餘比率 b 為40% {(\$10 − \$6) ÷ \$10}；則其

資金成本率之計算亦為 10%，其計算如下：

$$COC_c = \frac{\$6}{\$100} + 10\% \times 40\%$$

$$= 10\%$$

為簡化計算程序，吾人亦可用**預期平均每年成長率**(expected average annual growth rate) 代替上述計算公式如下：

$$COC_c = \frac{D_c}{M_c} + g$$

設上述信義公司預期平均每年成長率為 4%，此項成長率將持續不斷，其餘資料均不變，則該公司的普通股權益資金成本率，可簡化其計算如下：

$$COC_c = \frac{\$6}{\$100} + 4\%$$

$$= 10\%$$

三、加權平均資金成本

為計算一個企業的總資金成本，必須將各別資金成本，依其所佔資本結構比率，計算其加權平均資金成本。茲以上述信義公司的實例，並假定三種不同資金來源的比率如下：

債務資金	40%
特別股權益資金	10%
普通股權益資金	50%

根據上列資料，計算信義公司某年度的加權平均資金成本% 如下：

資金類別	資金比率	資金成本	加權平均
債務資金	40%	3.0%	1.20%
特別股本	10	7.8	0.78
普通股本	50	10.0	5.00
合　　計	100%		6.98%

　　計算加權平均資金成本，可協助企業管理者設定一項適當的折現率，以評估各項資本投資計劃是否可予核准，或應予拒絕。

23-5　資本支出計劃的評估方法

　　除極少數的例外情形（例如為配合法令規定、各項安全設施、維護正常工作環境、員工福利需要、或提高企業的聲譽等），大部分的資本支出計劃，均必須經過審慎的評估後，確定能符合公司的要求，並且肯定為最有利的投資方案，才能予以核定，付諸實施。

　　吾人於本章前面談及資本支出預算編製的審查階段時，提到量的考量因素，包括現金流出量、現金流入量、成本節省、及存續期間等，這些因素均與各種評估方法，具有不可分離的關係。

　　茲將資本支出計劃的各種評估方法，彙列一表如下：

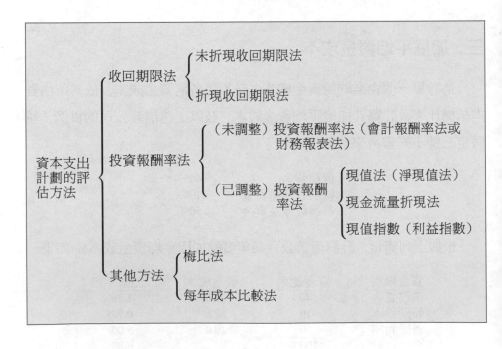

一、收回期限法

收回期限法 (pay-back period method) 係以收回資本投資資金所需時間之長短，為評估投資計劃的根據。計算收回期限時，均以現金項目為計算的根據，至於非現金項目，則不予考慮。收回期限法可分為下列二種：(1)未折現收回期限法；(2)折現收回期限法。茲舉例說明如下：

設某公司增購機器一部，成本$400,000，預計可使用 10 年，每年將增加銷貨收入$300,000；付現成本每年$160,000，折舊採平均法，到期時無任何殘值，所得稅率 40%。

1.未折現收回期限法：

此法不考慮貨幣的時間價值。設如上例，在未折現收回期限法之下，其計算如下：

銷貨收入		$300,000
減：營業成本：		
付現成本	$160,000	
折舊：　$400,000 ÷ 10	40,000	200,000
稅前損益		$100,000
減：所得稅 40%		40,000
淨利		$ 60,000

因機器折舊為非現金費用，故應予加回如下：

現金流入：	
淨利	$ 60,000
加：非現金費用—折舊	40,000
	$100,000

收回期限法，一般又稱為**現金流入收回期限法** (cash pay-back period

method)。其計算如下：

$$收回期限 = \frac{資本支出}{每年現金流入量}$$

$$= \frac{\$400,000}{\$100,000}$$

$$= 4（年）$$

收回期限法，亦可用圖形表示如下：

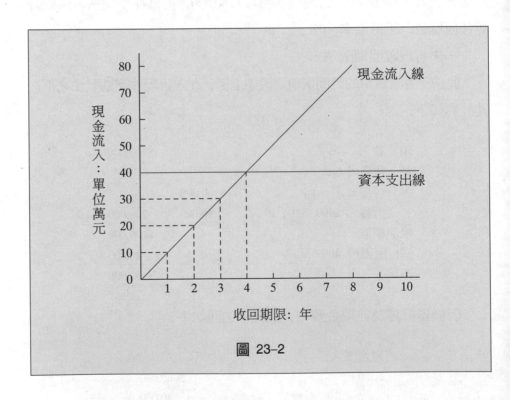

圖 23-2

圖 23-2，除表示收回期限之外，並能顯示現金流入的持久性程度及其投資報酬率的高低。

2.折現收回期限法:

此法係已考慮貨幣的時間價值。根據上例資料並假設合理報酬率為 10%, 折現收回期限的計算如下:

表 23-5

年次	淨現金流入量	每元10%現值	淨現金流量現值	累積數
1	$100,000	0.909	$90,900	90,900
2	100,000	0.826	82,600	173,500
3	100,000	0.751	75,100	248,600
4	100,000	0.683	68,300	316,900
5	100,000	0.621	62,100	379,000
6	100,000	0.564	56,400	435,400

$$收回期限 = 5 + \frac{400,000 - 379,000}{56,400}$$

$$= 5 + 0.37$$

$$= 5.37（年）$$

一般言之, 收回期限法應用最普遍, 其主要原因在於此法計算簡單, 而且容易了解; 惟其缺點則在於此法忽略投資收益的存續期間; 例如購買甲、乙兩種機器, 其有關資料如下:

	甲機器	乙機器
投資成本	$100,000	$100,000
每年現金流入	25,000	25,000
收回期限（年）	4	4
現金流入之存續期間（年）	10	4

如以收回期限的長短, 作為衡量資本支出計劃的標準, 則甲、乙兩種機器的投資成本收回期限均相同。事實上, 甲、乙兩種機器差別很大, 乙機器僅能收回投資成本, 而無任何投資收益。至於甲機器, 於 4 年內

收回投資成本外，尚能存續 6 年 (10 − 4)，繼續增加投資收益。

收回期限法，可於下列各種情況下採用之：

(1)作為投資計劃初步審核與決定取捨的標準。

(2)作為衡量投資風險的根據。蓋收回期限長，投資風險大；收回期限短，投資風險亦小。

(3)作為試驗投資資金流動性大小的參考。蓋一般企業的資金有限，財務狀況欠佳的企業，可採用收回期限法，以測知投資資金的流動性，俾能有效應用投資資金。根據調查的結果，在實務上，收回期限法為一般企業所廣泛使用。

二、（未調整）投資報酬率法

此法係根據投資後之每年平均稅後增額淨利與投資金額之比率大小，以評估資本支出計劃，也有人稱為簡單報酬率法。關於投資淨利的計算，係按一般計算損益法所求得的淨利，並非單指現金淨利，故又稱為**會計報酬率法** (accounting rate of return method)，或**財務報表法** (financial statement method)。

關於投資報酬率的計算，有主張按原始投資額者，亦有主張按平均投資額者。持後一種見解者認為，原始投資額已於投資計劃實施中，逐期收回一部份；故按原始投資額計算投資報酬率，實欠妥當，而主張按平均投資額計算，方稱合理。茲列示上述兩種不同主張之計算公式如下：

1.主張按原投資額計算投資報酬率：

$$投資報酬率 = \frac{平均每年稅後增額淨利}{原投資額}$$

2.主張按平均投資額計算投資報酬率：

$$投資報酬率 = \frac{平均每年稅後增額淨利}{平均投資額}$$

設某公司購買機器一部，有關資料及其投資報酬率計算如下：

表 23-6

	投　資　報　酬　率	
	按原投資額計算	按平均投資額計算
預計投資額（無殘值）	$100,000	$100,000
存續期限	10年	10年
預計每年折舊及稅前增額淨利	$ 40,000	$ 40,000
折舊（平均法）	10,000	10,000
扣除折舊後增額淨利	$ 30,000	$ 30,000
所得稅	15,000	15,000
稅後增額淨利	$ 15,000	$ 15,000
原投資額	100,000	—
平均投資額	—	50,000
投資報酬率	15%	30%

上列係假定 10 年後無殘值。倘若到期殘值為$20,000，則平均投資額之計算如下：

原投資額	$100,000
殘值	20,000
	$120,000
平均	÷ 2
平均投資額	$ 60,000

平均投資額，可用圖形表示如下：

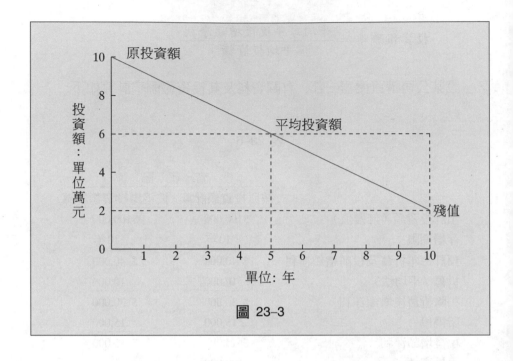

圖 23-3

上述平均投資額，亦可列表計算如下：

表 23-7

機器的投資額（採用平均法）

年次	期初投資額	期末投資額	平均投資額
1	$100,000	$92,000	$ 96,000
2	92,000	84,000	88,000
3	84,000	76,000	80,000
4	76,000	68,000	72,000
5	68,000	60,000	64,000
6	60,000	52,000	56,000
7	52,000	44,000	48,000
8	44,000	36,000	40,000
9	36,000	28,000	32,000
10	28,000	20,000	24,000
合計			$600,000

平均投資額 $= \$600,000 \div 10 = \$60,000$

假定每年平均稅後增額淨利為$15,000，計算其投資報酬率如下：

$$投資報酬率 = \frac{\$15,000}{\$60,000}$$

$$= 25\%$$

投資報酬率法與收回期限法一樣，計算簡單，容易了解，並且與企業的會計報告相吻合，資料易於自會計記錄中取得，故應用者極為普遍。況且，投資報酬率法，已考慮投資收益的存續期間，或投資資產的使用年限，顯然比收回期限法為優；蓋兩種以上之投資，雖具有相同的收回期限，惟未必即具有相同的投資報酬率。

投資報酬率法最大的缺點，在於未能區別各期間淨利與投入資金在時間上的差距，故所計算而得的投資報酬率為**未調整投資報酬率** (unadjusted rate of return)，缺乏準確性。

三、（已調整）投資報酬率法

前面所敘述的（未調整）投資報酬率法，具有一項嚴重的缺點，即未考慮貨幣的**時間價值** (time value)；換言之，將現在一元價值，與未來遙遠的一元價值，視為相同，不加以區別；顯然，此種觀念並不合理；蓋現在一元的貨幣，可立即作為投資之用，或存入銀行，或借給他人，獲得利息收入，自然比未來的一元更有價值。因此，（已調整）投資報酬率法，即將現值觀念引入資本支出計劃的評估方法之內，使各項評估方法兼考慮貨幣的時間價值，俾獲得更具意義的評估效果。

1.現值法

⑴現值法的意義及計算方法：

所謂**現值法** (the present value method)，係指將未來的現金流入

量，按合理的預期投資報酬率，折算為現在價值，再將現在價值的總數，與投資成本相比較。如投資收益現值，大於投資成本時，則**淨現值** (net present value) 為正數，表示投資計劃可以接受；反之，如投資收益的現值，小於投資成本時，則淨現值為負數，表示資本支出計劃應予拒絕；此法純以淨現值為評估資本投資計劃的根據，故又稱為**淨現值法** (net present value method)。

設和平公司購買機器一部，發票價格$90,000，安裝費$20,000，出售原有舊機器的收入為$10,000。預計該項機器可使用 5 年，每年可增加現金流入 $25,000，5 年後該項機器的殘值為$20,000。茲以圖形列示該項機器投資的流轉情形如下：

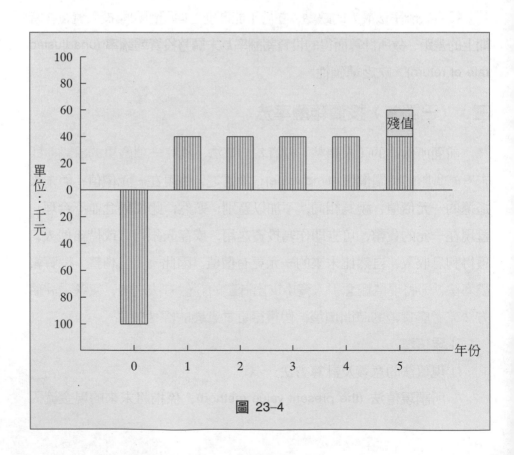

圖 23-4

如預期投資報酬率為 10%，另列示現值法的計算如下：

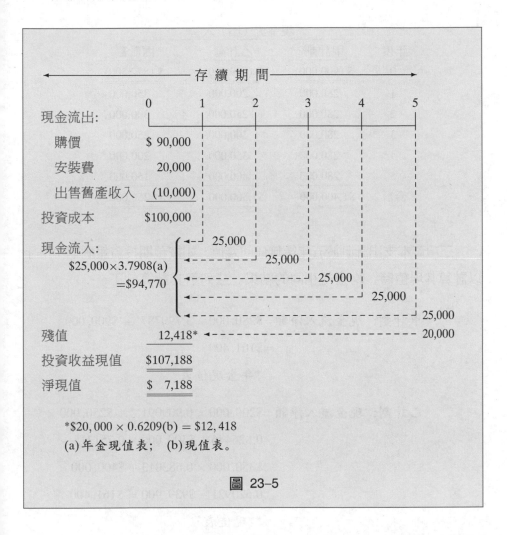

圖 23-5

由上述計算顯示，淨現值$7,188，投資報酬率超過 10%，該項資本支出計劃應予接受。

淨現值大小，係決定於預期投資報酬率的高低及現金流量的大小。茲另設有甲、乙、丙三項投資計劃，期限均為五年，每年的現金流量如下：

表 23-8

	現金流（出）入		
年度	甲計劃	乙計劃	丙計劃
0	$ (900,000)	$ (939,900)	$ (822,300)
1	280,000	200,000	350,000
2	280,000	250,000	300,000
3	280,000	300,000	250,000
4	280,000	350,000	200,000
5	280,000	400,000	150,000
合計	$1,400,000	$1,500,000	$1,250,000

　　三項資本支出計劃於五年後無任何殘值，如按預期投資報酬率 10%予以計算其現值時，均獲得相同的結果。茲列示其計算如下：

甲計劃：現金流入淨額$=\$280,000 \times 3.790787^* - \$900,000$

$=\$161,400$

*年金現值表

乙計劃：現金流入淨額$=\$200,000 \times 0.909091^{**} + \$250,000 \times$

$0.826446 + \$300,000 \times 0.751315 +$

$\$350,000 \times 0.683013 + \$400,000 \times$

$0.620921 - \$939,900 = \$161,400$

**現值表

丙計劃：現金流入淨額$=\$350,000 \times 0.909091 + \$300,000 \times$

$0.826446 + \$250,000 \times 0.751315 +$

$\$200,000 \times 0.683013 + \$150,000 \times$

$0.620921 - \$822,300$

$=\$161,400$

從上列計算，三項資本支出計劃的淨現值均相同，且均為可接受的計劃。惟如進一步計算在不同的預期投資報酬率之下，各資本支出計劃的現值如下：

表 23-9

投資報酬率 (%)	淨現值 (N = 5)		
	甲計劃	乙計劃	丙計劃
0	$500,000	$560,200	$427,700
4	346,500	378,300	308,100
8	218,000	227,300	206,600
10	161,400	161,400	161,400
12	109,400	101,000	119,500
16	16,800	(5,700)	44,400
20	(62,700)	(96,400)	(20,900)

由上表可知，當投資報酬率愈高時，凡早期現金流入量較大的投資計劃，愈為有利，例如丙計劃；而晚期現金流入量較大的投資計劃，愈為不利，例如乙計劃。反之，當投資報酬率愈低時，時間的因素，就顯得不太重要，而現金流入淨額愈大的投資計劃，愈為有利，例如乙計劃。

(2)現值法的優劣點

優點：

(a)現值法已考慮到貨幣的時間價值。

(b)現值法能顧及資本支出計劃的全部存續期間。

劣點：

(a)現值法的採用，必先決定合理的投資報酬率；欲獲得合理的投資報酬率，甚感困難。

(b)如各種資本支出計劃所需要的資金，大小不一，且每一種資本支出計劃均須相互比較時，則採用現值法，反不如**現值指數** (present value index) 或另稱**利益指數** (profitability index) 有用。

現值指數的計算公式如下:

$$現值指數 = \frac{投資收益現值}{投資成本現值}$$

茲以上述和平公司購買機器的資料（參閱圖 23-5）為例，則該項投資計劃的現值指數如下:

$$現值指數 = \frac{\$107,188}{\$100,000}$$

$$= 1.07188$$

(c)如投資計劃的存續期間很長，就企業風險的觀點而言，採用現值法，可能導致錯誤的判斷。蓋存續期間越長，企業風險越大。現值法僅以現值的大小為取捨的依據，而忽略企業風險性的因素。

(d)現值法的計算，較收回期限法與（未調整）投資報酬率法複雜。

2.現金流量折現法

(1)現金流量折現法的意義及計算:

所謂**現金流量折現法** (the discounted cash flow method)：係指將投資計劃的現金流量，按**驗誤法** (trial and error)，計算其折現率（報酬率）。以此項折現率當為資金成本率，俾將資本投資計劃的現金流量，按此項折現率予以折現後的淨現值等於零，故又稱為**現值報酬率法、實際報酬率法**或**內部報酬率法** (internal rate of return，簡稱 IRR)。現金流量折現法，與現值法的理論完全相同，其所不同者，在現值法中，假定折現率為已知數，然而在現金流量折現法中，則將折現率視為未知數，以驗誤法屢經試驗，而求其適宜的折現率，故現金流量折現法，實以現值法為理論基礎，作進一步的分析。茲以上述和平公司的資料為例，列示其計算如下:

表 23-10

年度	現 金 流 （出）入	按12%計算 每元現值	現　金 流量現值	按13%計算 每元現值	現　金 流量現值
0	$(100,000)	1.0000	$(100,000)	1.0000	$(100,000)
1	25,000	0.8929	22,323	0.8850	22,125
2	25,000	0.7972	19,930	0.7831	19,578
3	25,000	0.7118	17,795	0.6931	17,328
4	25,000	0.6355	15,888	0.6133	15,333
5	45,000*	0.5674	25,533	0.5428	24,426
			$　1,469		$　(1,210)

*$25,000 + $20,000 = $45,000

由上述計算可知，實際報酬率大於 12%，小於 13%，可用**插補法** (interpolation) 計算如下：

$$實際報酬率 = 12\% + 1\% \times \frac{\$1,469}{\$2,679^*}$$

$$= 12\% + 0.5\%$$

$$= 12.5\%$$

$$^*\$1,469 + \$1,210 = \$2,679$$

現金流量折現法係以驗誤法屢經試驗，以求得某一折現率；在此一折現率之下，能使預期現金流出的現值與預期現金流入之現值相等。然後比較此一折現率與企業預期投資報酬率的高低；如折現率大於預期投資報酬率時，即可接受，反之，則應予拒絕。

設上述和平公司董事會對於投資報酬率未達 15% 者，不予批准。由上述計算，該項資本支出計劃的投資報酬率僅為 12.5%，未達董事會所要求的標準，應不予批准。

(2)現金流量折現法的優劣點

優點:

(a)已經考慮到貨幣的時間因素。

(b)能顧及資本支出計劃的全部存續期間。

(c)依現金流量折現率高低，區分各項資本支出計劃選用的先後秩序，對投資途徑的選擇，作用極大。

(d)對管理當局而言，現金流量折現率（報酬率）的高低，比現值法所求得的淨現值更有意義。

劣點:

(a)現金流量折現法，係以投資報酬率來計算盈餘之再投資，如遇存續期間較短的資本支出計劃，亦假定能按同一投資報酬率再投資，此種假定不切實際。

(b)現金流量折現率法，須對未來的效益及費用作精確的估計，頗為不易，而且其計算過程也極為繁複。

四、其他評估方法

1.梅比（係 MAPI 之譯音）法

梅比法又稱為 Jerborgh 法，係由**美國機器聯合產品協會 (Machinery and Allied Products Institute)** 在 George Jerborgh 博士主持下的研究小組所提出。此法係以**迫切率 (urgency rating)** 來決定更新設備的適當時機，並評估各投資計劃的優劣。

迫切率的公式如下:

$$\frac{更新後一年內所增加利益}{更新支出}$$

所謂更新支出，係指新資產更新成本減去舊資產處分價值及繼續使用舊資產需增加支出後之淨額。

更新後一年內所增加利益，包括下列各項：

⑴更新後一年內所增加利益，即更新後一年內之成本節省（不包括折舊）及收益增加數。

⑵因更新使舊資產於一年內免除損耗數：即舊資產目前處分價值超出一年後處分價值之數額，以及繼續使用舊資產所需增加支出於一年內應攤數額。

⑶次年所得稅調整數：即更新後一年內因更新使所得稅增加之數額。

⑷更新後一年內新資產消耗數：即新資產**服務價值** (service value)於更新後一年內之減少數。

上列第⑴⑵兩項為加項，第⑶⑷兩項為減項；茲以公式列示如下：

$$更新後一年內增加利益 =（更新後一年內營運利益＋更新使舊$$
$$資產於一年內免除損耗數)-（次年所$$
$$得稅調整數＋更新後一年內新資產消$$
$$耗數）$$

由上項計算公式可知，所謂迫切率，猶如更新後第一年之**稅後報酬率** (after-tax rate of return)，指出目前更新是否有利。此項比率愈大，表示該項資產目前更新之需要愈為迫切。如此項比率小於資金成本率或預期投資報酬率時，則宜另行尋求更佳的投資途徑，不應將資金投入於該項設備的更新。

梅比法適用於次要（數額較小）的短期性資本支出決策；蓋此等投資決策，發生次數多，對於長期性目標常無多大影響，計算宜求簡化，行動貴在迅速，故梅比法最能適應此項要求，被認為是一種簡易的評估方法，頗為美國企業界所接受。

2.每年成本比較法 (comparison of annual costs method)

此法係以每年投資支出的成本，與投資後每年可節省的成本，相互

比較，以資定奪。所謂每年投資支出的成本，係指投資支出每年所增加的平均負擔，此項負擔，亦有稱之為**資本收回率** (capital recovery factor)，視利率及期間而異。當資金成本率為 i，分攤期限為 n 時，資本收回率以 $CR(i, n)$ 表示之，通常可自計算表中查得。

計算投資支出每年平均負擔的公式如下：

$$平均每年投資支出成本 = (C - S) \times CR(i, n) + S \cdot i$$

$$C = 投資支出$$

$$S = 殘值$$

$$i = 利率$$

$$n = 期間$$

$$CR(i, n) = 資本收回率$$

設某公司購買新機器一部，計值$100,000，可使用 5 年，殘值$10,000，資金成本率為年息 10%，每年可節省人工成本$30,000。

$$平均每年投資支出成本 = (\$100,000 - \$10,000) \times CR(0.1, 5)^*$$

$$+ 10,000 \times 10\%$$

$$= \$90,000 \times 0.2638 + \$1,000$$

$$= \$24,742$$

$$^*CR(0.1, 5) = 0.2638(1 \div 3.7908)$$

由上列計算，購買新機器後，每年可節省人工成本$30,000，而每年投資支出平均負擔$24,742，故以購買新機器較為有利。

若企業投資之目的，在於增加新設備，以降低或節省現階段的成本，可採用此法予以評估之，頗為簡捷。

除上述其他評估方法之外，茲將各種方法彙總比較如表 23–11。

表 23–11

各種評估方法之比較

影響計算之因素分欄：投資金額（投資資金、基年投資實值）、投資成本（資金成本、機會成本）、現金流量（非現金流量分析、現金流量分析）、報酬率（現值分析、投資報酬率、合理報酬率）、其他問題（經濟壽年、殘值、折舊方法、所得稅、重投資、通貨膨脹（緊縮）、風險測度）。

評估方法	其他名稱	投資資金	基年投資實值	資金成本	機會成本	非現金流量分析	現金流量分析	現值分析	投資報酬率	合理報酬率	經濟壽年	殘值	折舊方法	所得稅	重投資	通貨膨脹（緊縮）	風險測度	優點	缺點
收回期限法		×					×										×	・計算簡單，容易了解。 ・資金短缺時，可作為選擇儘快收回投資之依據。 ・考慮投資期間所隱含的風險程度，還本期間短，風險小，反之，則長。	・忽略還本期間後之利潤。 ・未考慮貨幣的時間價值。 ・對於投資成本與效益未加分析。
投資報酬率法	未調整報酬率法 會計報酬率法（財務報表法）	×				×			×		×	×	×					・計算簡單，易於了解。 ・可做為資源利用效能與利用強度的指標。	・未顧及貨幣的時間價值。 ・連續性的投資，計算所得的報酬率不適當。
現值法	淨現值法	×	×	×	×		×	×			×	×	×	×	×			・考慮貨幣的時間價值。 ・全部經濟壽年之利益均能顧及。 ・計算較現金流量折現率法簡單。	・合理的報酬率難予確定。 ・現值指數較大之投資方案未必是最佳者。 ・須對未來之效益與費用作精確估計。
現金流量折現法	時間調整報酬率法 現值報酬率法 內部報酬率法	×	×				×	×	×			×	×	×	×			・考慮了貨幣的時間價值。 ・全部經濟壽年之利益均顧及。 ・對投資方案可作優先順序排列，便於比較。	・計算較為困難。 ・須對未來收益及費用作精確估計。

23-6　不同存續期間資本支出計劃的選擇

　　對於不同存續期間的資本支出計劃，由於其存續期間各殊，涉及不同的時間價值，使選擇最佳資本支出計劃的工作，比較困難；茲舉一實例說明如下：

資本支出計劃	甲	乙	丙
投資所需資金	$100,000	$100,000	$100,000
存續期限	10	15	20
每年稅後現金流入	$ 19,930	$ 14,680	$ 20,530

　　假定甲、乙、丙三種資本支出計劃，由於資金不足，不能同時並行，故應加以選擇後決定其先後程序。選擇的方法，不一而足，一般常用者有下列三法：

1.收回期限法：

資本支出計劃	甲	乙	丙
計算	$100,000 \div 19,930$	$100,000 \div 14,680$	$100,000 \div 20,530$
	= 5(年)	= 6.8(年)	=4.9(年)
選擇次序	2	3	1

2.現值指數法：

資本支出計劃	甲	乙	丙
投資所需資金	$100,000.00	$100,000.00	$100,000.00
每年稅後現金流入	19,930.00	14,680.00	20,530.00
按 10% 計算其現值	122,469.85	111,656.08	174,792.42
	(19,930 × 6.145)	(14,680 × 7.606)	(20,530 × 8.514)
現值指數	1.2247	1.1166	1.7479
選擇次序	2	3	1

3.現金流量折現率法:

資本支出計劃	甲	乙	丙
現金流入除投資	$\dfrac{\$100,000}{\$19,930} = 5.018$	$\dfrac{\$100,000}{\$14,680} = 6.811$	$\dfrac{\$100,000}{\$20,530} = 4.870$
存續期限	10	15	20
折現率（報酬率）*	15%	12%	20%
選擇次序	2	3	1

*查年金現值表

　　就上述各種方法顯示，吾人應選擇丙資本支出計劃，蓋三種方法均以丙資本支出計劃最有利，其次為甲資本支出計劃，最後為乙資本支出計劃。

23-7　所得稅對現金流量的影響

　　當一項投資計劃獲得淨利時，必須依法繳納所得稅；因此，所得稅為付現成本，將直接影響現金流量。舉凡各項影響淨利的因素，均與所得稅的大小有關，進而影響現金流量的變動。

　　在評估一項資本支出計劃時，企業管理者所關心的，為稅後的現金流量多寡；現金流量可根據下列公式求得:

$$稅後現金流入量 = 增額現金淨流入量 \times (1 - 稅率)$$

　　上式之增額現金淨流入量，乃現金流入（亦即現金收入）扣除現金流出（亦即現金費用）後的餘額。吾人於此特別提醒讀者注意的，並非所有費用均為現金費用，例如折舊、折耗、及攤銷等；此等非現金費用，並不影響現金流量，故於計算稅後現金流入量時，應予加回。

　　所得稅率高低，係依各企業淨利多寡而有所不同，一般均採累進稅率；因此，企業管理者於規劃各項資本支出預算時，務必謹慎安排，在

合乎稅法規定範圍內，妥善運用各種合理的方法，使各期所支付的所得稅總現值最小，亦即：

$$T = T_0 + \frac{T_1}{(1+K)} + \frac{T_2}{(1+K)^2} + \cdots + \frac{T_n}{(1+K)^n}$$

$$= \sum_{n=0}^{n} \frac{T_n}{(1+K)^n}$$

吾人可考慮下列方法：

1.增額現金淨流入量由大而小

由現值觀念得知，第一年的一元價值，大於第二年的一元價值；因此，吾人如能採用適當的方法，將一項資本支出計劃存續期間的各項現金流量，作成適當的安排，使投資後之增額現金淨流入量，逐年由大而小，則根據現值觀念，使各存續期間現金淨流入量現值總和為最大。

2.使各期所得稅趨於均勻

由於所得稅採用累進稅率的關係，如將各年度的所得稅，妥善加以安排，令其趨於均勻，能使所得稅總額，降低至最少的程度。

依照美國現行公司所得稅率如下：

課稅所得	稅率
(1)$50,000 以下	15%
(2)超過$50,000，惟低於$75,000	25%
(3)超過$75,000	34%
(4)超過$100,000，另增收5%，直至$11,750 為限	—
(5)$335,000 以上，悉數課徵單一稅率	34%

設某公司 19A 年度及 19B 年度的課稅所得合計$200,000；茲列示兩種不同安排之下的所得稅課徵如下：

19A 年度$200,000;　19B年度$–0–	19A 年度$100,000;　19B年度$100,000
19A 年度:	19A 年度:
$ 50,000 × 15% =$ 7,500	$ 50,000 × 15% = $7,500
25,000 × 25% =　6,250	25,000 × 25% =　6,250
125,000 × 34% = 42,500	25,000 × 34% =　8,500
100,000 × 5% =　5,000	$22,250
$61,250	19B 年度:　(計算如上)　22,250
19B 年度:　–0–	所得稅合計　$44,500
所得稅合計　$61,250	

23–8　非現金費用對現金流量的影響

　　非現金費用（例如折舊、折耗、及攤銷等）與其他營業費用不同，蓋非現金費用不須以現金支付；因此，非現金費用不影響現金流量。惟由於各種評估投資效益的方法，有些為非現金流量的分析（如投資報酬率分析），涉及非現金費用與投資利潤之大小；故非現金費用亦足以影響所得稅的多寡，進而連帶影響各項資本支出計劃效益的評估方法。基於上述原因，則不同折舊方法的採用，對投資效益的評估，具有重大的影響。

　　就會計觀點言之，折舊是一種成本的分攤，在損益表上應列為費用，致使淨利減少，勢將減少所得稅的付現成本，進而影響現金流量。因此，對於折舊方法的選擇，應慎重考慮，俾能運用各種不同的折舊方法，以期在合法的範圍內，達成支付各期所得稅的綜合現值最小。

　　吾人以 CF 代表每年現金流量，

$$CF = R - E - (R - E - D) \cdot r - CE$$
$$= (R - E)(I - r) + D \cdot r - CE$$

$R=$每年總收入

$E=$每年總費用（不包括折舊）

$D=$每年折舊

$r=$稅率

$CE=$每年資本支出額

茲舉一例說明之；設某公司 19A 年度之有關資料如下：

銷貨收入	$300,000
費用總額（折舊除外）	160,000
折舊費用	40,000
所得稅率	40%

則現金流量計算如下：

$$CF=\$300,000-\$160,000-(\$300,000-\$160,000-\$40,000)\times40\%$$
$$=\$140,000-\$40,000$$
$$=\$100,000$$

或代入下列公式：

$$CF=（折舊前現金淨收入 - 折舊）(1-稅率) + 折舊$$
$$=(\$140,000-\$40,000)(1-40\%)+\$40,000$$
$$=\$60,000+\$40,000$$
$$=\$100,000$$

由此可知，折舊對現金流量的影響是正的，當某年度之折舊愈大時，則當年度的現金流量也愈大；反之，當某年度的折舊愈小，則該年度的現金流量也愈小。

雖然在整個經濟使用年限內，折舊總是固定的，但吾人如將現值觀念予以引入時，則折舊對現金流量的影響，將因各年折舊額的不同而發

生變動。倘若前期提存較多的折舊數額，使淨利減少，因而減少所得稅
的現金費用，使早期的現金流量增加，由於其現值較大，對於現金流量
的貢獻也較大。因此，吾人應運用不同的折舊方法，以達成折舊對現金
流量現值貢獻最大的目標。

每元年金現值表

Years (N)	1%	2%	4%	6%	8%	10%	12%	14%	15%	16%	18%	20%	22%	24%	25%	26%	28%	30%	35%	40%
1	0.990	0.980	0.962	0.943	0.926	0.909	0.893	0.877	0.870	0.862	0.847	0.833	0.820	0.860	0.800	0.794	0.781	0.769	0.741	0.714
2	1.970	1.942	1.886	1.833	1.783	1.736	1.690	1.647	1.626	1.605	1.566	1.528	1.492	1.457	1.440	1.424	1.392	1.361	1.289	1.224
3	2.941	2.884	2.775	2.673	2.577	2.487	2.402	2.322	2.283	2.246	2.174	2.106	2.042	1.981	1.952	1.923	1.868	1.816	1.696	1.589
4	3.902	3.808	3.630	3.465	3.312	3.170	3.037	2.914	2.855	2.798	2.690	2.589	2.494	2.404	2.362	2.320	2.241	2.166	1.997	1.849
5	4.853	4.713	4.452	4.212	3.993	3.791	3.605	3.433	3.352	3.274	3.127	2.991	2.864	2.745	2.689	2.635	2.532	2.436	2.220	2.035
6	5.795	5.601	5.242	4.917	4.623	4.355	4.111	3.889	3.784	3.685	3.498	3.326	3.167	3.020	2.951	2.885	2.759	2.643	2.385	2.168
7	6.728	6.472	6.002	5.582	5.206	4.868	4.564	4.288	4.160	4.039	3.812	3.605	3.416	3.242	3.161	3.083	2.937	2.802	2.508	2.263
8	7.652	7.325	6.733	6.210	5.747	5.335	4.968	4.639	4.487	4.344	4.078	3.837	3.619	3.421	3.329	3.241	3.076	2.925	2.598	2.331
9	8.566	8.162	7.435	6.802	6.247	5.759	5.328	4.946	4.772	4.607	4.303	4.031	3.786	3.566	3.463	3.366	3.184	3.019	2.665	2.379
10	9.471	8.983	8.111	7.360	6.710	6.145	5.650	5.216	5.019	4.833	4.494	4.192	3.923	3.682	3.571	3.465	3.269	3.092	2.715	2.414
11	10.368	9.787	8.760	7.887	7.139	6.495	5.937	5.453	5.234	5.029	4.656	4.327	4.035	3.776	3.656	3.544	3.335	3.147	2.757	2.438
12	11.255	10.575	9.385	8.384	7.536	6.814	6.194	5.660	5.421	5.197	4.793	4.439	4.127	3.851	3.725	3.606	3.387	3.190	2.779	2.456
13	12.134	11.343	9.986	8.853	7.904	7.103	6.424	5.842	5.583	5.342	4.910	4.533	4.203	3.912	3.780	3.656	3.427	3.223	2.799	2.468
14	13.004	12.106	10.563	9.295	8.244	7.367	6.628	6.002	5.724	5.468	5.008	4.611	4.265	3.962	3.824	3.695	3.459	3.249	2.814	2.477
15	13.865	12.849	11.118	9.712	8.559	7.606	6.811	6.142	5.847	5.575	5.092	4.675	4.315	4.001	3.859	3.726	3.483	3.268	2.825	2.484
16	14.718	13.578	11.652	10.106	8.851	7.824	6.947	6.265	5.954	5.669	5.162	4.730	4.357	4.033	3.887	3.751	3.503	3.283	2.834	2.489
17	15.562	14.292	12.166	10.477	9.122	8.022	7.120	6.373	6.047	5.749	5.222	4.775	4.391	4.059	3.910	3.771	3.518	3.295	2.840	2.492
18	16.398	14.992	12.659	10.828	9.372	8.201	7.250	6.467	6.128	5.818	5.273	4.812	4.419	4.080	3.928	3.786	3.529	3.304	2.844	2.494
19	17.226	15.678	13.134	11.158	9.604	8.365	7.366	6.550	6.198	5.877	5.316	4.844	4.442	4.097	3.942	3.799	3.539	3.311	2.848	2.496
20	18.046	16.351	13.590	11.470	9.818	8.514	7.469	6.623	6.259	5.929	5.353	4.870	4.460	4.110	3.954	3.803	3.546	3.316	2.850	2.497
21	18.857	17.011	14.029	11.764	10.017	8.649	7.562	6.687	6.312	5.973	5.384	4.891	4.476	4.121	3.963	3.816	3.551	3.320	2.852	2.498
22	19.660	17.658	14.451	12.042	10.201	8.772	7.645	6.743	6.359	6.011	5.410	4.909	4.488	4.130	3.970	3.822	3.556	3.323	2.853	2.498
23	20.456	18.292	14.857	12.303	10.371	8.883	7.718	6.792	6.399	6.044	5.432	4.925	4.499	4.137	3.976	3.827	3.559	3.325	2.854	2.499
24	21.243	18.914	15.274	12.550	10.529	8.985	7.784	6.835	6.434	6.073	5.451	4.937	4.507	4.147	3.981	3.831	3.562	3.327	2.855	2.499
25	22.023	19.523	15.622	12.783	10.675	9.077	7.843	6.873	6.464	6.097	5.467	4.948	4.514	4.147	3.985	3.834	3.564	3.329	2.856	2.499
26	22.795	20.121	15.983	13.003	10.810	9.161	7.896	6.906	6.491	6.118	5.480	4.956	4.520	4.151	3.988	3.837	3.566	3.330	2.856	2.500
27	23.560	20.707	16.330	13.211	10.935	9.237	7.943	6.935	6.514	6.136	5.492	4.964	4.524	4.154	3.990	3.839	3.567	3.331	2.856	2.500
28	24.316	21.281	16.663	13.406	11.051	9.307	7.984	6.961	6.534	6.152	5.502	4.970	4.528	4.157	3.992	3.840	3.568	3.331	2.857	2.500
29	25.066	21.844	16.984	13.591	11.159	9.370	8.022	6.983	6.551	6.166	5.510	4.975	4.531	4.159	3.994	3.841	3.569	3.332	2.857	2.500
30	25.808	22.396	17.292	13.765	11.258	9.427	8.055	7.003	6.566	6.177	5.517	4.979	4.534	4.160	3.995	3.842	3.569	3.332	2.857	2.500
40	32.835	27.355	19.793	15.046	11.925	9.779	8.244	7.105	6.642	6.234	5.548	4.997	4.544	4.166	3.999	3.846	3.571	3.332	2.857	2.500
50	39.196	31.424	21.482	15.762	12.234	9.915	8.304	7.133	6.661	6.246	5.554	4.999	4.545	4.167	4.000	3.846	3.571	3.333	2.857	2.500

本章摘要

　　資本支出的分析與規劃，為企業管理者所面臨的一項最重要也是最困難的問題；蓋一項資本支出計劃，所牽涉的層面極廣，時間往往長達五年至十年之久，且資金動輒百萬千萬，對整個企業具有深遠的影響。又一項資本支出計劃，必須預測未來各期間的現金流量及各項可能影響投資計劃的因素，由於未來渺不可測，實為一項極感困難的問題。因此，必須事先經過審慎的分析與評估後，才能做成最佳的抉擇。

　　一項資本支出計劃應否被接受，或予拒絕，其基本決定原則在於投資收益必須大於投資成本；投資收益大小，以投資報酬率表示之；投資成本高低，則以資金成本率表達之。

　　評估投資計劃的方法有三：(1)收回期限法；(2)投資報酬率法；(3)其他方法。投資報酬率法又分為未調整及已調整投資報酬率法；蓋貨幣具有時間價值，現在的一元價值，顯然比未來的一元價值為大；（未調整）投資報酬率法忽略此一事實，故成為不合理的評估方法，（已調整）投資報酬率法；包括現值法、現金流量折現法、及現值指數等，將現值觀念引入各種評估方法之內，使其評估效果更具有實質的意義。

　　一項重大的資本投資計劃，所牽涉的因素，錯綜複雜，舉凡各項由資本支出所引發的各項問題，諸如不同存續期間的選擇、所得稅及折舊方法對現金流量的影響等，均應逐一審慎考慮之。

本章編排流程

資本支出預算
- 資本支出預算概述
  - 資本支出預算的意義
  - 資本支出預算的決定原則
  - 資本支出預算的功用
  - 資本支出預算對企業的影響
- 資本支出預算的編製
  - 辨認階段　評估階段
  - 探討階段　融資階段
  - 審查階段　實施階段
- 投資報酬率及其決定因素
  - 投資報酬率的意義
  - 投資報酬率的決定因素
    - 現金流入量或成本節省
    - 資本支出計劃的存續期間
    - 投　資　成　本
    - 投　資　成　本　殘　值
- 資金成本率及其構成因素
  - 資金成本率的意義
  - 資金成本率的構成因素
    - 債　務　資　金　成　本
    - 特別股權益資金成本
    - 普通股權益資金成本
  - 加權平均資金成本
- 資本支出計劃的評估方法
  - 收回期限法
    - 未折現收回期限法
    - 折現收回期限法
  - 投資報酬率法
    - (未調整)投資報酬率法
    - (已調整)投資報酬率法
      - 現值法
      - 現金流量折現法
      - 現值指數
  - 其他方法
    - 梅比法
    - 每年成本比較法
- 不同存續期間資本支出計劃的選擇
- 所得稅對現金流量的影響
- 非現金費用對現金流量的影響
- 本章摘要

習　題

一、問答題

1. 試述資本支出預算的意義。

2. 資本支出預算的決定原則為何？

3. 資本支出預算具有何種功用？

4. 資本支出預算對企業具有何種影響？

5. 試述資本支出預算編製的六個階段。

6. 何謂投資報酬率？投資報酬率的決定因素有那些？

7. 試述資金成本率的意義及其構成因素。

8. 何謂收回期限法？此法如何應用於評估資本支出計劃？

9. 投資報酬率法何以一般又稱為未調整投資報酬率法？

10. 現值法何以又稱為淨現值法？

11. 現值法與現值指數有何區別？

12. 現值法具有那些特性？又現值法的優劣點為何？

13. 現金流量折現法何以又稱為內部報酬率法或現值報酬率法？

14. 不同存續期間的資本支出計劃應如何選擇？

15. 所得稅對現金流量有何影響？

16. 企業如何減少所得稅對現金流量的影響？

17. 折舊對現金流量的影響為何？何以現值觀念在此扮演重要角色？

二、選擇題

23.1　A 公司於 20+1 年 1 月 5 日，購入機器一部，成本$20,000，預計可
　　　使用 11 年，殘值$800。 20+2 年 1 月 5 日，該公司得知另一種新

型機器的成本$32,000，與舊機器比較，每年可多節省成本$1,000，預計可使用 10 年，無殘值；購入新機器時，舊機器可出售得款 $12,000。

假定不考慮所得稅因素，下列那一項能表示購入新機器的最佳抉擇？

(a)（10 年期間每年$1,000 現值之和）+ $12,000 – $32,000

(b)（10 年期間每年$1,000 現值之和）+ $32,000

(c)（10 年期間每年$1,000 現值之和）+ $12,000 – $32,000 – $20,000

(d)（10 年期間每年$1,000 現值之和）+ $12,000 – $32,000 – $19,000

下列資料用於解答第 23.2 題及第 23.3 題的根據：

D 公司擬購入機器成本$100,000，預計可使用 10 年，無殘值，每年可增加銷貨收入$30,000，惟每年付現成本$8,000；折舊按平均法計算；所得稅率 20%。

23.2 D 公司如採用收回期限法，以評估購入機器的收回期限，則正確的答案是下列那一項？

(a) 5 年。

(b) 5.1 年。

(c) 6 年。

(d) 6.1 年。

23.3 D 公司如採用投資報酬率法，以評估購入機器的報酬率高低，並按原投資額計算，請問其報酬率應為：

(a) 8%

(b) 8.6%

(c) 9%

(d) 9.6%

23.4 G 公司擬購入機器一部的成本$900,000，預計可使用 5 年，無殘

值，折舊按平均法計算；購入機器後，每年可節省成本$300,000；
所得稅 50%。

假定 G 公司按現金流量折現法評估，其折現率應為若干？

(a) 10.40%

(b) 10.41%

(c) 10.42%

(d) 10.43%

23.5 H 公司擬投資$630,000 購置設備，預計可使用 4 年，殘值$30,000；
折舊按年數合計反比法計算；所得稅率 40%。每年扣除折舊後的
稅前淨利如下：

第一年	$325,000
第二年	280,000
第三年	220,000
第四年	140,000

假定 H 公司按 15% 折現，並採用現值指數評估上項資本支出計
劃，則現值指數應為若干？

(a) 1.0000

(b) 1.0028

(c) 1.0029

(d) 1.0031

23.6 K 公司擬購入一項新機器的成本$30,000，預期收回期限為 5 年；
新機器預計於購入後的前 3 年內，每年增加現金收入$7,000，第 4
年現金收入$5,500。折舊按平均法分 6 年提列，每年計提$5,000。
收回年限的最後一年，新機器從營業收入獲得的現金收入應為若
干？

(a)$1,000

(b)$3,500

(c)$5,000

(d)$8,000

23.7 F 公司擬購入一部新機器，預計使用 10 年，無殘值，折舊按平均法提列；新機器於 10 年期間，每年可增加現金收入$66,000；投資報酬率預期為 12%。請問新機器的成本應為若干？

(a)$300,000

(b)$550,000

(c)$660,000

(d)$792,000

23.8 R 公司投資於一項二年期之資本支出計劃，其內部報酬率為10%；10% 的第一年現值為 0.909，第二年現值為0.826；投資計劃的第一年現金收入為$40,000，第二年為$50,000。請問此項原投資計劃成本應為若干？

(a)$74,340

(b)$77,660

(c)$81,810

(d)$90,000

三、計算題

23.1 金鐘公司擬投資於甲、乙、丙三個計劃；每一投資計劃之成本、每年現金流入量及投資存續期間，列示如下：

	成本	每年現金流入量	投資存續期間
甲計劃	$100,000	$20,000	7年
乙計劃	40,000	10,000	6年
丙計劃	80,000	15,000	10年

試求各項投資計劃之下列各點:

(a)收回期限。

(b)按平均投資額計算每年平均投資報酬率, 假定所得稅率為 30%。

(c)以 10% 為計算根據之投資計劃現值。

(d)以 10% 為計算根據之投資計劃現值指數。

23.2 金鼎公司擬以舊機器交換新機器, 新機器計值$10,000, 估計可使用 5 年, 無殘值。舊機器之帳面價值為$2,000, 亦無殘值。取得該項新機器後, 每年折舊前之現金流入為$4,000。假定所得稅率為 40%; 又該公司擬獲得稅後 15% 之投資報酬率。

試求: 設該公司採用直線法攤提折舊, 試為該公司計算該項新機器每年稅後之現金流入現值。

23.3 金門公司生產單一產品, 19A 年底之損益表列示如下:

金門公司
損益表
19A 年度

銷貨收入		$1,000,000
減: 銷貨成本:		
固定成本	$200,000	
變動成本	600,000	800,000
銷貨毛利		$ 200,000
減: 營業費用		
固定費用	$ 20,000	
變動費用	100,000	120,000
稅前淨利		$ 80,000
所得稅: 60%		48,000
淨　利		$ 32,000

該公司鑒於變動成本過高，擬購買新生產設備$100,000，以節省人工成本，估計每年可節省各項人工付現成本$30,000。新生產設備的使用年限 10 年，無殘值，折舊按平均法計算。

試計算下列各項：

　(a)收回期限。

　(b)按原投資額計算每年平均投資報酬率。

　(c)按平均投資額計算每年平均投資報酬率。

　(d)按 12% 投資報酬率計算現金流量淨現值。

　(e)現值指數。

　(f)現金流量折現率。

23.4　金城公司 19A 年初，有關資本支出四項計劃之資料如下：

	投資額	每年稅後現金流入淨額	存續期限
甲計劃	$ 345,925	$ 62,500	8
乙計劃	904,480	147,200	10
丙計劃	1,201,100	185,000	12
丁計劃	330,330	48,500	15

如按下列各項假定，試問何項計劃應予接受？

　(a)依收回期限長短決定投資先後，且收回期限不得高於6.5 年。

　(b)依現金流量折現率法，決定投資報酬率之高低及其先後，又投資報酬率不得低於 10%。

23.5　金鼎製造公司擬裝設自動潤滑油加油系統，共需零件及人工成本$25,000；又工程設計費為$5,000，以代替目前採用人工的方法上油，每年人工成本計$15,000。自動裝置系統估計可使用 5 年，每年修理費將逐漸增加，到期時無任何殘值。

該公司採用加速折舊法計算每年之折舊及營業費用如下：

年別	折舊費用	營業費用
1	$12,000	$ 2,800
2	7,200	4,150
3	4,300	6,050
4	2,600	8,150
5	1,500	10,000

工資率預計在第 2 年初起，將比現在工資率增加 5%；又第 5 年初之工資率將比現在之工資率增加 10%。

設所得稅率為 50%；該公司預期投資報酬率最低不得少於 10%。

試求：

　(a)按照預期投資報酬率 10% 計算其投資淨現值。

　(b)現值指數。

（高考試題）

23.6　金山公司係提供電子計算機方面的服務，擬購買一部電子計算機的成本為$230,000；新計算機每年之維護、稅捐及保險費為$20,000。電子計算機若向外租用時，則每年除租金固定為$85,000外，另需按每年服務收入加計 5% 之變動費用，此項費用包括維護費、稅捐及保險費在內。

由於市場競爭激烈，該公司認為在第三年底時，另須重置一部大型的電子計算機。

該公司估計在第三年底時，新電子計算機再予出售的價格為$110,000。

所得稅申報與財務報告之折舊，皆採用直線法提列；所得稅率為50%。

新電子計算機每年之服務收入，估計如下：第一年為$220,000，第二及第三年皆為$260,000。

新電子計算機的每年營運費用，除上列各項費用外，尚需$80,000；

另在第一年將發生試驗費用$10,000，且將其列為當年度的費用。無論電子計算機係購置抑或租賃，此項費用皆會發生。

該公司若決定購買新電子計算機，需支付現金，且認定稅後報酬率除非達到 16%，否則不予購置。

試作：

　(a)編表比較新電子計算機購置計劃與租賃計劃之每年稅後淨利。

　(b)計算購置計劃與租賃計劃之每年現金流入量。

　(c)編表比較購置計劃與租賃計劃依 16% 計算的現金流入現值總額。

　(d)台端認為該公司對於新電子計算機應予購置，或採用租賃方式？

　(e)台端認為此項投資的預期稅後報酬率 16%，是否過高？

（美國會計師考試試題）

第廿四章　非製造成本分析

前　言

前面各章，吾人把成本會計的討論重心，放在生產過程中所發生的製造成本的記錄、蒐輯、分析、及控制上，對於非製造成本，僅附帶加以說明而已。然而，由於人類物質文明一日千里，科技昌明，產品推新出奇，市場競爭劇烈，使企業規模擴大，採用大量生產或多元化經營結果，導致非製造成本的數額，水漲船高，其重要性往往不亞於製造成本；因此，非製造成本乃逐漸受到企業界人士的關注。茲將非製造成本受到企業管理者及會計人員重視的問題，歸納為兩點：第一，非製造成本往往抵減銷貨毛利的一大部份，在若干情況下，非製造成本所佔銷貨收入的比例，遠超過製造成本之上，對於營業淨利多寡，具有決定性的影響。第二，會計人員對於非製造成本的研究與分析，為時較晚，有待吾人探討及改進的地方很多，成本控制的可行性甚高，成本抑減的幅度也極大。

吾人將於本章內，分別探討非製造成本的各種分析方法，進而有效控制此等成本；本章之內容，將致力於對非製造成本各項計量資料的蒐輯與分析，俾於考量非製造成本因素後，可顯示各部門或各項產品獲益能力大小，以提供企業管理者有用的參考資料。

24-1 非製造成本概述

一、非製造成本的分類

非製造成本 (non-manufacturing costs) 泛指製造成本以外的各種營業成本之統稱，一般又稱為**營業費用** (operating expenses)。

非製造成本一般均按功能性分類，比較重要者，約有下列三大類：

(1)銷售成本

(2)管理成本

(3)研究及發展成本

茲將上述三種非製造成本的詳細內容，臚列如圖 24-1。

二、非製造成本的特性

一般會計學者偏重製造成本的研究，而往往忽視非製造成本，實有其內在的原因，此項原因實與非製造成本的特性有關；茲說明如下：

1.非製造成本與產品之間，無絕對的因果或比例關係；製造成本與產品之間，其關係極為密切，例如直接原料及直接人工成本，可以直接計入產品成本，姑且不談，即使是製造費用，其與產品之間，一脈相承，因果關係至為明顯。至於非製造成本，其與產品之間，並無絕對的因果關係；縱然有因果關係存在，亦未必存有比例關係。此中原因，實由於企業經營中的各種因素錯綜複雜，不易捉摸；加以市場情況變化多端，非製造成本之支出，未必能獲得相對的效果。

2.各項非製造成本，大部份均屬於期間成本，在會計上如不予詳細區分，對當期淨利，並無重大影響。在全部成本法之下，製造成本應攤入產品成本之內，期末時再轉入銷貨成本及期末存貨，據以編製準確的

財務報表；至於非製造成本，係屬期間成本，與銷貨成本及存貨成本無關，倘未予詳細劃分，對當期淨利也不發生重大影響。

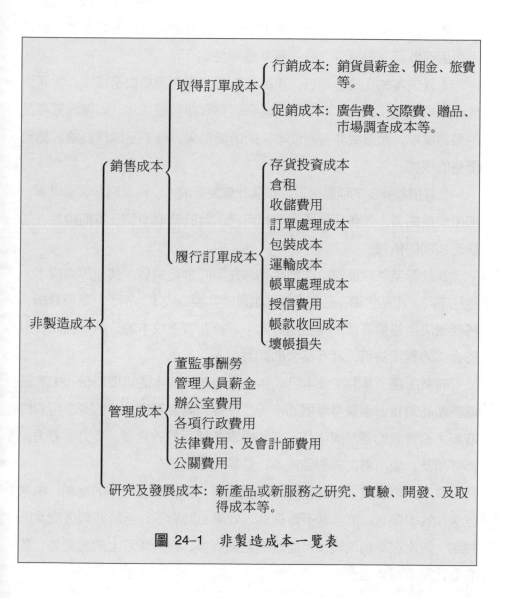

非製造成本
　　銷售成本
　　　　取得訂單成本
　　　　　　行銷成本：銷貨員薪金、佣金、旅費等。
　　　　　　促銷成本：廣告費、交際費、贈品、市場調查成本等。
　　　　履行訂單成本
　　　　　　存貨投資成本
　　　　　　倉租
　　　　　　收儲費用
　　　　　　訂單處理成本
　　　　　　包裝成本
　　　　　　運輸成本
　　　　　　帳單處理成本
　　　　　　授信費用
　　　　　　帳款收回成本
　　　　　　壞帳損失
　　管理成本
　　　　董監事酬勞
　　　　管理人員薪金
　　　　辦公室費用
　　　　各項行政費用
　　　　法律費用、及會計師費用
　　　　公關費用
　　研究及發展成本：新產品或新服務之研究、實驗、開發、及取得成本等。

圖 24-1　非製造成本一覽表

三、非製造成本的重要性

對於非製造成本的分析，雖未獲得一般會計人員應有之注意，但却不可因而貶低其重要性。兹列舉其重要性如下：

1.就成本的正確性而言，產品的製造，固然需要製造成本；然而對於產品的開發、銷售、及管理，也必須要有非製造成本。如僅計算產品的製造成本，而忽視非製造成本，則所得結果，自不足以作為釐訂銷售價格的根據。

2.就損益控制的觀點而言，如僅計算製造成本，而忽略非製造成本，則所能控制者，僅僅及於銷貨毛利而已，對於營業淨利及本期純益，則缺乏控制的依據。

3.就營業決策而言，同類產品，在不同地區銷售，其非製造成本，往往不同，產品售價，必有高低，如對於非製造成本，不予計算與分析，將無法決定售價高低及獲益能力大小。故非製造成本的分析與控制，對於企業的營業決策，具有莫大的助益。

時勢所趨，非製造成本已成為企業製銷總成本的重要部份，尤其是處於產品銷貨市場競爭激烈的今天，企業為開發新產品，推廣市場或博取廣大消費者的喜愛與信任，必須尋求各種可能的途徑，多方面努力；影響所及，使所需之非製造成本，必甚可觀。

其次，再就成本會計發展的過程而言，對於製造成本的控制，由來已久，效率顯著，欲求其不斷抑低，效果必將有限；至於非製造成本的控制，則尚在草創階段，可能改進之處尚多，對於管理上的重要性，將有取代製造成本之勢。

24–2 非製造成本與製造成本的比較

欲有效控制各項非製造成本，必須比較並分辨非製造成本與製造成本的異同。

一、非製造成本與製造成本相同之處

1.非製造成本也如同製造成本一樣，分成固定及變動的因素。惟就所佔比例而言，非製造成本的絕大部份，均屬固定成本的性質；至於變動成本的項目，則為數有限，此與製造成本中變動成本佔多數的情形，適為相反。蓋大部份的非製造成本，均為既定成本或計劃成本，往往為配合銷售及管理上的需要而發生，與產銷數量之間沒有絕對的關聯性，故大部份屬於固定成本的性質。

2.非製造成本亦如同製造成本一樣，可分為直接成本及間接成本。直接非製造成本，乃各項可辨認而直接歸屬於某特定部門、地區、產品、或顧客等因素；至於間接非製造成本，係屬共同成本的性質，必須予以分析後，按適當的分攤方法，轉攤入各該發生的特定因素。

二、非製造成本與製造成本不同之處

1.製造成本的分析與控制，在本質上比較單純；蓋製造成本與產品之間，關係密切，例如直接原料、直接人工、及若干製造費用，可直接計入產品，其他各項製造費用，亦可按各種方法攤入產品，故在成本分析與控制上，比較簡單。

至於非製造成本的分析與控制，顯然比較複雜。蓋非製造成本與產品之間，並無絕對的因果或比例關係。企業管理人員，能準確控制產品的製造成本，却不能明確指出顧客的意向與反應程度，自不能對非製造

成本作成有效的控制。

　　2.製造成本係屬產品成本，必須應用各種方法，將製造成本精確地攤入產品成本之內，使期末存貨與銷貨成本，獲得正確的表示，財務報表才能適當地表達應有的財務狀況及營業成果。反觀非製造成本係屬期間成本；因此，在會計領域中，著重非製造成本的分析與控制之程度，遠超過對非製造成本的分攤。

24–3　銷售成本的分攤方法——全部成本法

　　銷售成本又稱**推銷成本**(marketing costs) 或**配銷成本** (distribution costs)，係指產品在銷售過程中所發生的一切必要之支出。

　　銷售成本的分析，有下列二種方式: (1)全部成本法; (2)貢獻法。本節先討論全部成本法，下節再說明貢獻法。

一、全部成本法的意義

　　全部成本法 (the full cost approach) 係基於下列前提條件，認為營業的每一部份（例如每一部門、產品、訂單、或銷售地區等），均應公平分擔總成本的一部份，此項總成本包括直接成本及間接成本在內。

　　至於如何才能達到公平分擔總成本的一部份呢? 首先要解決二個問題: 其一，何種銷售成本可合理予以分攤? 此即銷售成本分攤的原則問題; 其二，應按何種基礎分攤? 此即銷售成本分攤的基礎問題; 茲分別說明於次。

二、全部成本法的分攤原則

　　一般言之，銷售成本的分攤，應按照下列三項原則辦理:

　　(1)直接銷售成本，應直接歸屬於各特定部門。

　　(2)間接銷售成本，須先按產品種類、訂單大小、銷貨員或銷售地區

等，加以分攤，再轉攤入各特定部門。

(3)凡無法獲得可靠的分攤基礎時，寧可不予分攤；蓋用權宜方法，
勉強分攤，不免過於武斷，將導致錯誤的判斷。

銷售成本的分析工作，對其歸屬或分攤，具有決定性的影響；如分
析方法愈嚴密，分析範圍愈廣泛，則直接銷售成本愈少，間接銷售成本
愈多。例如按銷貨員分析，則推銷員薪金、佣金及旅費等，均屬直接銷
售成本；如按產品或顧客分析時，推銷員佣金屬於直接銷售成本，至於
薪金及旅費，則屬於間接銷售成本。廣告費的分攤，如按特定的區域分
析，則歸屬各該地區的直接銷售成本；如作全國性廣告，則歸屬於產品
的直接銷售成本；如為建立企業的商譽所支付的廣告費，無論採用何種
分析方法，均屬於間接銷售成本。

三、全部成本法的分攤基礎

分攤銷售成本的基礎很多，一般常用者，有按產品別或按顧客別之
不同基礎。茲列表如下：

表 24-1　分攤銷售成本的基礎

銷售成本	攤入產品的基礎	攤入顧客的基礎
存貨投資費用	平均存貨價值。	不攤。
倉租	佔地面積；或按特殊情形調整。	不攤。
存貨記錄成本	發票行數；訂單次數；過帳次數。	不攤。
包裝及裝運成本	標準裝運數量。	標準裝運數量。
運輸成本	標準裝運數量。	直接歸屬；按運送地區加權調整；標準裝運數量。
收儲費用	標準收儲數量；時間研究。	發票行數；訂單次數；標準收儲數量。
促銷成本	直接歸屬；分析促銷計劃。	分析促銷計劃。
行銷成本	分析行銷活動；時間研究。	銷售工作；時間研究；銷售訪問次數。
訂單處理成本	發票行數；訂單次數。	發票行數；訂單次數。

帳單處理成本	發票行數；訂單次數。	發票行數；訂單次數。
授信費用	不攤。	顧客人數；訂單次數；平均應收帳款金額。
帳款記錄成本	不攤。	過帳次數；發票張數；顧客人數。

上表應予說明者，計有下列二點：

⑴凡銷售成本與產品有關，而與顧客無關者，僅攤入產品而不攤入顧客，例如存貨投資費用、倉租、及存貨記錄成本等。

⑵凡銷售成本僅與顧客有關，而與產品無關者，僅攤入顧客而不攤入產品，例如授信費用及帳款記錄成本等。

四、全部成本法分攤釋例

茲分別依產品、訂單大小（顧客）及銷貨員等三項分析，舉例說明如下：

1.按產品別分析 (product analysis)

大多數的企業，均經營二種以上的產品，每一種產品的獲利能力，往往不同。為觀察個別產品的獲利能力，以便衡量個別利量率，必須依產品別予以分析。

設民生公司經營甲、乙兩種產品，每年銷售成本如下：

存貨保險及稅捐	$　780
倉庫費用：	
倉租	1,400
管理員薪金	10,800
推銷員薪金：	
佣金	6,500
薪金	15,000
訂單處理成本	4,500
廣告費：	
甲產品	500
乙產品	800
一般性廣告費	520

其他有關資料如下：

(1)

	甲產品	乙產品
每年銷貨量（單位）	10,000	8,000
每單位售價	$ 5.00	$ 10.00
每單位成本	3.00	6.00
平均存貨量	1,000	800
訂單次數	2,500	2,000

(2)甲產品儲存於倉庫之佔地面積，為乙產品的 2 倍。雇用倉庫管理員 2 名，每人每年薪金均為$5,400，任何一種產品取消時，均可解雇管理員一人，保管甲、乙兩種產品的難易程度均相同。

(3)除固定薪金外，推銷員尚可獲得銷貨佣金5%（按銷貨收入計算）。推銷兩種產品所需之努力程度，完全相同。

(4)存貨保險及稅捐，依平均存貨價值分攤。

(5)訂單的填製及帳單處理，由一人專掌其職，每年薪金$4,500。

茲根據上列資料，並依產品別分析如下：

（甲）直接銷售成本──直接歸屬

表 24-2　直接銷售成本分攤表

費 用 類 別	甲產品	乙產品	合 計
行銷成本（銷貨佣金）*	$2,500	$4,000	$6,500
促銷成本（廣告費）	500	800	1,300
	$3,000	$4,800	$7,800

*$5 \times 10,000 \times 5\% = $2,500$

$10 \times 8,000 \times 5\% = $4,000$

（乙）間接銷售成本——分攤方法

表 24-3　間接銷售成本分攤表

費用類別	分攤基礎	甲產品	乙產品	合 計	甲產品	乙產品	合 計
存貨投資成本（保險及稅捐）*	平均存貨價值	$ 3,000	$ 4,800	$ 7,800	$ 300	$ 480	$ 780
產品儲存費用（倉租）**	佔地面積	2,000	800	2,800	1,000	400	1,400
存貨記錄費用（倉庫管理員薪金）	訂單次數	2,500	2,000	4,500	6,000	4,800	10,800
訂單處理成本	訂單次數	2,500	2,000	4,500	2,500	2,000	4,500
行銷成本（推銷員薪金）	時間研究	50%	50%	100%	7,500	7,500	15,000
促銷成本（一般廣告費）	分析銷貨收入	$50,000	$ 80,000	$130,000	$ 200	320	520
間接銷售成本分攤合計數					$17,500	$15,500	$33,000

*甲產品：$3 × 1,000 = $3,000　　$780 × $\dfrac{3,000}{7,800}$ = $ 300

　乙產品：$6 × 800 = 4,800　　$780 × $\dfrac{4,800}{7,800}$ = $ 480

　　　　　　　　　　$7,800　　　　　　　　　　$ 780

**甲產品：1,000 × 2 = 2,000　　$1,400 × $\dfrac{2,000}{2,800}$ = $1,000

　乙產品：800 × 1 = 800　　$1,400 × $\dfrac{800}{2,800}$ = 400

　　　　　　　　　　2,800　　　　　　　　　　$1,400

（丙）產品別利益分析表

表 24-4

民生公司
產品別利益分析表
（全部成本法）

	甲產品	乙產品	合　計
銷貨收入	$ 50,000	$80,000	$130,000
減: 銷貨成本	30,000	48,000	78,000
銷貨毛利	$ 20,000	$32,000	$ 52,000
減: 直接銷售成本:			
銷貨佣金	$ 2,500	$ 4,000	$ 6,500
廣告費	500	800	1,300
	$ 3,000	$ 4,800	$ 7,800
銷貨毛利減直接銷售成本	$ 17,000	$27,200	$ 44,200
減: 間接銷售成本（表 24–3）	17,500	15,500	33,000
淨利（損）	$　(500)	$11,700	$ 11,200

2.按訂單大小分析 (analysis by order size)

　　一般言之，凡訂單愈大者，獲利愈多，應分擔較多的銷售費用；反之，凡訂單愈小者，獲利愈少，應分擔較少的銷售費用。為便於分析利潤大小，必須按訂單大小分析，藉以確定每一訂單的盈虧情形。

　　茲設民本麵粉公司，為推廣食用麵製品，運用卡車裝運麵粉，行駛一定的路線。卡車駕駛員負有運送及推銷麵粉的雙重任務。該公司另雇用推銷訪問員二人，經常訪問各麵粉製品店、負責推銷的工作。此外，又雇用顧客服務員數人，有計劃地到各麵粉製品店服務，指導其改進麵製品製作的新方法。已知各項費用如下:

司機薪資及運輸成本	$100,000
推銷訪問員薪資	120,000
服務顧客費用	80,000
合計	$300,000

有關銷貨報告、運送時間、推銷員訪問次數、及顧客服務員服務時間等項資料如下：

每一訂單銷貨量（公斤）	麵粉製品店數量	銷貨量（公斤）	運送時間（分鐘）	推銷員訪問次數	服務時間（天數）
1–199	400	40,000	300,000	400	200
200–499	200	60,000	120,000	300	150
500–999	100	60,000	100,000	200	150
1,000–1,499	80	90,000	100,000	150	100
1,500–1,999	70	120,000	50,000	200	100
2,000–2,999	50	130,000	70,000	200	100
3,000–3,999	40	140,000	70,000	220	80
4,000–4,999	30	130,000	60,000	180	60
5,000–5,999	20	120,000	60,000	100	40
6,000–9,999	10	110,000	70,000	50	20
合　計	1,000	1,000,000	1,000,000	2,000	1,000

假定推銷員每次訪問時間大致相同；茲按訂單大小，列示各項成本分攤如表 24–5。

表 24-5

民本公司
間接銷售成本分攤表
（按訂單大小分析）

銷貨量	司機薪資及運輸成本		推銷訪問員拉客費用		顧客服務費用		分攤成本	百分比
（公斤）	所佔時間%	成本分攤	訪問次數%	成本分攤	服務訪問%	成本分攤	合　計	合　計
1–199	30	$ 30,000	20.0	$ 24,000	20	$16,000	$ 70,000	23.3
200–499	12	12,000	15.0	18,000	15	12,000	42,000	14.0
500–999	10	10,000	10.0	12,000	15	12,000	34,000	11.3
1,000–1,499	10	10,000	7.5	9,000	10	8,000	27,000	9.0
1,500–1,999	5	5,000	10.0	12,000	10	8,000	25,000	8.3
2,000–2,999	7	7,000	10.0	12,000	10	8,000	27,000	9.0
3,000–3,999	7	7,000	11.0	13,200	8	6,400	26,600	8.9
4,000–4,999	6	6,000	9.0	10,800	6	4,800	21,600	7.2
5,000–5,999	6	6,000	5.0	6,000	4	3,200	15,200	5.1
6,000–9,999	7	7,000	2.5	3,000	2	1,600	11,600	3.9
合　計	100%	$100,000	100%	$120,000	100%	$80,000	$300,000	100%

3.按銷貨員分析 (analysis by salesmen)

　　銷貨員工作效率高低及薪資大小，不能僅憑銷貨量多寡為衡量標準，必須進一步分析其獲益能力。

　　茲設民聲公司銷售單一產品，計有銷貨員甲、乙兩人，其對每一客戶所耗用的時間皆相同；銷貨訂單均係單行。又悉銷貨員甲的薪金每年 $6,700，銷貨員乙為 $5,300。19A 年有關成本資料如下：

銷貨成本——為銷貨收入之 50%	$125,000
銷貨員佣金——為銷貨收入之 5%	12,500
銷貨員薪金	12,000
存貨記錄費用	2,500
訂單處理成本	2,500
帳款處理成本	7,500

又知該年度已交貨的訂單經分析如下：

訂單大小	訂單張數	銷貨總額
$ 1–$10	2,500	$ 20,000
11– 20	5,000	90,000
21– 30	3,000	70,000
31– 40	1,500	47,500
41– 50	500	22,500
合　計	12,500	$250,000

另悉甲、乙兩銷貨員的訂單如下：

	銷　貨　員　甲		銷　貨　員　乙	
訂單大小	訂單張數	銷貨額	訂單張數	銷貨額
$ 1–$10	2,200	$ 18,000	300	$ 2,000
11– 20	3,000	59,000	2,000	31,000
21– 30	1,500	35,000	1,500	35,000
31– 40	300	9,500	1,200	38,000
41– 50	100	4,500	400	18,000
合　計	7,100	$126,000	5,400	$124,000

茲列表分析銷貨員甲、乙的獲益能力如下：

表 24-6　銷貨員利潤分析表

	銷貨員甲		銷貨員乙	
銷貨收入		$126,000		$124,000
銷貨成本: 銷貨收入之 50%		63,000		62,000
銷貨毛利		$ 63,000		$ 62,000
減: 直接銷售成本:				
銷貨佣金——銷貨收入之 5%	$6,300		$6,200	
銷貨薪金	6,700	13,000	5,300	11,500
		$ 50,000		$ 50,500
間接銷售成本:				
存貨記錄成本	$1,420		1,080	
訂單處理成本	1,420		1,080	
帳款處理成本	4,260	7,100	3,240	5,400
毛利減銷售成本後餘額		$ 42,900		$ 45,100

　　由上表分析可知，銷售員乙之銷貨能量雖較銷貨員甲為低，但其銷貨毛利減推銷成本後之餘額比甲大$2,200 ($45,100–$42,900)。經由此一分析的結果，銷貨員乙之薪金，如與銷貨員甲相互比較，似有過低的現象；蓋銷貨員的推銷能量，並非衡量獲益能力的唯一因素，尚須考慮訂單大小所發生的有關成本。

24–4　銷售成本的分攤方法──貢獻法

一、貢獻法的意義

　　貢獻法 (the contribution approach)：係指對於銷售成本的分攤，僅限於**可直接追溯**(traceable) 至各部門或各**構成因素** (segments) 的成本項目；以此項可直接追溯的成本項目，使與各部門或各構成因素的收入相互抵消，藉以決定其對企業總體利益的貢獻。至於不可直接追溯至各部門或各構成因素的成本項目，則不予分攤，逕由企業整體利益項下扣減。

　　很多成本會計學者，反對用全部成本法作為獲利性分析的根據。蓋對於具有共同性的銷售成本，採用非客觀的歸屬方法，勉強分攤，必不能正確；藉此作為衡量各部門的利益，既不可能，亦無必要。反對全部成本法之學者，更認為對於共同成本的分攤，在本質上就不妥善；蓋一個企業係由若干部門所構成，各部門應通力合作，為追求企業最大整體利益之目標，不能僅求一己的利益表現而獨善其身。換言之，為求企業整體利益，各部門的獲利能力，應根據其所提供的貢獻，作為判斷的標準；而所提供的貢獻，必須在可控制的範圍內，始稱允當。至於具有共同性的銷售成本，並非某一部門所能單獨控制者，惟賴各部門協力合作，才能達成。

二、直接部門成本與間接部門成本

直接部門成本(direct costs of a segment)，係指某部門或構成因素所單獨發生的成本，如該部門或構成因素不經營或不存在時，此項成本即告消失。由此可知，直接部門成本係由各部門或構成因素之存在而發生的成本。

就一般情形而言，大多數的直接成本，均屬變動成本；此並非意指直接成本即為變動成本，蓋兩者並非同義詞。就其含義言之，直接成本的範圍大於變動成本，蓋前者除包括變動成本之外，尚包括若干固定成本在內。例如直接製造成本，除包括直接原料及直接人工等變動成本之外，尚包括專用於製造產品的機器設備折舊、稅捐及保險費等固定成本。又如直接銷售成本，除包括變動性的推銷佣金之外，尚包括專用於推廣產品的廣告費、推銷員薪金等固定成本。

間接部門成本(indirect costs of segment)，係指成本支出所產生的經濟效益，可及於二個以上的部門或構成因素；此項成本又稱為**共同成本**(common costs) 或**聯合成本** (joint costs)。

茲以圖形方式，列示其關係如下：

```
變動成本──可直接追溯至各部門或構成因素的變動成本┐
                                                                   ├→直接部門成本
         ┌可直接追溯至各部門或構成因素的固定成本┘
固定成本┤
         └不可直接追溯至各部門或構成因素的固定成本──→間接部門成本
```

三、貢獻法釋例

茲以上節民生公司的資料為例，列示貢獻法的產品別利益分析表如下：

民　生　公　司
產品別利益分析表
（貢獻法）

	甲產品	乙產品	合　計
銷貨收入	$50,000	$80,000	$130,000
	100%	100%	100%
減：變動成本：			
製造成本	$30,000	$48,000	$ 78,000
銷貨佣金	2,500	4,000	6,500
	$32,500	$52,000	$ 84,500
邊際貢獻	$17,500	$28,000	$ 45,500
	35%	35%	35%
減：可直接歸屬至產品之固定成本：			
存貨保險及稅捐	$　　300	$　　480	$　　780
倉庫管理員薪金	5,400	5,400	10,800
廣告費	500	800	1,300
	$ 6,200	$ 6,680	$ 12,880
產品貢獻	$11,300	$21,320	$ 32,620
	23%	27%	25%
減：不可直接歸屬至產品的固定成本：			
倉租			$ 1,400
推銷員薪金			15,000
訂單處理成本			4,500
一般性廣告費			520
			$ 21,420
淨利			$ 11,200
			9%

四、貢獻法報告在營業計劃及決策上的應用

　　貢獻法所提供的資料，可作為營業計劃及決策的根據。當某部門或某產品發生虧損，管理當局將考慮應否撤銷該發生虧損部門或產品的決策時，貢獻法能提供較佳的答案。一般言之，當一企業經營某部門或某項產品的收入，大於其直接成本時，不論是否能收回其分攤之共同成本，就整體的貢獻而言，該部門或該項產品之經營，仍然有利，除非該項資源可作更有利的用途，並產生更多的貢獻。

　　於此，吾人必須提醒讀者注意者，即以貢獻法用於營業計劃及決策時，對於具有最高邊際貢獻或利量率的部門或商品，未必即為最有利的部門或商品，尚須考慮產品在產銷過程中所耗用的時間因素。茲設下列資料：

	甲產品	乙產品	丙產品
單位售價	$80	$60	$40
單位變動成本	48	30	28
單位邊際貢獻	$32	$30	$12
利量率	40%	50%	30%
單位產品完成時間（小時）	2	$2\frac{1}{2}$	$\frac{1}{2}$
每小時邊際貢獻*	$16	$12	$24

*$32 \div 2 = $16

$30 \div 2\frac{1}{2} = $12

$12 \div \frac{1}{2} = $24

　　基於上述分析，就每單位產品的邊際貢獻言之，其中以甲產品最高 ($32)，乙產品次之 ($30)，丙產品最小 ($12)；如就利量率言之，則乙產品最高 (50%)，甲產品次之 (40%)，丙產品最小 (30%)；然而，如就每小時邊際貢獻言之，則丙產品最高 ($24)，甲產品次之 ($16)，乙產品最小 ($12)。因此，如其他條件不變，企業為獲得最大的利益目標，應集中力量於推銷丙產品。

24-5　銷售成本的規劃及控制

　　基本上，銷售成本的規劃及控制方法，與製造成本並無不同；蓋對於任何成本的規劃及控制，必須具備下列三個前提條件：⑴預定各項支出計劃；⑵設定各項支出發生的責任；⑶比較實際數與各項支出計劃的預定數，分析及探討差異的原因，尋求改進的方法。

　　實務上，銷售成本的規劃及控制，比製造成本更為困難；蓋大部份的銷售成本，具有固定成本或隨意成本的性質，往往隨管理者的判斷而決定，缺乏科學的衡量標準，不容易規劃及控制。

　　吾人茲分別按銷售成本的兩大支柱：(1)取得訂單成本，(2)履行訂單成本，分別說明其規劃及控制於次：

一、取得訂單成本的規劃及控制

　　取得訂單成本乃銷貨的誘因，而非為銷貨的結果，例如發生促銷成本的原因，在於招徠生意，促銷成本發生在先，銷貨發生在後；因此，銷貨數量並未創造促銷成本，相反地，促銷成本能創造銷貨數量，從而產生銷貨收入。

　　由於受眾多變數的影響（例如經濟情況、競爭性程度、顧客反應、及氣候等），吾人實無法建立標準的取得訂單成本；因此，在缺乏可用的標準成本之下，欲達到控制成本的目標，只有仰賴預算制度的實施。

　　然而，由於取得訂單成本的基本特性，缺乏可靠的衡量標準，故於制定預算時，很難預留不同營運水準下的寬容限度；當預算執行後，也不易發揮績效評估的作用。儘管如此，企業管理者仍然可參照目前的市場狀況，斟酌未來的市場潛能，設定公司所欲達成的營業目標，據以制定取得訂單成本的預算；俟預算執行後，再比較實際數與預算數，進而探討及分析發生差異的原因，據以評估預算執行之績效，達成控制成本的目標。然後，將若干期間的資料，加以彙總整理，可以描繪出取得訂單成本的發展趨勢，必能有助於未來對此項成本的規劃及控制。

二、履行訂單成本的規劃及控制

　　履行訂單成本之目的，在於完成受託客戶訂單的責任，從而產生銷貨收入；因此，履行訂單成本與銷貨之間，關係極為密切；故企業管理

者，可經由銷貨預算，作為履行訂單成本預算的根據。

此外，由於履行訂單成本的若干業務，具有重複性質，而且容易監督，故可建立各項履行訂單的標準成本；例如儲存、運輸、及訂單處理成本等，均屬企業的經常性工作，可經由工作分析，分別制定收儲費用、運輸成本、及訂單處理成本等各項標準成本。

至於若干因人而異或不易監督的履行訂單成本，例如授信費用及壞帳損失等，很難建立其標準成本。對於這些無標準成本可資應用的履行訂單成本，可制定**預算限額** (budget allowance)，以彌補其缺陷；惟對於預算限額的制定，必須謹慎從事，不可訂得太寬或過嚴，才能達成控制成本的目標。

不論是編製履行訂單成本預算、建立標準成本、或制定其預算限額，均可透過實際數與預算數（包括預算限額或標準成本）的比較，求出各項成本差異，進而分析差異發生的原因，評估其執行績效，作為責任歸屬的依據，達成控制成本的目標。

24-6 管理成本的規劃及控制

一、管理成本概述

管理成本 (administrative costs) 泛指對於整個企業的管理及監督所發生之成本，包括董事會及各管理部門的總成本，例如董監事酬勞、管理人員薪金、管理部門租金、稅捐、保險費、管理部門使用設備折舊、律師費、會計師費、公費、捐贈、水電費、文具、及其他各項管理費用等。

就理論上言之，管理部門的工作，係為產品的製造部門及銷貨部門而服務，故管理成本理應攤入製造成本及銷售成本，再轉攤入產品成本；惟就實務上言之，管理成本均單獨處理，就像銷售成本一樣，當為期間成本，在損益表內，逕由銷貨毛利項下減除。

　　管理成本的規劃及控制，應遵循責任會計的原則，必先根據營業計劃，制定預算，嚴格執行預算制度，並評估預算績效，作為考核及控制成本的根據。

二、管理成本規劃及控制的方法

　　如同製造成本或銷售成本的規劃及控制一般，對於管理成本的規劃及控制，首先要以營業計劃為根據，配合銷貨預算，制定管理成本預算，並控制管理成本預算之執行。制定管理成本預算時，應按各項成本發生的不同情形，分別辦理如下：

　　1.凡每月份甚為固定的管理成本，例如管理人員薪金、管理部門水電費、文具、什項消耗品、租金等，均直接列入各月份的預算內；如遇特殊需要時，可斟酌加列。

　　2.凡每年均固定的管理成本，例如稅捐、管理部門設備之折舊、會計師費、律師費等，每月份可按全年預算十二分之一編列預算；此項固定管理成本，以用罄為限。

　　3.凡於特定月份發生的固定成本，應列入該發生月份的預算內。

　　預算經確定後，應嚴格執行。管理成本與製造成本稍有不同，蓋管理成本往往發生不規則性的支出；因此，於一項成本支出之前，必須事先核准，並按下列要點嚴格控制：

　　1.員工雇用或解雇、薪工標準、及人事費用等，應由有關主管人員事先核准。

　　2.管理部門的設備，應配合公司的資本支出預算；如發生與資本支出預算抵觸之情形時，不得核准。

　　3.管理部門租金，如必須於租賃契約期間內訂定時，應審慎予以核定。

　　4.公會費、會計師費、及律師費等，應遵照公會章程、顧問或聘用契約、及有關約定等，嚴格核定。

5.負責核准的各級管理人員，必須遵照預算規定，於預算範圍內核定之，不得超出預算；如一旦超出預算時，應層轉最高階層核定。

對於管理成本的控制，除採用上述預算方法之外，亦可應用營運控制及會計控制的方法；所謂營運控制的方法，係指於營運過程中，達成控制管理成本的目標；例如工作規劃、費用預算、嚴密組織結構、權責明確劃分、工作激勵、實際觀察等。至於會計控制的方法，係指運用會計資料或會計報告，去達成控制管理成本的目標；例如編製差異報告表、各項月報表、週報表、日報表、及其他有關成本報表等。

三、管理成本的分攤

欲有效控制管理成本，不能僅以抑低成本為已足，尤應觀察成本與收入的關係；為達成此一目的，必須將管理成本予以適當分攤，俾能衡量此項成本對淨利的影響。

分攤管理成本的方法，一般有下列二種：

1.攤入製造成本及銷售成本：

主張採用此種方法的人士認為，管理成本係與製造及銷售產品有關，應將管理成本攤入製造成本及銷售成本之內。通常係將管理成本按各製造部、廠務部、及銷貨部之受惠比例分攤之，再經由各有關部門轉攤入製造成本及銷售成本之內。採用此種方法之分攤手續極為繁瑣，又常缺乏適當的分攤標準，故實際應用者不多。

2.攤入已出售的產品：

主張採用此種方法的人士認為，在傳統會計上，均將成本分為製造成本及非製造成本；非製造成本又包括銷售成本、管理成本、研究及發展成本。因此，管理成本應比照製造成本及銷售成本的方法，依適當標準，單獨攤入各項已出售的產品。一般常用的分攤標準，計有下列四種：(1)銷貨數量；(2)銷貨成本；(3)銷貨收入；(4)銷貨次數。採用此種分攤方

法，既簡捷而又合理，故運用者也較多。

24-7 研究及發展成本的規劃及控制

研究及發展成本 (research & development costs，簡稱 R & D) 乃企業為研發新產品、新技術、新生產方法、提交原有產品品質、或改善新的服務所耗用的成本。

在科技日新月異的現代工商社會中，競爭十分劇烈，企業唯有以不斷創新取勝；因此，研究及發展成本乃成為一般科技企業不可或缺的成本之一。

由於研究及發展成本，具有不確定性、高度風險性、及預估性，故於研發階段所發生的各項研究及發展成本，一般均先列為費用處理。惟一旦研發成功，使新產品或新服務具有確定的市場價值時，應將所有業已耗用的研究及發展成本，予以資本化，列為新產品或新服務的成本。

為研發目的所購入之各項原料、設備、及產能等，如具有未來使用價值者，在未耗用之前，應予資本化，列為資產；惟此等資產經使用後之折耗或折舊等，應包括於研究及發展成本之內。

研究及發展成本的規劃及控制，可經由預算方式達成之，其方式可比照管理成本的方法，此處不再贅述。

本章摘要

　　傳統上，會計人員偏重製造成本而忽略非製造成本，故對於非製造成本的探討及分析，既少又晚，迄今尚停滯在萌芽階段。

　　近年來，由於主張自由貿易的呼聲，甚囂塵上，促使商場不斷擴大，市場競爭日益激烈，商機瞬息萬變，影響所及，使非製造成本的數額，逐漸龐大；因此，應如何有效規劃及控制非製造成本，已引起會計人員及企業管理者的關注。

　　非製造成本的內容，既廣又雜，吾人可依其功能性分為三種：(1)銷售成本；(2)管理成本；(3)研究及發展成本。

　　銷售成本又稱為推銷成本或配銷成本，一般又可分為：(1)取得訂單成本；(2)履行訂單成本。前者係指為取得顧客訂單的行銷及促銷成本；後者泛指為完成訂單責任之存貨投資成本、倉儲成本、裝運成本、訂單及帳單處理成本、帳款收回成本、及壞帳損失等。

　　銷售成本的分攤方法有二：(1)全部成本法；(2)貢獻法。在全部成本法之下，企業的各構成因素（包括各部門、各項產品、或其他各項組成因子），均須負擔全部成本的一部份，不能有例外。在貢獻法之下，銷售成本的分攤，僅限於可直接追溯至各構成因素的成本，使與各構成因素的收入，互相配合，以計算整體企業的邊際貢獻；至於各項無法直接追溯至各構成因素的成本，則不予分攤，逕由整體邊際貢獻項下扣除。由此可知，全部成本法與貢獻法的最大區別，在於對間接銷售成本的分攤上。全部成本法對於間接銷售成本，先按產品別、訂單大小、銷貨員、或地區的不同分攤，如缺乏可靠的分攤基礎時，則不予分攤，以免過於武斷而導致錯誤結果。顯然地，全部成本法強調局部利益的重要性，而貢獻法則重視整體利益及責任會計的功能。

　　就理論上言之，管理成本係與產品的製造及銷售有關，故應攤入製造成本及銷售成本之內；然而此種分攤方法，手續過於繁瑣，又常缺乏適當的分攤標準，故實務上均直接攤入各項已出售產品成本之內，以資簡捷。

　　展望未來，吾人可預期標準成本及統計方法，將普遍被應用於對非製造成本的規劃及控制，蓋這一方面的問題將日益重要，而現在它仍然被很多企業的會計制度所忽略。

本章編排流程

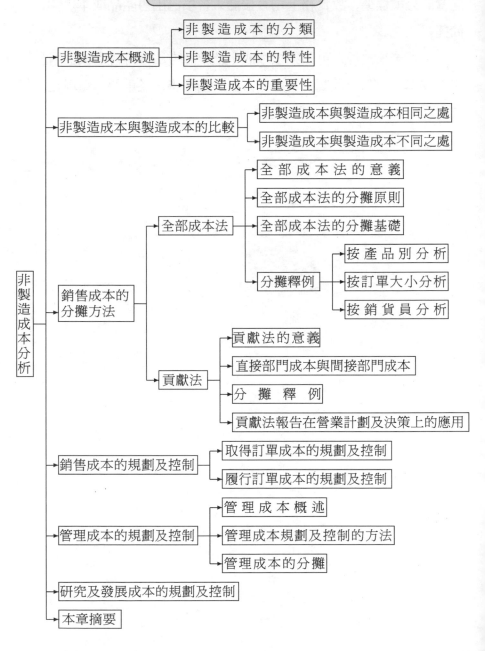

非製造成本分析
- 非製造成本概述
  - 非製造成本的分類
  - 非製造成本的特性
  - 非製造成本的重要性
- 非製造成本與製造成本的比較
  - 非製造成本與製造成本相同之處
  - 非製造成本與製造成本不同之處
- 銷售成本的分攤方法
  - 全部成本法
    - 全部成本法的意義
    - 全部成本法的分攤原則
    - 全部成本法的分攤基礎
    - 分攤釋例
      - 按產品別分析
      - 按訂單大小分析
      - 按銷貨員分析
  - 貢獻法
    - 貢獻法的意義
    - 直接部門成本與間接部門成本
    - 分攤釋例
    - 貢獻法報告在營業計劃及決策上的應用
- 銷售成本的規劃及控制
  - 取得訂單成本的規劃及控制
  - 履行訂單成本的規劃及控制
- 管理成本的規劃及控制
  - 管理成本概述
  - 管理成本規劃及控制的方法
  - 管理成本的分攤
- 研究及發展成本的規劃及控制
- 本章摘要

習　題

一、問答題

1. 何謂非製造成本？非製造成本包括那些？

2. 非製造成本的特性為何？

3. 非製造成本對成本控制及損益取決，具有何種重要性？

4. 試比較非製造成本與製造成本之異同。

5. 何以非製造成本比製造成本的分析困難？

6. 銷售成本分析的方法，有那二種方式？並分述之。

7. 在全部成本法下對於銷售成本分攤的原則為何？

8. 在全部成本法下，有關銷售成本分攤的基礎有那些？

9. 何以銷售成本不像製造成本一樣受到重視？

10. 何謂直接銷售成本？何謂間接銷售成本？

11. 試比較全部成本法及貢獻法對於企業利益性之分析。

12. 何謂直接部門成本？何謂間接部門成本？兩者與固定成本或變動成本的關係如何？

13. 貢獻法所提供的財務報告，在營業計劃及決策上有何貢獻？

14. 應如何控制銷售成本？何以銷售成本的控制比製造成本的控制困難？

15. 何以銷售成本的分攤，有礙銷售成本的控制？

16. 何以公司接受大批之小訂單，往往並非有利之交易？

17. 何以非製造成本制定標準成本遠比製造成本困難？

18. 當分析各構成因素之利益時，試區分可免成本與不可免成本之不同。

19. 當分析各構成因素之利益時，是否僅將變動成本計入？

20. 管理成本的控制方法為何？試述之。

21. 管理成本的分攤方法有那些？試述之。

二、選擇題

24.1 下列那一組成本為促銷成本？

(a)銷貨薪金、佣金、旅費等。

(b)廣告費、交際費、贈品、市場調查成本等。

(c)存貨投資成本、倉租、收儲費用、包裝成本等。

(d)董監事酬勞、管理人員薪金、辦公室費用等。

24.2 全部成本法與貢獻法最大的區別，在於對下列那一項成本的分攤
上：

(a)間接銷售成本。

(b)直接銷售成本。

(c)固定成本。

(d)以上皆非。

24.3 J 公司的利量率為 60%，惟銷貨訂單的大部份，係來自信用欠佳的
零售商，預計呆帳率高達 30%。19A 年元月份，該公司的銷售訂
單計 60 張，每張平均$2,000。 J 公司接受這些訂單將發生：

(a)損失$36,000。

(b)利益$36,000。

(c)損失$72,000。

(d)利益$72,000。

24.4 K 公司經銷 A、B 兩種產品的批發，採用全部成本法分攤銷售成
本；有關該兩種產品之間接銷售成本如下：

倉租及收儲費用	$20,000
包裝費用	18,000
銷貨員薪金	15,000
訂單處理成本	4,000

其他相關資料如下:

1.

	A 產品	B 產品	合　計
全年度銷貨量	10,000	8,000	18,000
平均存貨數量	2,000	1,000	3,000
訂單次數	250	150	400

2. A 產品儲存的佔地面積為 B 產品的 2 倍。

3. A、B 兩種產品的包裝費用相同; 推銷所費的努力程度也相同。

間接銷售成本攤入 A、B 兩種產品各為若干?

(a) A 產品$28,500, B 產品$28,500。

(b) A 產品$40,000, B 產品$17,000。

(c) A 產品$36,000, B 產品$21,000。

(d)以上皆非。

三、計算題

24.1 光大公司按全部成本法所編製的損益表如下:

	甲產品	乙產品	丙產品	合　計
銷貨收入	$500,000	$400,000	$100,000	$1,000,000
銷貨成本:				
直接原料	$100,000	$ 40,000	$ 30,000	$ 170,000
直接人工	150,000	120,000	30,000	300,000
製造費用	80,000	60,000	20,000	160,000
	$330,000	$220,000	$ 80,000	$ 630,000
銷貨毛利	$170,000	$180,000	$ 20,000	$ 370,000
銷售及管理費用	120,000	100,000	30,000	250,000
淨利（損）	$ 50,000	$ 80,000	$(10,000)	$ 120,000

該公司鑒於丙產品發生淨損, 擬將其取消。另悉下列各項資料:

1. 直接人工成本按變動成本予以控制。

2. 製造費用按直接人工成本分攤。固定製造費用計$100,000，無法攤入各類產品成本之內。

3. 銷售及管理費用中，除銷貨員薪金按銷貨收入之 5% 計算外，其餘均屬固定性質。又固定成本中的廣告費，可直接追溯至各類產品的情形如下：

甲產品	$20,000
乙產品	10,000
丙產品	4,000

除上述外，其餘之固定成本或費用，將不因取消丙產品而發生變化。

試求：請按貢獻法編製產品別利益分析表。

24.2　光仁公司經營甲、乙兩種產品，每年的銷售成本如下：

存貨保險及稅捐	$ 4,320
倉庫費用：	
租金	1,120
管理員薪金	14,400
銷貨員薪金：	
佣金	7,000
薪金	12,000
訂單處理成本	8,000
廣告費：	
甲產品	600
乙產品	400
一般性廣告費	2,800

其他有關資料如下：

1.

	甲產品	乙產品
每年銷貨量（單位）	5,000	4,000
每單位售價	$ 12	$ 20
每單位成本	6	12
平均存貨量	1,000	800
訂單次數	300	200

2. 甲產品儲存時佔地面積為乙產品之2倍。倉庫訂租三年，不得隨時毀約。雇用倉庫管理員二人，每人年薪$7,200。取消任何一種產品時，均可解雇管理員一人。處理兩種產品之難易程度均相同。

3. 銷貨員除固定薪金外，另按銷貨收入 5% 計算佣金。又兩種產品推銷之難易程度均相同。

4. 存貨之保險及稅捐，按平均存貨價值比例計算之。

5. 訂單處理成本，由專人負責，其薪資每年$8,000。

試按全部成本法，編製甲、乙兩種產品之利益分析表。

24.3 光武公司 19A 年 1 月份實際與標準銷售成本資料如下：

	預計標準成本	實際成本
銷貨收入	$750,000	$750,000
直接銷售成本：		
銷售費用	$ 12,000	$ 15,000
運輸人員薪資	7,000	9,450
間接銷售成本：		
訂單處理成本	17,250	21,500
其他	2,100	2,500
	$ 38,350	$ 48,450

另悉下列各項資料：

1. 該公司經銷單一產品，每單位售價$10。

2.運輸人員薪資及間接銷售成本項下之其他成本，係依運輸時數為分攤之基礎。

3.一月份之運輸時數如下：

預算時數	3,500 小時
標準時數	4,400 小時
實際時數	4,500 小時

4.訂單處理成本包括運輸成本、包裝成本、及收儲費用，係依銷貨為分攤基礎。依訂單大小為分類基礎之標準成本如下：

訂單大小	1–15	16–50	50以上	合　計
運輸成本	$ 1,200	$ 1,440	$ 2,250	$ 4,890
包裝成本	2,400	3,240	4,500	10,140
收儲費用	600	720	900	2,220
合　計	$ 4,200	$ 5,400	$ 7,650	$ 17,250
銷貨量	12,000	18,000	45,000	75,000

試求：

(a)以二項差異分析法，計算下列標準成本差異：

⑴運輸人員薪資。

⑵間接銷售成本項下之其他成本。

(b)公司管理當局深切了解，訂單處理成本之單位成本，係隨訂購數量之增加而減少，故決定將每單位售價隨訂購數量大小，以分攤運輸成本、包裝成本、及收儲費用，俾修訂單位售價。

⑴按該公司各訂單大小之分類標準，計算每一銷貨量之運輸成本、包裝成本及收儲費用之單位成本。

⑵編表列示修正後之單位售價。

（美國會計師考試試題）

24.4　光輝公司經營甲、乙兩種產品；按全部成本法分析產品之利益如

下:

	甲產品	乙產品	合　計
銷貨收入	$1,000,000	$600,000	$1,600,000
銷貨成本:			
直接原料	$　200,000	$100,000	$　300,000
變動人工	300,000	250,000	550,000
已分攤製造費用	150,000	125,000	275,000
	$　650,000	$475,000	$1,125,000
銷貨毛利	$　350,000	$125,000	$　475,000
銷管費用:			
銷貨佣金	$　50,000	$　30,000	$　80,000
直接廣告費	20,000	5,000	25,000
倉租	6,000	4,000	10,000
其他	178,125	106,875	285,000
	$　254,125	$145,875	$　400,000
營業淨利 (損)	$　95,875	$(20,875)	$　75,000

製造費用係按直接人工成本為分攤的基礎, 按正常營運範圍所預計的製造費用如下:

直接人工成本	預計製造費用
$600,000	$285,000
$500,000	$265,000

銷貨佣金為銷貨收入之 5%, 其他銷管費用係屬固定成本, 與數量無關, 並按銷貨收入予以分攤。各項支出亦不隨銷貨組合的變動而改變。

試求: 請按貢獻法重新修正利益分析表。

24.5　光耀公司按訂單大小進行利益分析。19A 年所搜集的資料如下:

變動成本：

銷貨成本——為銷貨收入之 48%	$105,600	
銷貨佣金——為銷貨收入之 10%	22,000	
包裝及裝運物料——為銷貨收入之 2%	4,400	$132,000

每期固定成本：

銷貨員薪金	$ 24,000	
訂單處理成本	6,000	
包裝及裝運費用	9,000	$ 39,000

成本分攤的資料如下：

訂單大小（元）	銷貨訪問次數	訂單數量	銷貨價值
0– 50	2,000	1,000	$ 20,000
51–100	2,500	1,500	120,000
101–200	1,500	500	80,000
	6,000	3,000	$220,000

每次銷貨訪問所耗用時間均相同，所接受的訂單大多數均為單行之發票。每一訂單之包裝及裝運所耗用的時間大約相同。

試求：

(a)請按訂單大小，並採用全部成本法，編製相關利益分析表。

(b)公司當局正考慮取消訂單$50 以下（含$50）之銷貨訪問；倘若此一措施付諸實行時，某銷貨代理人之銷貨數額計$7,000 將會喪失，且固定包裝及裝運成本將減少$3,000；請問該公司此項措施是否有利？

第廿五章　線型規劃在會計上的應用

● 前　言 ●

　　最近數十年來，企業由於規模日益龐大，管理上的各種問題，日趨複雜。為解決管理上的各項問題，必須依賴最精確的數據，作為決策的參考與抉擇。時勢所趨，企業管理人員，無不應用數學及統計的方法，以解決管理上的問題；因此，在管理方法上，興起了革命性的變化。尤其是電子計算機普遍採用以後，數量分析的方法，已逐漸被用來幫助企業管理者決定各種經營決策。蓋決策所需要的各種資料，不但可經由電子計算機的處理，提供企業管理者參考的根據，而且經由數量分析，可幫助企業決策者解決各種複雜的決策程序，而達成具體、客觀、有效的營業政策。

　　企業管理者所面臨的問題，乃在於如何將有限的資金、原料、機器、場地、時間及人工等各項生產因素，作最有效的分配。線型規劃之目的，即在於應用數學的方法，協助企業管理者於面臨各種限制的條件之下，以有限的資源，求其最佳值（最大利潤與最小成本）。因此，線型規劃的主要功能，係對企業經營上各種複雜的構成因素及有限資源，包括人力、財力及物力的配合，憑藉數據加以整理，並應用數學方法予以分析及研究，尋求最佳可行解，俾供企業管理者作為決策的參考依據。線型規劃自從一九四〇年代問世以來，由於頗能符合一般工商企業、交通事

業、政府機構、軍事單位及農業方面的需要，現已成為管理技術中應用最廣的方法之一。本章將就線型規劃的數理技術、對利潤極大化、成本極小化及影價格等有關問題之應用，依序加以討論。

25–1 線型規劃與利潤極大化

所謂**利潤極大化** (profit maximization)，係指企業管理者，將有限的資源及設備予以適當配合，發揮其最高的效能，俾達成最大的利潤目標。

線型規劃 (linear programming) 係以數學的方法，用來分配企業有限的經濟資源，經由最佳的分配過程，達成最大的經濟效用；換言之，即以有限的生產因素，做最有效的分配，以從事於各種不同的生產活動，期能使企業獲得最大的利潤目標。蓋線型規劃，能提供有系統、有效率的方法，作為營業決策的指標；故在管理上，具有莫大的作用。茲舉例說明如下：

設忠孝公司生產 x、y 兩種產品，每種產品均需經過製造部及裝配部二個生產過程；每單位 x 產品在製造部耗用 2 小時，在裝配部耗用 4 小時；每單位 y 產品在製造部耗用 5 小時，在裝配部耗用 2 小時。此外，每部門每週可從事於生產之最高生產能量為：製造部 120 小時；裝配部 80 小時。又 x、y 兩種產品之單位邊際貢獻為：x 產品 3 元，y 產品 4 元。該廠管理人員面臨一項決策的問題：應如何決定 x、y 兩種產品的生產數量，每週才能獲得最大的利潤？

為便於說明起見，吾人將每種產品所需要的時間、每單位邊際貢獻及各部門最高生產能量，列表如下：

	製造時間	裝配時間	每單位邊際貢獻
x	2 小時	4 小時	$3
y	5 小時	2 小時	4
生產能量	120 小時	80 小時	—

上述問題，吾人可應用線型規劃的方法來解決。設 P 為最大的利潤目標，則其利潤的**目標函數** (objective function) 如下：

$$\text{Max}.P = 3x + 4y$$

上述的邊際貢獻，亦稱為邊際利潤，惟尚未考慮固定成本在內。由於製造部每週最大生產能量為 120 小時，製造 x 產品一單位需要 2 小時，製造 y 產品一單位需要5 小時，故製造之能量限制應為：

$$2x + 5y \leq 120 \text{ 小時}$$

又每週最高裝配能量為 80 小時；裝配 x 產品一單位需要 4 小時，裝配 y 產品一單位需要2 小時，故裝配的能量限制應為：

$$4x + 2y \leq 80 \text{ 小時}$$

按線型規劃的方法，在基本上，有下列二種：(1)圖解法，(2)簡捷法；吾人將依序討論於次。

25–2　圖解法

圖解法 (graphic method)：當線型規劃問題，僅有兩個變數或三個變數時，常可應用圖解法，以求其最佳解。其中三個變數因須利用三座標（即三度空間）獲得其解，且其圖形較為困難，故本節僅以二個變數的簡單實例說明之。

例一： 設如上述忠孝公司之例，茲將其製造部與裝配部每週生產能量，每單位 x 與 y 產品所需要時間及每週最大生產能量，列示如下：

表 25-1

作業	每　週生產能量	每單位產品所需時間		每週最大生產能量	
		x	y	x	y
製造	120 小時	2	5	$\dfrac{120}{2} = 60$	$\dfrac{120}{5} = 24$
裝配	80 小時	4	2	$\dfrac{80}{4} = 20$	$\dfrac{80}{2} = 40$

由數學座標平面，以求解下列方程式:

$$2x + 5y \leq 120$$

$$4x + 2y \leq 80$$

$$x \geq 0$$

$$y \geq 0$$

求算上列四個不等式的解，形成一個交集; 此一交集，即代表**可行解** (Feasible Solution); 而可行解之中，有一個**最佳解**(Optimal Feasible Solution) 存在，係表示最大的邊際貢獻。

當 $x = 0$ 時:

　$y \leq 24$ ·································製造時間之限制

　$y \leq 40$ ·································裝配時間之限制

當 $y = 0$ 時:

　$x \leq 60$ ·································製造時間之限制

　$x \leq 20$ ·································裝配時間之限制

茲以圖解法列示如下:

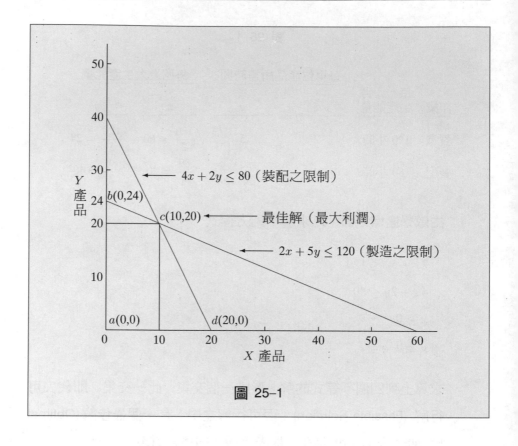

圖 25–1

由圖 25–1 得知，可行解係圍繞於 a、b、c、d 四個點的範圍內。任何 x 與 y 生產數量之集合，均落於此一可行解的範圍內。以此四點座標，分別代入利潤函數：$3x + 4y$，求出最大值，即為最佳解。其計算如下：

$a=(x = 0, y = 0);$　$\$3(0) + \$4(0) = \$ - 0 -$

$b=(x = 0, y = 24);$　$\$3(0) + \$4(24) = \$96$

$c=(x = 10, y = 20);$　$\$3(10) + \$4(20) = \$110$

$d=(x = 20, y = 0);$　$\$3(20) + \$4(0) = \$60$

由上列可知，c 點為最佳解；換言之，生產 10 單位的 x 與 20 單

位的 y，可獲得最大的利潤目標。

例二：　設仁愛公司生產甲、乙兩種產品。甲產品之邊際貢獻每單位為\$10；
乙產品之邊際貢獻每單位為\$8。生產甲產品一單位耗用直接人工
2 小時；生產乙產品一單位耗用直接人工 1 小時。生產甲、乙兩
種產品均需耗用直接原料一單位。另悉該公司每週可使用的直接
人工為 400 小時，每週可耗用的直接原料為 300 單位。該公司如
欲求得最大的邊際貢獻目標，則對甲、乙兩種產品的生產，應如
何組合？

茲令 x、y 分別代表甲、乙兩種產品的產量，則其邊際貢獻的目
標函數如下：

$\text{Max.} P = 10x + 8y$

$\text{Subject to } 2x + y \le 400$

$\qquad\qquad\quad x + y \le 300$

當 $x = 0$

$\quad y \le 400$ ···························· 直接人工之限制

$\quad y \le 300$ ···························· 直接原料之限制

當 $y = 0$

$\quad x \le 200$ ···························· 直接人工之限制

$\quad x \le 300$ ···························· 直接原料之限制

茲以圖解法列示如下：

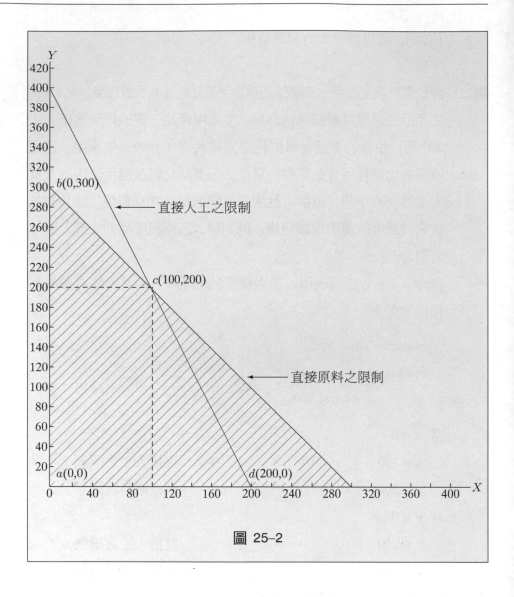

圖 25-2

由圖 25-2 可知，其可行解係圍繞於a、b、c、d 四個點的範圍內。
茲以四個座標，分別代入邊際貢獻的目標函數如下：

$$Max.P=10x + 8y$$

$$a=(x = 0, y = 0);\ \$10(0) + \$8(0) = \$ - 0 -$$

$$b=(x = 0, y = 300); \quad \$10(0) + \$8(300) = \$2,400$$

$$c=(x = 100, y = 200); \quad \$10(100) + \$8(200) = \$2,600$$

$$d=(x = 200, y = 0); \quad \$10(200) + \$8(0) = \$2,000$$

由上述可知，c 點為最佳解；換言之，當該公司生產 100 單位的 x（甲產品）及 200 單位的 y（乙產品）時，可獲得最大的邊際貢獻$2,600。

例三: 信義公司生產「實用型」及「豪華型」兩種電器用品；有關資料如下:

產品種類	每月生產能量		每單位售價	每單位變動成　本
	製造部	裝配部		
實用型	2,000	1,200	$200	$120
豪華型	1,000	1,600	280	160

各部門每月生產能量即表示生產「實用型」及「豪華型」兩種產品的最大產量。然而，只要不超過各部門的最大生產能量時，兩種產品均可任意配合生產；換言之，在製造部如不生產一單位的「豪華型」產品，則可多生產二單位的「實用型」產品；在裝配部如不生產四單位的「豪華型」產品，則可多生產三單位的「實用型」產品。該公司由於直接原料短缺，每月份生產「豪華型」產品不能超過 900 單位。試按圖解法列示: (1)兩種產品的生產關係; (2)製造部的產能區域; (3)直接原料短缺對生產「豪華型」產品的限制; 兩種產品組合生產的可行解區域; (5)可行解生產區域內，每一座標點的邊際貢獻合計數; (6)最佳生產組合。

(1)兩種產品的生產關係圖:

令「實用型」及「豪華型」兩種產品分別為 x、y，則:

$$\text{Max.} P = 80x + 120y$$

Subject to $x + 2y \leq 2,000$

$$x + \frac{3}{4}y \leq 1,200$$

$$y \leq 900$$

當 $x = 0$

$y \leq 1,000$

$y \leq 1,600$

$y \leq 900$

當 $y = 0$

$x \leq 2,000$

$x \leq 1,200$

茲以圖形列示如下：

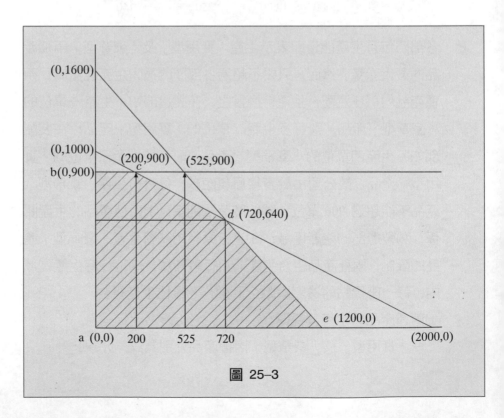

圖 25–3

⑵製造部產能區域範圍為 $x + 2y$ 直線之下，(0,1,000) 及 (2,000,0)
兩座標點相交所圍繞的區域。

⑶直接原料短缺對生產「豪華型」產品的限制，為下列三座標點
所圍繞的區域：(0,900), (200,900) 及 (525,900)。

⑷兩種產品組合生產的可行解區域為：(0,0), (0,900), (200,900),
(720,640) 及 (1,200,0) 等座標點所圍繞的區域。

⑸可行解區域內，每一座標點的邊際貢獻合計數：

$$\text{Max} \cdot P = 80x + 120y$$

$$a = (x = 0, y = 0); \quad \$80(0) + \$120(0) = \$ - 0 -$$

$$b = (x = 0, y = 900); \quad \$80(0) + \$120(900) = \$108,000$$

$$c = (x = 200, y = 900); \quad \$80(200) + \$120(900) = \$124,000$$

$$d = (x = 720, y = 640); \quad \$80(720) + \$120(640) = \$134,400$$

$$e = (x = 1,200, y = 0); \quad \$80(1,200) + \$120(0) = \$96,000$$

⑹最佳生產組合：x（實用型）產品 720 單位及 y（豪華型）產品
640 單位，其邊際貢獻為\$134,400。

25–3　簡捷法

一、簡捷法的意義及基本觀念

當變數只有 2 個時，以圖解法求之，極為方便；惟當變數增加時，
用圖解法求解，則較為困難。在此一情況下，可改用簡捷法求解之。

簡捷法 (simplex method) 是求解線型規劃問題最有效的方法；它用
有系統的方法，以尋找各交點，然後在各交點中求其最佳解。

所謂有系統的方法，以尋找各交點，是指有限度的嘗試各交點，而

不必求出全部的交點；因此，簡捷法是基於有系統的尋找各交點，以求其最佳解。

二、簡捷法的步驟

例一: 設如上述忠孝公司之例，列示其目標方程式如下:

$$\text{Max.} P = 3x + 4y$$

$$\text{Subject to } 2x + 5y \leq 120$$

$$4x + 2y \leq 80$$

$$x \geq 0$$

$$y \geq 0$$

不等式的設立，必須介入浮動變數或稱為惰變數 (slack variables)。蓋不等式中呈現不定的情形，由於惰變數之加入，使不等式改寫為下列等式:

$$\text{Max.} P = 3x + 4y + 0S_1 + 0S_2$$

在所設定的產品 S_1 與 S_2 中，其單位利潤為零。

$$\text{Subject to } 2x + 5y + S_1 = 120$$

$$4x + 2y + S_2 = 80$$

上述等式中，變數有四個，設其中二個變數為 0，就可解出其他兩個變數的值。其解法如下:

令 x 與 $y = 0$ 時:

$$\begin{cases} S_1 = 120 \\ S_2 = 80 \end{cases}$$

$$(0, 0, 120, 80)$$

令 x 與 $S_1 = 0$ 時:

$$\begin{cases} y = 24 \\ 2y + S_2 = 80 \end{cases}$$

解之得:　$y = 24;\ S_2 = 32$

$$(0,24,0,32)$$

令　x 與 $S_2 = 0$ 時:

$$\begin{cases} 5y + S_1 = 120 \\ y = 40 \end{cases}$$

解之得:　$y = 40;\ S_1 = -80$

$$(0,40,-80,0) \leftarrow 此為不可行解^*$$

*含有負數，與假設條件不符。

令　y 與 $S_1 = 0$ 時:

$$\begin{cases} x = 60 \\ 4x + S_2 = 80 \end{cases}$$

解之得:　$x = 60;\ S_2 = -160$

$$(60,0,0,-160) \leftarrow 此為不可行解$$

令　y 與 $S_2 = 0$ 時:

$$\begin{cases} x = 20 \\ 2x + S_1 = 120 \end{cases}$$

解之得:　$x = 20;\ S_1 = 80$

$$(20,0,80,0)$$

令　S_1 與 $S_2 = 0$ 時:

$$\begin{cases} 2x + 5y = 120 \\ 4x + 2y = 80 \end{cases}$$

解之得:　$x = 10;\ y = 20$

$$(10,20,0,0)$$

由簡捷法得到四個可行解，不論 S_1 與 S_2 之值為何，x 與 y 之值為:　(0,0)、(0,24)、(20,0)及(10,20)，正與圖解法中的四個頂點

相同。由此可知,即使在 x、y、S_1、S_2 四個變數所構成的可行解集合中,採用簡捷法所得的四個可行解,亦為頂點。簡捷法乃根據上述的基本觀念發展而成。

簡捷法的步驟,可分別說明如下:

1.將問題中之各項有關資料,以多元一次方程式表示之。設如前例,其方程式如下:

$$2x + 5y \leq 120$$

$$4x + 2y \leq 80$$

求: Max. $P = 3x + 4y$

2.將上式不等式加入惰變數,使成為等式如下:

$$2x + 5y + s_1 = 120$$

$$4x + 2y + s_2 = 80$$

$$\text{Max.} P = 3x + 4y + 0S_1 + 0S_2$$

移項:

$$\text{Max.} P = 3x - 4y - 0S_1 - 0S_2 = 0$$

其中 s_1 與 s_2 均為惰變數。

3.如欲求上式的最大值(最大利潤),則應將上列等式,寫成簡捷法的矩陣形式如下:

	x	y	S_1	S_2		← 變數列
S_1	2	⑤	1	0	120	
S_2	4	2	0	1	80	→ 問題列
	−3	−4	0	0	0	← 指數列

4.選擇**關鍵行**(the key column)，此關鍵行是具有最高絕對值的負數；在此例中為 -4，故 5, 2 與 -4 為關鍵行。

5.其次再選擇**關鍵列** (the key row)，此關鍵列是一個最小的正數比率；其比率為 $24(120 \div 5)$ ： $40(80 \div 2)$；因 24 較小，故 5 所屬之列 2, 5, 1, 0, 120 為關鍵列。

6.最後再選擇**關鍵數** (the key number)，此關鍵數為關鍵行與關鍵列的交叉數；在此例中為 5。

7.將關鍵數除 5，使其化簡為 1 如下：

	x	y	S_1	S_2	
y	0.4	1	0.2	0	24
x	4	2	0	1	80
	-3	-4	0	0	0

將 (x 列)$-$(y 列)$\times 2$，變為下表的新 x 列；又將 (y 列)$\times 4+$(指數列)，變為下表的新指數列即：

	x	y	S_1	S_2	
y	0.4	1	0.2	0	24
x	3.2	0	-0.4	1	32
	-1.4	0	0.8	0	96

將上表 (x 列)$\div 3.2$，變為下表的新 x 列；又將下表之 (y 列)$-$(新 x 列)$\times 0.4$，變為下表的新 y 列即：

	x	y	S_1	S_2	
y	0	1	0.25	−0.125	20
x	1	0	−0.125	0.3125	10
	−1.4	0	0.8	0	96

將上表（x 列）×1.4＋（指數列），變為下表的新指數列即：

	x	y	S_1	S_2	
y	0	1	0.25	−0.125	20
x	1	0	−0.125	0.3125	10
	0	0	0.625	0.4375	110

此時指數列中沒有負數，即表示任何代替數字將不產生利潤之增加，故最佳解為 x 產品10 單位，與 y 產品 20 單位，其利潤為 \$110(\$3×10＋\$4×20)。

例二： 設如上述仁愛公司之例，列示其目標函數如下：

(1) Max. $P = 10x + 8y$

　　Subject to $2x + y \leq 400$

　　　　　　　$x + y \leq 300$

(2) 加入惰變數，使不等式改寫如下：

　　Max. $P = 10x + 8y + 0S_1 + 0S_2$

　　Subject to $2x + y + S_1 = 400$

　　　　　　　$x + y + S_2 = 300$

將目標函數移項：

　　Max. $P - 10x - 8y - 0S_1 - 0S_2 = 0$

(3)再將上列等式，寫成簡捷法的矩陣如下：

	x	y	S_1	S_2	← 變數列
S_1	2	1	1	0	400
S_2	1	1	0	1	300
	−10	−8	0	0	0	← 指數列

（問題列）

(4)選擇關鍵行，此行具有最高絕對值的負數，為 2, 1 與 −10。

(5)其次再選擇關鍵列，此列為具有最小的正數比率；其比率為 200(400÷ 2), 300(300 ÷ 1)；故200 最小，其關鍵列為 2, 1, 1, 0, 400。

(6)選擇關鍵行與關鍵列相交點 2 為關鍵數。

(7)將關鍵數除 2，使其化除為 1 如下：

	x	y	S_1	S_2	
x	1	0.5	0.5	0	200
y	1	1	0	1	300
	−10	−8	0	0	0

將上表的（y列)−(x列），得下表的新（y列)；又（x列)×10+ 指數列：

	x	y	S_1	S_2	
x	1	0.5	0.5	0	200
y	0	0.5	−0.5	1	100
	0	−3	5	0	2,000

將（x 列)−(y 列），得新（x 列）；並將（y 列)×2；得新（y 列）如下：

	x	y	S_1	S_2	
x	1	0	−1	−1	100
y	0	1	−1	2	200
	0	−3	5	0	2,000

將（y 列）×3+指數列：

	x	y	S_1	S_2	
y	1	0	−1	−1	100
x	0	1	−1	2	200
	0	0	2	6	2,600

由上表得知 x、y 的最佳組合為 x（甲產品） 100 單位，y（乙產品） 200 單位，其邊際貢獻為 $2,600($10 \times 100 + $8 \times 200)$。

25–4 線型規劃與成本極小化

在尋求**成本極小化** (cost minimization) 的問題時，一般亦可應用圖解法及簡捷法解決之。茲分別說明如下：

一、圖解法

如同求解利潤極大化的問題一樣，圖解法亦可用來求解成本極小化的問題。

例一：設和平公司須生產含有 x 與 y 的混合飼料 200 公斤。配料中，x 至多 80 公斤，y 至少要用 60 公斤。x 每公斤 3 元，y 每公斤 8 元。若該公司要使成本降至最小程度，則每種配料應按何種比例

加以混合?

由題意得知該公司須生產飼料 200 公斤, 故:

$x + y = 200$ 公斤

x 至多 80 公斤, 即可用 x 少於80 公斤, 但不得超過 80 公斤, 故:

$x \leq 80$ 公斤

y 至少要用 60 公斤, 亦即表示或可用 y 超過 60 公斤, 但不得少於 60 公斤, 故:

$y \geq 60$ 公斤

綜合以上各種限制條件如下:

$$x + y = 200$$
$$x \leq 80$$
$$y \geq 60$$
$$x, y \geq 0$$

目的函數 $Min. C = 3x + 8y$

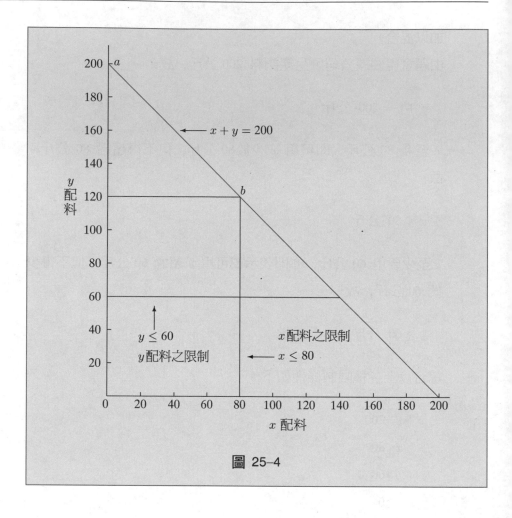

圖 25-4

由圖 25-4 可知，可行解係落在線段a、b 之間，通常均由此二點試驗，代入下列目的函數，以尋求最小的成本：

$\text{Min.}C = 3x + 8y$

$a = (x = 0, y = 200);\ \$3(0) + \$8(200) = \$1,600$

$b = (x = 80, y = 120);\ \$3(80) + \$8(120) = \$1,200$

因此，為了達成最小成本，該公司應使用 80 單位的 x 配料，及

120 單位的 y 配料。

例二： 設禮義公司生產甲、乙、丙三種產品，使用x、y 兩種原料；x 原
料每噸成本$30,000，$y$ 原料每噸$40,000。生產每一產品所需之原
料重量如下：

原料	甲產品	乙產品	丙產品
x	4 磅	7 磅	1.5 磅
y	8	2	5
所需原料最少數量	32	14	15

試按圖解法求解每一種原料的重量，俾能符合最小成本的要求。

⑴根據題意，其最小成本的目標函數如下：

$$\text{Min.} C = 30,000x + 40,000y$$

$$\text{Subject to } 4x + 8y \geq 32$$

$$7x + 2y \geq 14$$

$$1.5x + 5y \geq 15$$

當 $x = 0$ 時：

$8y \geq 32 \quad y \geq 4$

$2y \geq 14 \quad y \geq 7$

$5y \geq 15 \quad y \geq 3$

當 $y = 0$ 時：

$4x \geq 32 \quad x \geq 8$

$7x \geq 14 \quad x \geq 2$

$1.5x \geq 15 \quad x \geq 10$

茲以圖形列示如下：

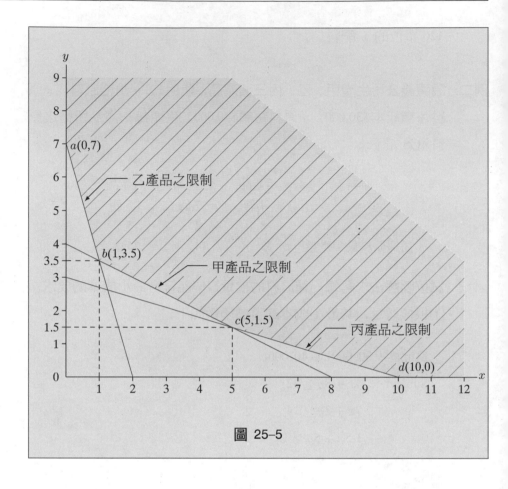

圖 25–5

由圖 25–5 可知, 可行解係落於 a、b、c 及 d 所圍繞的區域; 茲
將四個座標點代入最小成本的目標函數如下:

Min.$C = 30,000x + 40,000y$

$a = (x = 0, y = 7)$; $30,000(0) + \$40,000(7) = \$280,000$

$b = (x = 1, y = 3.5)$; $30,000(1) + \$40,000(3.5) = \$170,000$

$c = (x = 5, y = 1.5)$; $30,000(5) + \$40,000(1.5) = \$210,000$

$d = (x = 10, y = 0)$; $30,000(10) + \$40,000(0) = \$300,000$

為達成最小原料成本的要求，該公司應使用一噸的 x 原料，及 3.5 噸的 y 原料，其原料總成本為\$170,000。

二、簡捷法

例一: 茲以上述和平公司之例，列示簡捷法如下:

(1)各項限制條件如下:

$$\begin{cases} x+y=200 \\ x \leq 80 \\ y \geq 60 \\ x \geq 0, \ y \geq 0 \end{cases}$$

求目標函數（總成本） $C = 3x + 8y$ 之最小值。

(2)今加入惰變數，使不等式成為等式如下:

$$\begin{cases} x+y & = 200 \\ x & +S_1 = 80 \\ & y - S_2 = 60 \end{cases}$$

此方程式之解為: $x = 0, y = 0, S_1 = 80, S_2 = -60$，但此非可行解，因必須符合 $S_2 \geq 0$ 之限制始為可能。

(3)為解決上項問題，有一可行的方法，即另加入**人工變數** (Artificial Variables)，使上列方程式改成為:

$$\begin{cases} x+y+A_1 = 200 \\ x+S_1 \quad\quad = 80 \\ y - S_2 + A_2 = 60 \end{cases}$$

其解為: $x = 0, y = 0, S_1 = 80, S_2 = 0, A_1 = 200, A_2 = 60$，其中 A_1 與 A_2 為人工變數。

人工變數使得原問題的可行解的範圍擴大，而且此項擴大並不

影響原問題的解；蓋包含人工變數問題的最佳解，為此問題各可行解中之最佳者，而此組可行解中，包括原問題的各可行解；故此問題的最佳解，必然亦為原問題的最佳解。

但是，新問題的可行解，不一定均為原問題的可行解；因為包括人工變數在內，則對問題即非可能。

(4)因之，為補救上述問題，則在目的函數中將人工數前的係數加一極大值，以 M 表之，即：

$$C = 3x + 8y + MA_1 + MA_2$$

移項：

$$C - 3x - 8y - MA_1 - MA_2 = 0$$

由於 $A_1 \geq 0$, $A_2 \geq 0$ 之值最小，必須 $A_1 = A_2 = 0$，此在利用簡捷法求解時，可自動排除此人工變數的存在而得原題的最佳可行解。

(5)今已將人工變數當作原始解中變數之一，故目標函數中之此項變動亦必須消去。在此例中，其原式為：

$$x + y + A_1 = 200$$
$$x + S_1 = 80$$
$$y - S_2 + A_2 = 60$$
$$C - 3x - 8y - MA_1 - MA_2 = 0$$

(6)以 $A_1 = 200 - x - y$, $A_2 = 60 + S_2 - y$ 代入，可消去式中的 A_1 及 A_2，獲得下式：

$$C - 3x - 8y - M(200 - x - y) - M(60 + S_2 - y) = 0$$
$$C - 3x - 8y - 200M + Mx + My - 60M - MS_2 + My = 0$$

$$C - 3x + Mx - 8y + 2My - Ms_2 = 260M$$

$$C + (-3 + M)x + (-8 + 2M)y - Ms_2 = 260M$$

(7)將上列等式，寫成簡捷法的矩陣形式如下：

	x	y	S_2	A_1	S_1	A_2		
A_1	1	1	0	1	0	0	200	← 變數列
S_1	1	0	0	0	1	0	80	問題列
A_2	0	1	-1	0	0	1	60	
C	$-3+M$	$-8+2M$	$-M$	0	0	0	$260M$	← 指數列

(8)選擇關鍵行，在上表中係數具有最大正數值者 $(-8 + 2M)$；故 $1, 0, 1, -8 + 2M$ 為關鍵行。

(9)其次再選擇關鍵列，此關鍵列是一個最小的正數比率，其比率為：

$$\frac{200}{1} = 200$$

$$\frac{80}{0} = 無意義$$

$$\frac{60}{1} = 60$$

60 最小，故選擇1 所屬之列即 0, 1, -1, 0, 0, 1, 60 為關鍵列。

(10)最後再選擇關鍵數，此關鍵數為關鍵行與關鍵列的交叉數，在此例中為 1。

(11)將（A_2 列)×(-1)+（A_1 列），變為下表之新 A_1 列；（A_2 列)×(8-2M)+（C 列），變為下表的新 C 列即：

	x	y	S_2	A_1	S_1	A_2	
A_1	1	0	1	1	0	-1	140
S_1	[1]	0	0	0	1	0	80
y	0	1	-1	0	0	1	60
C	$-3+M$	0	$-8+M$	0	0	$8-2M$	$480+140M$

⑿將上表（A_1 列）－（S_1 列），變為下表之新 A_1 列；（S_1 列）×$(3-M)$＋（C 列），變為新 C 列如下：

	x	y	S_2	A_1	S_1	A_2	
A_1	0	0	[1]	1	-1	-1	60
x	1	0	0	0	1	0	80
y	0	1	-1	0	0	1	60
C	0	0	$-8+M$	0	$3-M$	$8-2M$	$720+60M$

⒀將上表之（A_1 列）×$(8-M)$＋（C 列），變成下表的新 C 列；（A_1 列）＋（y 列），變成下表的新 y 列即：

	x	y	S_2	A_1	S_1	A_2	
S_2	0	0	1	1	-1	-1	60
x	1	0	0	0	1	0	80
y	0	1	0	1	-1	0	120
C	0	0	0	$8-M$	-5	$-M$	1,200

此時 x, y, S_2 之係數均非正值，故 $C = 1,200$, $x = 80$, $S_2 = 60$, $S_1 = A_1 = A_2 = 0$ 為所求之最佳解。

例二：另以前述禮義公司之例，列示在簡捷法下之求解如下：

⑴原料成本最小的目標函數：

$$\text{Min.}C = 30,000x + 40,000y$$

限制條件：

$$4x + 8y \geq 32$$
$$7x + 2y \geq 14$$
$$1.5x + 5y \geq 15$$

⑵加入惰變數，使不等式成為等式如下：

$$4x + 8y - S_1 = 32$$
$$7x + 2y - S_2 = 14$$
$$1.5x + 5y - S_3 = 15$$
$$\text{Min. } C = 30,000x + 40,000y - 0S_1 - 0S_2 - 0S_3$$

移項 $C - 30,000x - 40,000y + 0S_1 + 0S_2 + 0S_3 = 0$

⑶將上列等式，寫成矩陣形式如下：

x	y	S_1	S_2	S_3	
4	8	1	0	0	32
7	2	0	1	0	14
1.5	5	0	0	1	15
−30,000	−40,000	0	0	0	0

⑷將上列矩陣轉化如下：

	S_1	S_2	S_3	x	y	
x	4	7	1.5	1	0	30,000
y	8	2	5	0	1	40,000
C	-32	-14	-15	0	0	0

將（x 列）$\div 4$；得新（x 列）；（x 列）$\times 2 -$（y 列），再除 12 得新 y；又（y 列）$\times 4 +$ 指數列，得新指數列如下：

	S_1	S_2	S_3	x	y	
x	1	$\frac{7}{4}$	$\frac{1.5}{4}$	$\frac{1}{4}$	0	7,500
y	0	1	$-\frac{1}{6}$	$\frac{1}{6}$	$-\frac{1}{12}$	1,667
C	0	-6	5	0	4	160,000

將（y 列）$\times 6 +$ 指數列，得新指數列；又將（y 列）$\times \frac{7}{4}$，再從（x 列）中減去，得新 x 列如下：

	S_1	S_2	S_3	x	y	
x	1	0	$\frac{2}{3}$	$-\frac{1}{24}$	$\frac{7}{48}$	4,583
y	0	1	$-\frac{1}{6}$	$\frac{1}{6}$	$-\frac{1}{2}$	1,667
C	0	0	4	1	$3\frac{1}{2}$	170,000

由上述可知，當 $x = 1$，$y = 3\frac{1}{2}$ 時，材料成本為最小，即 $\$170,000 \left(\$30,000 \times 1 + \$40,000 \times 3\frac{1}{2} \right)$。

25-5　影價格

一、影價格的意義

所謂**影價格** (shadow price)，係指在一般線型規劃的方程式中，為解除或放寬限制條件一個單位所增加的**經濟價值** (the economic value of an additional unit of a constraint)；換言之，當某稀少性資源變動一個單位後，引起邊際貢獻增減（指利潤極大化的問題）或成本變動（指成本極小化的問題）的數額。

企業管理者，於決定如何配合有限的經濟資源的問題時，必須考慮放寬限制條件所引起邊際貢獻與成本的變動，此即影價格問題。有關影價格的問題，吾人將於本節加以闡述。

二、影價格在決策上的應用

為說明影價格在決策上的應用，吾人以圖形討論之。設廉恥公司生產 x、y 兩種產品時，均需使用 d_1 機器；生產一單位的 x 產品需用 d_1 機器 10 小時，生產一單位的 y 產品需用 d_1 機器 4 小時；又機器 d_1 每週最高生產能量為 100 小時。此外，於生產每一單位的 y 產品時，尚需使用 d_2 原料 2 件，而原料的庫存量僅餘 30 單位；生產一單位的 x 產品，可獲利 10 元，生產一單位的 y 產品，可獲利 5 元。試問 x、y 兩種產品應如何生產，才能獲得最大的利潤目標？

茲以方程式列示其生產模式如下：

$$\text{Max.} P = 10x + 5y \qquad \text{最大利潤目標}$$
$$\text{Subject to } 10x + 4y \leq 100 \qquad \text{機器 } d_1 \text{ 之限制}$$
$$2y \leq 30 \qquad \text{原料 } d_2 \text{ 之限制}$$

$$x, y \geq 0$$

每單位產品所需時間及其最大生產能量，可列表如下：

	每　週生產能量	每單位產品需用 d_1 機器小時		每單位產品需用 d_2 原料數量		每週最大生產能量	
		x	y	x	y	x	y
d_1	100	10	4	–	–	$\dfrac{100}{10} = 10$	$\dfrac{100}{4} = 25$
d_2	30	–	–	–0–	2	–	$\dfrac{30}{2} = 15$

以圖解法列示如下：

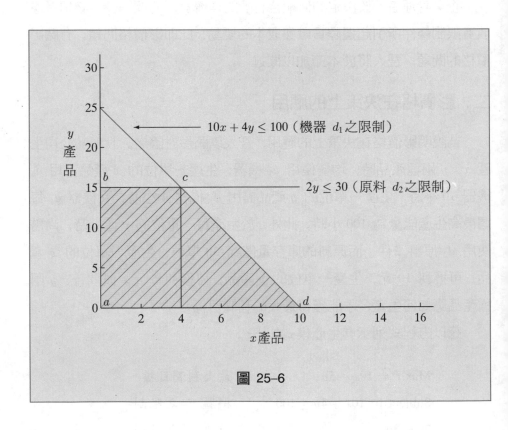

圖 25–6

由圖 25-6 得知可行解，係圍繞於 a、b、c、d 四個點的範圍內，以此四點座標，分別代入利潤函數如下：

Max.$P = 10x + 5y$

$a = (x = 0, y = 0);\ \$10(0) + \$5(0) = \$ - 0 -$

$b = (x = 0, y = 15);\ \$10(0) + \$5(15) = \$75$

$c = (x = 4, y = 15);\ \$10(4) + \$5(15) = \$115$

$d = (x = 10, y = 0);\ \$10(10) + \$5(0) = \$100$

由以上的計算，可知 c 點為最佳解，該公司應生產 4 單位的 x 產品及 15 單位的 y 產品，可獲得最大利潤的目標。

上述之公司，如欲繼續增加利潤時，可向外界租用機器 d_1，或再購買原料 d_2。今設該公司擬將生產因素 d_1 增至 120 小時，此一計劃，亦即消除 $d_1 \leq 100$ 的限制，則生產因素 d_1 的單位經濟價值為何，始值得向外租用 20 小時的 d_1？此種經濟價值或機會成本，即為影價格。

如生產因素 d_1 增加 20 小時後，其生產 x 產品的能量增加為 12 單位（120 小時 ÷ 10 小時），生產 y 產品的能量增加為 30 單位（120 小時 ÷ 4 小時），其最佳解可用圖形列示如下：

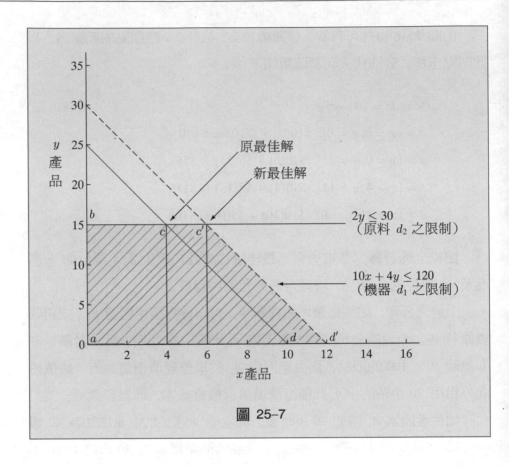

圖 25-7

由圖 25-7可知，新的座標為 a、b、c'、d' 四點，分別代入利潤函數如下：

Max. $P = 10x + 5y$

$a = (x = 0, y = 0);\ \$10(0) + \$5(0) = \$x - 0 -$

$b = (x = 0, y = 15);\ \$10(0) + \$5(15) = \$75$

$c' = (x = 6, y = 15);\ \$10(6) + \$5(15) = \$135$

$d' = (x = 12, y = 0);\ \$10(120) + \$5(0) = \$120$

此時最佳解為： $x = 6,\ y = 15$

　　由此可知，生產因素 d_1 增加 20 小時後，利潤增加 $20($135-$115)$，生產因素 d_1 增加 20 單位的經濟價值，或稱影價格為$20，則每小時 d_1 的影價格為$1($20÷20)$。故生產因素 d_1 每小時的租賃費用，如低於$1 時，則向外界租用機器，將有利可圖。

　　上述之公司，亦可藉增加原料 d_2 數量，以擴大利潤。茲設該公司擬將生產因素 d_2 增至40單位，其生產 y 產品的數量將增為 20 單位 $(40÷2)$，其最佳解可用圖形列示如下：

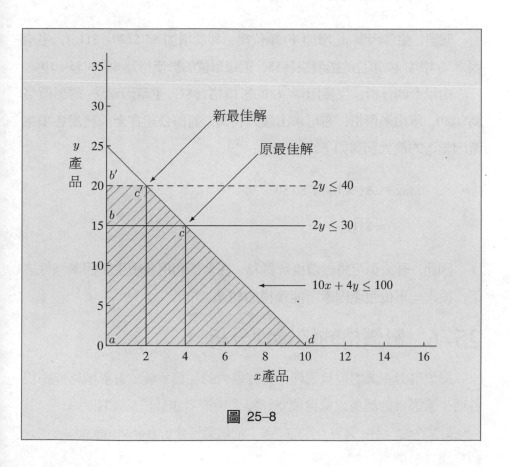

圖 25-8

　　由圖 25-8 可知，新的座標為 a、b'、c'、d 四點，分別代入利潤函數

如下：

$$Max.P = 10x + 5y$$

$$a = (x = 0, y = 0);\ \$10(0) + \$5(0) = \$ - 0 -$$

$$b' = (x = 0, y = 20);\ \$10(0) + \$5(20) = \$100$$

$$c' = (x = 2, y = 20);\ \$10(2) + \$5(20) = \$120$$

$$d = (x = 10, y = 0);\ \$10(10) + \$5(0) = \$100$$

此時最佳解為： $x = 2,\ y = 20$

同理，生產因素 d_2 增加 10 單位後，利潤增加 $5(\$120 - \$115)$，生產因素 d_2 增加 10 單位的影價格為$5，則每單位的影價格為 $0.50(\$5 \div 10)$。

由以上的分析，生產因素 d_1 的影價格為$1，生產因素 d_2 的影價格為$0.50。單由影價格，亦可求出最大利潤；蓋該公司在全部利用各項生產因素下的最大利潤如下：

$$Max.P = \$1 \times 100 + \$0.50 \times 30$$

$$= \$115$$

因此，吾人似可將影價格解釋為：在全部利用各項生產因素條件之下，投入一單位生產因素所能獲得的利潤。

25–6　影價格的敏感性分析

影價格對企業的經營管理，具有重大的經濟意義；蓋影價格能指出各種生產因素的經濟或機會成本，提供決策者作最佳的選擇。

影價格的作用，具有一定的限度，而**敏感性分析** (sensitivity analysis)，卻是決定影價格有效的範圍。

設如上例，吾人已知生產因素 d_1 的影價格每單位為$1.00，生產因

素 d_2 的影價格每單位為\$0.50; 由於 d_1 生產因素每週最高產能為 100 小時, 如該公司擬擴大生產, 必須向外租購 d_1 生產因素, 此種決策是否值得採用, 主要決定於 d_1 生產因素的影價格, 如生產因素 d_1 每小時的租購成本低於\$1.00, 則向外租購將有利可圖。然而, 是否能無限制向外租購? 要回答此一問題, 必須進一步考慮生產該項產品各種生產因素的組合方式; 如僅增加 d_1 生產因素, 而不顧及 d_2 生產因素的可供應量, 將產生浪費生產因素的後果。同理, 如欲增加 d_2 的採購量, 也應顧及 d_1 生產因素的可供應量。由此可知, 企業如要以低於影價格向外採購或租用某種生產因素時, 必須要考慮其他生產因素的原有數量, 以資配合。

有關影價格的分析, 可分別就圖解法及簡捷法, 分別說明於次。

一、圖解法

設如上例, 該公司擬增加 d_1 生產因素; 茲以圖解法列示其敏感性分析如圖 25-9。

由圖 25-9 觀之, 如 d_1 生產因素的租購成本低於\$1.00 時, 該公司可無限制增加生產量; 蓋生產 x 產品, 不需要耗用 d_2 生產因素, 故其增加, 將不受限制。如圖之 ll' 線, 隨生產因素 d_2 線向右平行移動, 其上限如以 u 表示之, 將可增至無限大 (∞)。反之, 如該公司欲減少 d_1 生產因素, 最多僅能減少至 60 單位 (6×10) 而已; 此因受 d_2 生產因素的限制, 如低於 60 單位時, mm' 線將不能與 d_2 線相交, 而改變原來最佳生產組合的可行性, 故其下限加以 L 表示之, 並以 60 單位為其極限。

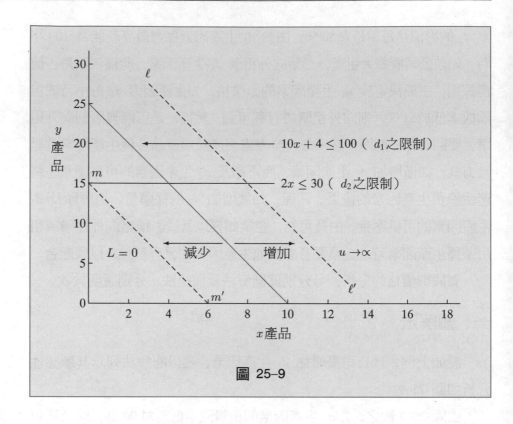

圖 25-9

　　同理，d_2 生產因素的影價格有效區域，亦可用圖解法說明如圖 25-10。由圖 25-10 可知，d_2 生產因素增加的上限為 50 單位 (2×25)，此因受 d_1 生產因素的限制，如高於 50 單位時，ll' 線將不能與 d_1 線相交。又該公司如欲減少 d_2 生產因素，其減少量僅能以不生產 y 產品為極限；換言之，d_2 生產因素可減少至 0，故 d_2 生產因素的影價格有效區域介於 50 與 0 之間。

　　茲將生產因素 d_1 與 d_2 的影價格之有效區域，列表如下：

		影價格有效區域	
生產因素	最高生產能量	上　限	下　限
d_1	100	∞	60
d_2	30	50	0

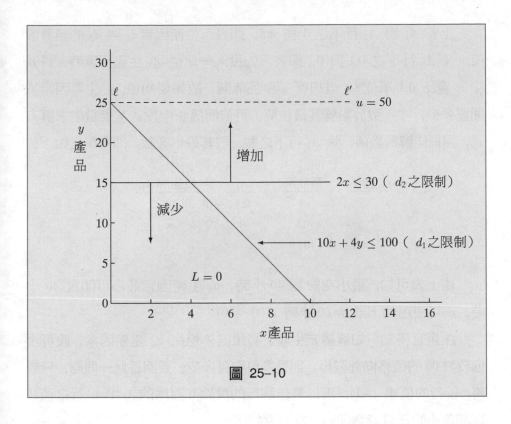

圖 25-10

二、簡捷法

生產因素如僅有二種時，吾人可用圖解法分析影價格的有效區域；惟產品如超過二種以上，或有多種以上的生產因素時，必須以簡捷法分析之。

設仍如上例，列示其最佳解如下❶：

	x	y	A_1	A_2	
x	1	0	0.1	−0.2	4
y	0	1	0	0.5	15
	0	0	1	0.5	115

　　上表 A_1 與 A_2 行下之 1 與 0.5, 即表示生產因素d_1 與 d_2 的經濟價值。又 A_1 行下之 0.1 與 0, 即表示如投入一單位 A_1 生產因素時, 將減少 x 產品 0.1 單位❷, 但却與 y 產品無關。故如要知道 A_1 生產因素須閒置多少, 才不致於影響其最佳解, 可依簡捷法中投入某變數的求解方式, 用最佳解的數值, 除 A_1 行下之數, 取其最小商數, 即可得之如下:

產品	最佳解	A_1	最佳解/A_1
x	4	0.1	40*
y	15	0	∞

*$4 \div 0.1 = 40$

　　由上表可知, 最小商數為 40 小時, d_1 生產因素最多可閒置 40 小時, 則可使用的下限為 60 小時 (100 − 40)。

　　由題意得知, 如欲擴充生產, 必須向外租用 d_1 生產因素。設可用低於\$1.00 的價格向外取得, 則最多可取得多少? 要回答此一問題, 只要將 A_1 行的值乘 (−1), 再以最佳解行的值除其對應的 $(-1)A_1$ 行之值, 取其最小的正值商數即可。其計算如下:

產品	最佳解	$(-1)A_1$	最佳解/$(-1)A_1$
x	4	−0.1	−40
y	15	0	∞

　　上表最佳解 / $(-1)A_1$ 之值中, 僅有一正值商數 ∞, 表示d_1 生產因素可向外無限制取得, 而不影響其影價格。故其上下限可計算如下:

生產因素	上　限	下　限
d_1	$100 + \infty = \infty$	$100 - 40 = 60$

　　同理, d_2 生產因素之影價格有效區域, 亦可分析如下:

產品	最佳解	A_2	最佳解/A_2
x	4	-0.2	-20
y	15	0.5	30

　　將上表之 A_2 行乘以 (-1)，再以最佳解行之值除其對應的 $(-1)A_2$ 行之值，其結果如下：

產品	最佳解	$(-1)A_2$	最佳解/$(-1)A_2$
x	4	0.2	20
y	15	-0.5	-30

　　上表最佳解/$(-1)A_2$ 之值中，僅有一正值商數 20，表示超額生產量的最大數額，故 d_2 生產因素取得上下限的計算如下：

生產因素	上　限	下　限
d_2	$30 + 20 = 50$	$30 - 30 = 0$

註文:

❶
$$\begin{cases} 10x + 4y \le 100 \\ \qquad\quad 2y \le 30 \\ \text{Max.}P = 10x + 5y \end{cases}$$

以簡捷法求最佳解如下:

x	y	A_1	A_2	
10	4	1	0	100
0	2	0	1	30
−10	−5	0	0	0

↓

	1	0.4	0.1	0	10
	0	1	0	0.5	15
	0	−1	1	0	100

↓

	x	y	A_1	A_2	
x	1	0	0.1	−0.2	4
y	0	1	0	0.5	15
	0	0	4	0.5	115

❷ 原解: $x = 4$, $y = 15$

增加 $A_1 = 1$,使 d_1 生產因素之限制條件為:

$10x + 4y + 1 = 100$

將 $y = 15$ 代入:

$10x + 60 + 1 = 100$

$x = 3.9$

故 x 比原解減少 0.1 單位 $(4 - 3.9)$。

本章摘要

線型規劃的數理技術，已廣泛被採用於協助企業管理者作為釐訂各種決策的參考。此種分析方法，對於資金、原物料、機器、廠房設備、及生產時間等因素的規劃與分配，以及成本控制等，尤具成效。

線型規劃，即在面臨各種限制條件之下，如何尋求有效的方法，將有限的經濟資源，作最佳的分配，求其極限值，俾使利潤極大化，或成本極小化，以擴大企業的利潤目標。

線型規劃的方法有二：(1)圖解法；(2)簡捷法。當線型規劃的問題，僅涉及兩個變數時，可用圖解法，比較簡便；如變數增加為三個或三個以上時，可採用簡捷法。

圖解法係以圖形的方式，由數學座標平面，求出各方程式的可行解，分別在座標上形成一個交集；然後求其極限值，即為最佳解。至於簡捷法係用有系統的方法，尋找各交點，求其最佳解。

影價格分析，實為線型規劃的應用；所謂影價格，係指在一般線型規劃方程式中，為解除或放寬某項限制條件所增加的經濟價值；換言之，當某項稀少性經濟資源變動時，所引起邊際貢獻（指利潤極大化問題）或成本增減（指成本極小化問題）的數額。

影價格分析的效用性，具有一定的限度，其範圍之大小，則由其敏感性大小決定之。某一企業應否擴大生產，向外增加採購量，其決定標準在於各生產因素的影價格；當取得某項生產因素的成本，小於該生產因素的影價格時，應增加採購量，當無疑問；惟此項增加的數量，具有一定的範圍，其範圍之大小，則由構成該項產品的各種生產因素之組合方式決定之，此稱為影價格的敏感性。

綜上分析，吾人可作如下的論斷：線型規劃可使企業有限的經濟資

源，經由最佳分配，獲得最大利潤或最小成本；至於增加生產的限度，則必須考慮影價格的敏感性問題。

本章編排流程

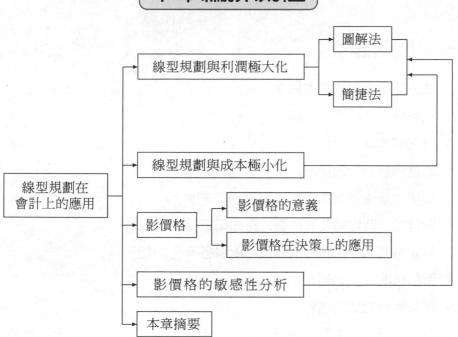

習 題

一、問答題

1. 試述線型規劃的基本概念。

2. 利潤極大化的意義為何？

3. 何謂成本極小化？

4. 略述圖解法及簡捷法之大要。

5. 簡捷法是由何種基本觀念發展而成的？

6. 關鍵行、關鍵列及關鍵數，應如何選擇？

7. 何謂惰變數？何謂人工變數？兩者各有何功能？

8. 影價格的意義為何？

9. 應如何分析影價格？

二、選擇題

25.1 N 公司生產 x 與 y 兩種產品，其限制條件如下：

$$2x + 6y = 60$$

$$4x + 2y = 40$$

N 公司採用圖解法，求解 x 與 y 之值應為若干？

(a) $x = 8; y = 6$

(b) $x = 10; y = 8$

(c) $x = 9; y = 6$

(d) $x = 6; y = 8$

25.2　P 公司生產 x 與 y 兩種產品, 必須經過製造部及裝配部兩個部門; 製造部機器每週產能 100 小時, 裝配部機器每週產能 150 小時。x 產品每單位製造時間為 y 產品之 50%, 但其裝配時間, 却為 y 產品之 300%。已知每單位 y 產品在製造部及裝配部所需時間, 均為 2 小時; 又 x、y 兩種產品的單位利潤貢獻各為 \$8 及 \$6。

P 公司採用圖解法; 利潤極大化的最佳生產組合應為若干?

(a) –0–

(b)\$200

(c)\$300

(d)\$350

下列資料用於解答第 25.3 題至第 25.5 題的根據:

R 公司生產 x、y 兩種產品, 每種產品均須經過第一及第二製造部加工, 每天所需人工時數如下:

製造部	每單位產品所需人工時數		每天可使用人工時數
	x	y	
第一	30	10	900
第二	36	18	1,440

25.3　R 公司生產 x、y 兩種產品時, 人工的限制條件為何?

(a) $30x + 10y \leq 900; 36x + 18y \leq 1,440; x \geq 0; y \geq 0$。

(b) $30x + 10y \leq 900; 18x + 36y \leq 1,440; x \geq 0; y \geq 0$。

(c) $10x + 30y \leq 900; 36x + 18y \leq 1,440; x \geq 0; y \geq 0$。

(d)以上皆非。

25.4　R 公司採用圖解法, 則人工限制條件的四頂 (極) 點應為若干?

(a) $a(0,0); b(80,0); c(10,60); d(30,0)$。

(b) $a(0,0); b(0,80); c(10,60); d(30,0)$。

(c) $a(0,0)$; $b(0,80)$; $c(10,60)$; $d(0,30)$。

(d)以上皆非。

25.5 假定 R 公司 x、y 兩種產品每單位的邊際貢獻分別為 $30 及 $20,
則該公司 x、y 產品每天獲得最大利潤的最佳組合,應為若干?

(a)$1,600

(b)$1,500

(c)$900

(d) –0–

25.6 S 公司生產 x、y 兩種產品,每種產品均須經過切割部及磨光部;
x、y 的邊際貢獻分別為$3 與 $4。根據圖解法顯示 x、y 兩種產品
在切割部及磨光部的組合座標頂點分別為: $a(0,0)$, $b(0,20)$, $c(20,10)$,
$d(30,0)$。 S 公司生產 x、y 兩種產品的最大邊際貢獻為若干?

(a) –0–

(b)$100

(c)$90

(d)$120

三、計算題

25.1 華友公司生產 x 與 y 兩種產品,必須使用 m_1 與 m_2 兩種機器設
備。已知 m_1 與 m_2 兩種機器設備每月份最高生產能量各為 1,000
小時及 900 小時。生產 x 產品每單位需用 m_1 機器 0.8 小時及 m_2
機器 0.5 小時; 生產 y 產品每單位需用 m_1 機器 0.5 小時及 m_2 機
器 1 小時; 每單位 x 產品的邊際貢獻為$960, 每單位 y 產品的邊
際貢獻為$875。

試就下列兩種方法, 求算 x 與 y 兩種產品最大利潤的生產組合。

　(a)圖解法。

(b)簡捷法。

25.2 華信機器零件工廠製造 x 與 y 兩種產品。x 產品的利潤為每件 90 元，y 產品的利潤為每件 70 元。兩種產品均須經過二種不同機器之製造過程，每種產品經過每一機器製造時所需時間及每一機器每週可供使用之情形如下：

		每單位產品所需時間	
機器	每週生產能量	x	y
m_1	60	12	4
m_2	40	4	8

試求：請問 x 與 y 兩種產品每週應生產若干，才能獲得最大利潤？
請分別用圖解法及簡捷法列示之。

25.3 華新公司生產 x、y 兩種產品，每種產品均須經過機器部、裝配部及製成部三個部門。每一部門每單位產品所需之製造時間，以及每一部門最大產能如下：

	每單位產品製造時間		最大產能（時數）
部門別	x 產品	y 產品	
機器部	2	1	420
裝配部	2	2	500
製成部	2	3	600

其他限制：　$x \geq 50$
　　　　　　$y \geq 50$

最大邊際貢獻之目標函數為：　$\text{Max.} P = \$4x + \$2y$

試求：就下列各項求算該公司最大邊際貢獻之可行解：

(a) $150x$ 及 $100y$。

(b) $165x$ 及 $90y$。

(c) $170x$ 及 $80y$。

(d) $200x$ 及 $50y$。

（美國會計師考試試題）

25.4　華僑木業公司，產銷木製品一種，分成 A、B 二級，每一等級均須經過鋸木部及製成部兩個製造程序；每單位產品的有關資料如下：

	A 級	B 級
售　價	$60.00	$40.00
直接原料	11.20	4.00
直接人工	24.00	20.00
變動製造費用	4.80	4.00
分攤固定製造費用	2.88	2.40

人工時數：

鋸木部	1	$\frac{2}{5}$
製成部	$\frac{4}{5}$	

已知每一部門每週可用時數如下：

鋸木部	400 小時
製成部	240 小時

另悉兩種不同等級產品每週之銷售限制如下：

A 級	400 單位
B 級	300 單位

試求：

　(a)請應用圖解法，列示最大利潤之生產組合。

　(b)計算其最大邊際貢獻。

25.5　華岡公司銷售 x、y 兩種產品，每公斤之邊際貢獻：x 為$5，$y$ 為

$4。兩種產品均包含 D、K 兩種化合物；x 包含 D 化合物 80%，K 化合物 20%；y 包含 D 化合物 40%，K 化合物60%。目前存貨為 D 化合物 16,000 公斤，K 化合物 6,000 公斤。生產 D、K 化合物的唯一製造商，發生罷工，使未來短期間內無法取得原料。該公司為獲得最大邊際貢獻，在現有的原料存貨之下，x、y 兩種產品各應生產若干數量?

試求：

　(a)請列示該公司最大邊際貢獻的目標函數。

　(b)列出限制條件下的方程式。

　(c)計算最大邊際貢獻的生產組合。

（美國會計師考試試題）

參考書目

1. Wayne J. Morse & Harold P. Roth: *Cost Accounting–Processing, Evaluating and Using Cost Data*, Third Edition, 1986.

2. Edward B. Deakin & Michael W. Maher: *Cost Accounting*, Fourth Edition, 1995.

3. Jesse T. Barfield, Cecily A. Raiborn & Michael R. Kinny: *Cost Accounting–Traditions & Innovations*, Third Edition, 1998.

4. John G. Burch: *Cost & Management Accounting–A Modern Approach*, First Printing, 1994.

5. Nicholas Dopuch, Jacob G. Birnberg & Joel S. Demskie: *Cost Accounting–Accounting Data for Management's Decisions*, Third Edition, 1982.

6. James Balloch, Donald E. Keller & Louis Vlasho: *Accountants' Cost Handbook–A Guide for Management Accounting*, Third Edition, 1983.

7. Letricia Gayle Rayburn: *Principles of Cost Accounting–Managerial Applications*, Fifth Edition, 1995.

8. Charles T. Horngran, George Foster & Srikant M. Datar: *Cost Accounting–A Managerial Emphasis*, Eight Edition, 1994.

9. Stephen A. Moscove & Arnold Wright: *Cost Accounting–With Managerial Applications*, Sixth Edition, 1990.

10. Ronald W. Hilton: *Managerial Accounting*, Third Edition, 1997.

三民大專用書書目──國父遺教

三民大專用書書目——會計·審計·統計

三民大專用書書目——政治・外交

政治學	薩 孟 武	著	前臺灣大學
政治學	鄒 文 海	著	前政治大學
政治學	曹 伯 森	著	陸 軍 官 校
政治學	呂 亞 力	著	臺 灣 大 學
政治學	凌 渝 郎	著	美國法蘭克林學院
政治學概論	張 金 鑑	著	前政治大學
政治學概要	張 金 鑑	著	前政治大學
政治學概要	呂 亞 力	著	臺 灣 大 學
政治學方法論	呂 亞 力	著	臺 灣 大 學
政治理論與研究方法	易 君 博	著	政 治 大 學
公共政策	朱 志 宏	著	臺 灣 大 學
公共政策	曹 俊 漢	著	臺 灣 大 學
公共關係	王德馨、俞成業	著	交 通 大 學
中國社會政治史（一）～（四）	薩 孟 武	著	前臺灣大學
中國政治思想史	薩 孟 武	著	前臺灣大學
中國政治思想史（上）、（中）、（下）	張 金 鑑	著	前政治大學
西洋政治思想史	張 金 鑑	著	前政治大學
西洋政治思想史	薩 孟 武	著	前臺灣大學
佛洛姆（Erich Fromm）的政治思想	陳 秀 容	著	政 治 大 學
中國政治制度史	張 金 鑑	著	前政治大學
比較主義	張 亞 澐	著	政 治 大 學
比較監察制度	陶 百 川	著	國 策 顧 問
歐洲各國政府	張 金 鑑	著	前政治大學
美國政府	張 金 鑑	著	前政治大學
地方自治	管 歐	著	國 策 顧 問
中國吏治制度史概要	張 金 鑑	著	前政治大學
國際關係——理論與實踐	朱張碧珠	著	臺 灣 大 學
中國外交史	劉 彦	著	
中美早期外交史	李 定 一	著	政 治 大 學
現代西洋外交史	楊 逢 泰	著	政 治 大 學
中國大陸研究	段家鋒、張煥卿、周玉山	主編	政 治 大 學
大陸問題研究	石 之 瑜	著	臺 灣 大 學
立法論	朱 志 宏	著	臺 灣 大 學